人工智能与智能系统人才培养系列

数字图像处理与深度学习技术应用

杨淑莹◎著

U0256468

电子工业出版社·

Publishing House of Electronics Industry

北京·BEIJING

内 容 简 介

本书介绍了各种数字图像处理的算法分析及编程实现技术。全书由 13 章组成，主要内容包括图像处理编程基础、彩色图像特效处理、图像的合成处理、图像的几何变换、图像的灰度变换、图像平滑处理、图像边缘锐化处理、图像形态学处理、图像分割与测量、图像频域变换处理。同时，介绍了基于深度学习的 CNN 模型和 Faster R-CNN 模型，以及这些模型在汉字识别、语音识别或手势识别等项目中的应用，这些内容与"国家级虚拟仿真实验教学一流课程"相配套。

本书介绍了数字图像处理与深度学习技术的应用，并给出与这些技术相结合的编程实例。书中提供了 Python 编程代码和相关函数说明。实例程序的框架结构简单，代码简洁，使 Python 初学者很快就能编写图像处理的程序代码。

本书可作为高等院校计算机工程、信息工程、生物医学工程、智能机器人学、工业自动化、模式识别及相关学科的研究生、本科生的教材或参考书，亦可供有关工程技术人员参考。

图书在版编目（CIP）数据

数字图像处理与深度学习技术应用 / 杨淑莹著.

北京 ：电子工业出版社，2024. 8. --（人工智能与智能系统人才培养系列）. -- ISBN 978-7-121-48301-1

Ⅰ. TP391.413；TP181

中国国家版本馆 CIP 数据核字第 2024FS1788 号

责任编辑：牛平月

印　　刷：三河市双峰印刷装订有限公司

装　　订：三河市双峰印刷装订有限公司

出版发行：电子工业出版社

　　　　　北京市海淀区万寿路 173 信箱　邮编：100036

开　　本：787×1 092　1/16　印张：19.5　字数：502.4 千字

版　　次：2024 年 8 月第 1 版

印　　次：2024 年 8 月第 1 次印刷

定　　价：69.00 元

凡所购买电子工业出版社图书有缺损问题，请向购买书店调换。若书店售缺，请与本社发行部联系，联系及邮购电话：(010) 88254888，88258888。

质量投诉请发邮件至 zlts@phei.com.cn，盗版侵权举报请发邮件至 dbqq@phei.com.cn。

本书咨询联系方式：(010) 88254454，niupy@phei.com.cn。

前　　言

党的二十大报告指出："我们要坚持教育优先发展、科技自立自强、人才引领驱动，加快建设教育强国、科技强国、人才强国，坚持为党育人、为国育才，全面提高人才自主培养质量，着力造就拔尖创新人才，聚天下英才而用之。"本书从学科建设入手贯彻落实这一精神。

数字图像处理与深度学习技术已经成为当代高科技研究的重要领域，其相关技术迅速扩展，已经应用在人工智能、机器人、系统控制、数据分析等领域，在国民经济、国防建设、社会发展的各个方面产生深远的影响。国内外论述数字图像处理与深度学习技术的书籍不少，这一领域涉及深奥的理论，往往使实际工作者感到困难，该领域大部分书只是罗列各种算法，见不到算法的实际效果及其与其他算法对比的结果，而这正是学习者和实际工作者需要了解和掌握的内容。

本书利用 Python 强大的数值计算、数据分析和图像处理能力，基于 GUI（图形用户界面）技术设计了一种图像处理系统，该系统集成并实现了彩色图像特效处理、图像的合成处理、图像的几何变换、图像的灰度变换、图像平滑处理、图像边缘锐化处理、图像形态学处理、图像分割与测量、图像频域变换处理等算法内容，涵盖了数字图像处理基础及进阶技术，并通过实例阐述了这些算法在图像处理中的应用。该图像处理系统操作简单、界面友好、运行稳定，具有良好的实用性、交互性、可移植性。用户通过自行添加模块设置、修改对应的参数、编写回调函数，即可让系统具备更多的操作功能，让图像处理更丰富多彩。

本书同时介绍了深度学习的 CNN（卷积神经网络）模型和 Faster R-CNN 模型，教材内容与"国家级虚拟仿真实验教学一流课程"相配套。

本书特点如下：

（1）选用新技术。除了介绍许多重要的经典数字图像处理内容，书中还介绍了深度学习技术，比如 CNN 模型和 Faster R-CNN 模型，将这些新技术应用于图像识别中，并提供这些新技术的实现方法。

（2）实用性强。针对实例介绍理论和技术，理论和实践相结合，避免了空洞的理论说教。实例具有代表性，读者对程序稍加改进，就可以应用到不同的场合。

（3）针对每一种技术，书中从理论介绍、函数说明、编程代码和效果展示四个部分进行讲解。在掌握了理论之后，按照实例的应用方法，可以了解算法的实现思路和方法，再进一步体会"短小精悍"的核心代码，学习者可以很快掌握技术。书中所有算法都用 Python 编程实现，便于读者学习和应用。

本书内容基本涵盖了目前数字图像处理和深度学习的重要理论和方法，但不是简单地堆砌各种理论方法，而是将著者自身的研究成果和实践经验传授给读者。在介绍各种理论和方法时，将不同的算法应用到实际中。书中提供了三种图像来源，包括摄像头拍摄图像、用户自行选择的图像和软件自带的测试图像。对这些图像的处理，有理论的讲解和推理，有将理论转化为编程的函数说明，也有计算机能够运行的源代码，还有计算机运行算法程序后的效果展示，以及不同算法应用于同一个图像的效果对比。面对如此丰富的理论和方法，读者有所学就会有所用。

本书可作为高等院校计算机工程、信息工程、生物医学工程、智能机器人学、工业自动化、模式识别等学科研究生、本科生的教材或教学参考书，亦可供有关工程技术人员参考。

参加本书编写的还有代学欣、国海铭、李欣、张梦林、马荣淏、邓飞、马荣泽等，他们在著者指导下的研究工作中付出了辛苦的劳动，取得了有益的研究成果，正是在他们的努力下，本书得以顺利完成，为此向他们表示衷心的感谢。在此也要感谢天津理工大学教材建设基金项目（JC23-05）的资助。

由于著者的业务水平和实践经验有限，书中难免存在不足与错误在所，欢迎读者予以指正！为方便广大读者交流，在此提供了技术支持电子邮箱：ysying1262@126.com。读者可通过该邮箱及时与著者取得联系，获得技术支持。

本书提供配套的电子课件和源代码，可登录华信教育资源网：www.hxedu.com.cn，注册后免费下载。

目　　录

第 1 章　图像处理编程基础 ·· （1）

1.1　Python 开发基础 ·· （1）

　　1.1.1　Python 的安装 ·· （1）

　　1.1.2　PyCharm 的安装 ·· （6）

　　1.1.3　OpenCV 及常用库的配置 ······································ （9）

1.2　数字图像处理与深度学习技术简介 ···································· （13）

1.3　系统界面开发基础 ·· （15）

1.4　图像显示 ·· （17）

　　1.4.1　待处理图像的显示 ·· （17）

　　1.4.2　处理后图像的显示 ·· （20）

习题 ·· （20）

第 2 章　彩色图像特效处理 ·· （21）

2.1　图像的颜色表示 ·· （21）

　　2.1.1　像素的颜色 ·· （21）

　　2.1.2　图像的存储结构 ·· （21）

　　2.1.3　图像的精度 ·· （25）

2.2　彩色图像的灰度化处理 ·· （26）

2.3　彩色图像的着色处理 ·· （28）

2.4　彩色图像的亮度调整 ·· （29）

2.5　彩色图像的对比度调整 ·· （31）

2.6　彩色图像的曝光处理 ·· （33）

2.7　彩色图像的马赛克处理 ·· （34）

2.8　彩色图像的梯度锐化处理 ·· （35）

2.9　彩色图像的浮雕处理 ·· （37）

2.10　彩色图像的霓虹处理 ··· （38）

小结 ·· （39）

习题 ·· （40）

第 3 章　图像的合成处理 ·· （41）

3.1　图像的代数运算 ·· （41）

　　3.1.1　图像加运算 ·· （41）

　　3.1.2　图像减运算 ·· （43）

3.2　图像的逻辑运算 ·· （45）

　　3.2.1　位与运算 ·· （46）

　　3.2.2　位或运算 ·· （47）

3.2.3　位非运算 ·· (48)

3.2.4　位异或运算 ··· (49)

小结 ··· (50)

习题 ··· (51)

第4章　图像的几何变换 ·· (52)

4.1　概述 ··· (52)

4.2　图像平移 ··· (54)

4.3　图像镜像 ··· (56)

4.4　图像缩放 ··· (58)

4.5　图像转置 ··· (60)

4.6　投影变换 ··· (61)

4.7　图像旋转 ··· (63)

小结 ··· (66)

习题 ··· (66)

第5章　图像的灰度变换 ·· (67)

5.1　概述 ··· (67)

5.2　二值化和阈值处理 ·· (68)

5.3　灰度线性变换与分段线性变换 ··· (69)

5.3.1　灰度线性变换 ··· (69)

5.3.2　分段线性变换 ··· (71)

5.4　灰度非线性变换 ··· (73)

5.4.1　灰度对数变换 ··· (73)

5.4.2　灰度指数变换 ··· (75)

5.4.3　灰度幂次变换 ··· (76)

5.5　灰度直方图 ··· (78)

5.5.1　灰度直方图的概念 ··· (78)

5.5.2　直方图正规化 ··· (80)

5.5.3　直方图均衡化 ··· (82)

5.5.4　自适应直方图均衡化 ·· (85)

小结 ··· (88)

习题 ··· (88)

第6章　图像平滑处理 ·· (89)

6.1　概述 ··· (89)

6.2　噪声消除法 ··· (90)

6.2.1　二值图像的黑白点噪声滤波 ·· (90)

6.2.2　消除孤立黑像素点 ··· (91)

6.3　邻域平均法 ··· (93)

6.3.1　3×3 均值滤波 ·· (94)

6.3.2　$N×N$ 均值滤波 ·· (95)

6.3.3　超限邻域平均法 ·· (96)

　　　　6.3.4　方框滤波 ·· （98）

　　6.4　高斯滤波 ··· （100）

　　6.5　中值滤波 ··· （101）

　　　　6.5.1　$N×N$ 中值滤波 ·· （102）

　　　　6.5.2　十字形中值滤波 ·· （103）

　　　　6.5.3　$N×N$ 最大值滤波 ·· （105）

　　6.6　双边滤波 ··· （106）

　　6.7　2D 卷积核的实现 ·· （109）

　　6.8　加噪声处理 ·· （111）

　　　　6.8.1　随机噪声 ·· （111）

　　　　6.8.2　椒盐噪声 ·· （112）

　　小结 ··· （113）

　　习题 ··· （114）

第 7 章　图像边缘锐化处理 ·· （115）

　　7.1　概述 ··· （115）

　　7.2　图像微分边缘检测 ·· （116）

　　　　7.2.1　纵向微分边缘检测 ·· （116）

　　　　7.2.2　横向微分边缘检测 ·· （117）

　　　　7.2.3　双向一次微分边缘检测 ··· （118）

　　7.3　常用的边缘检测算子及方法 ·· （120）

　　　　7.3.1　Roberts 边缘检测算子 ··· （120）

　　　　7.3.2　Sobel 边缘检测算子 ·· （122）

　　　　7.3.3　Prewitt 边缘检测算子 ·· （124）

　　　　7.3.4　Scharr 边缘检测算子 ··· （125）

　　　　7.3.5　Krisch 自适应边缘检测 ·· （126）

　　　　7.3.6　Laplacian 算子 ·· （129）

　　　　7.3.7　LoG 算子 ··· （131）

　　　　7.3.8　Canny 边缘检测 ··· （134）

　　7.4　梯度锐化 ··· （136）

　　　　7.4.1　提升边缘 ·· （137）

　　　　7.4.2　根据梯度二值化图像 ·· （139）

　　小结 ··· （141）

　　习题 ··· （141）

第 8 章　图像形态学处理 ·· （143）

　　8.1　概述 ··· （143）

　　8.2　图像腐蚀 ··· （143）

　　　　8.2.1　水平腐蚀 ·· （144）

　　　　8.2.2　垂直腐蚀 ·· （146）

　　　　8.2.3　全方向腐蚀 ··· （147）

　　8.3　图像膨胀 ··· （148）

8.3.1 水平膨胀 ·· (149)

8.3.2 垂直膨胀 ·· (150)

8.3.3 全方向膨胀 ······································ (151)

8.4 图像开运算与闭运算 ································ (152)

8.4.1 图像开运算 ······································ (152)

8.4.2 图像闭运算 ······································ (154)

8.5 形态学梯度运算 ······································ (156)

8.6 黑帽与礼帽运算 ······································ (157)

8.7 图像细化 ·· (159)

小结 ·· (163)

习题 ·· (163)

第9章 图像分割与测量 ·································· (165)

9.1 概述 ·· (165)

9.2 阈值法分割 ·· (166)

9.2.1 直方图门限选择法 ····························· (166)

9.2.2 半阈值选择法 ···································· (169)

9.2.3 迭代阈值法 ······································ (171)

9.2.4 Otsu 阈值法 ····································· (173)

9.2.5 自适应阈值法 ···································· (175)

9.2.6 分水岭算法 ······································ (177)

9.3 投影法分割 ·· (184)

9.3.1 水平投影分割 ···································· (184)

9.3.2 垂直投影分割 ···································· (185)

9.4 轮廓检测 ·· (187)

9.4.1 邻域判断法 ······································ (187)

9.4.2 边界跟踪法 ······································ (188)

9.4.3 区域生长法 ······································ (191)

9.4.4 轮廓检测与拟合 ································· (195)

9.5 目标物体测量 ··· (198)

9.5.1 区域标记 ··· (198)

9.5.2 面积测量 ··· (200)

9.5.3 周长测量 ··· (201)

9.6 最小外包形状检测 ···································· (203)

9.6.1 最小外包矩形 ···································· (203)

9.6.2 最小外包圆形 ···································· (204)

9.6.3 最小外包三角形 ································· (205)

9.6.4 最小外包椭圆形 ································· (206)

9.7 霍夫检测 ·· (207)

9.7.1 霍夫直线检测 ···································· (207)

9.7.2 霍夫圆检测 ······································ (211)

小结 ··· (214)

习题 ··· (214)

第 10 章　图像频域变换处理 ·· (215)

10.1　图像频域变换 ·· (215)

10.1.1　图像傅里叶变换 ·· (215)

10.1.2　图像快速傅里叶变换 ··· (218)

10.1.3　图像离散余弦变换 ·· (222)

10.1.4　图像频域变换原理 ·· (225)

10.2　频域低通滤波 ·· (226)

10.2.1　理想低通滤波 ·· (226)

10.2.2　梯形低通滤波 ·· (229)

10.2.3　巴特沃思低通滤波 ·· (231)

10.2.4　指数低通滤波 ·· (233)

10.3　频域高通滤波 ·· (235)

10.3.1　理想高通滤波 ·· (235)

10.3.2　梯形高通滤波 ·· (237)

10.3.3　巴特沃思高通滤波 ·· (239)

10.3.4　指数高通滤波 ·· (241)

小结 ··· (243)

习题 ··· (243)

第 11 章　基于深度学习 CNN 模型的汉字识别 ·· (244)

11.1　深度学习技术概述 ··· (244)

11.2　CNN 基本概念 ··· (245)

11.3　汉字识别系统设计 ··· (249)

11.4　汉字图像预处理 ·· (251)

11.5　投影与分割 ··· (253)

11.6　构建汉字识别模型 ··· (256)

11.6.1　构建 CNN 模型 ·· (256)

11.6.2　识别模型训练 ·· (258)

11.7　汉字识别模型检验 ··· (260)

第 12 章　基于深度学习 CNN 模型的语音识别 ·· (265)

12.1　语音识别系统设计 ··· (265)

12.2　语音信号预处理及特征提取 ·· (266)

12.2.1　语音信号预处理 ·· (266)

12.2.2　MFCC 特征提取 ·· (268)

12.3　构建语音识别模型 ··· (270)

12.3.1　构建 CNN 模型 ·· (270)

12.3.2　识别模型训练 ·· (273)

12.4　语音识别模型检验 ··· (274)

第 13 章　基于深度学习 Faster R-CNN 模型的手势识别 ……………………………………（279）

13.1　R-CNN 目标检测与识别模型 ……………………………………………………………（279）

13.2　边框回归原理 ……………………………………………………………………………（282）

13.3　Faster R-CNN 目标检测与识别模型 ……………………………………………………（284）

　13.3.1　Faster R-CNN 模型框架 ……………………………………………………………（284）

　13.3.2　基于区域提议网络的目标检测 ……………………………………………………（285）

　13.3.3　基于 RoI 池化和分类技术的目标识别 ……………………………………………（288）

13.4　手势识别系统设计 ………………………………………………………………………（289）

13.5　构建手势识别模型 ………………………………………………………………………（291）

　13.5.1　构建 Faster R-CNN 模型 ……………………………………………………………（291）

　13.5.2　Faster R-CNN 识别模型训练 ………………………………………………………（295）

13.6　手势识别模型检验 ………………………………………………………………………（299）

第1章

图像处理编程基础

Python 是一种语法简洁、思路清晰、好入门、易上手的编程语言，受到了广大初学者和科研工作者的喜爱。Python 具有非常丰富和强大的数据库，在数字图像处理方面，既可以进行基础的图像处理算法操作，又可进行高级的深度学习模型应用。这些便捷的应用都源于 Python 支持安装图像处理和深度学习的程序库，通过调取这些函数库，可以轻松上手进行图像处理和识别。

1.1 Python 开发基础

1.1.1 Python 的安装

安装 Python 有多种方式，本书采用 Windows 系统下的 Anaconda 安装。这种安装方式比较简单，十分适合刚接触 Python 的读者进行学习。目前，Python 有两个版本，一个是 1.x 版，一个是 3.x 版，这两个版本是不兼容的。由于 3.x 版越来越普及，这里以 Python 3.9 版本为例，说明安装 Python 的方法。

Python 安装步骤如下：

（1）进入 Python 的官方下载页面，单击菜单栏中的【Downloads】，然后选择自己计算机对应的操作系统，如图 1-1 所示，单击【Windows】。

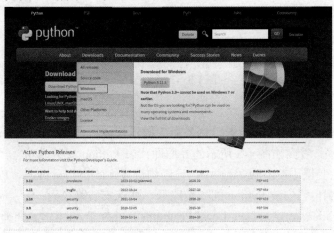

图 1-1　官网下载

（2）如图 1-2 所示，选择需要的 Python 版本（建议不要太新，防止安装包出现问题）。

图 1-2　选择需要的 Python 版本

（3）安装所选的 Python 版本。如图 1-3 所示，勾选【Add python.exe to PATH】复选框，这是将 Python 路径添加到环境变量中。然后单击【Install Now】。

图 1-3　Python 安装

（4）测试 Python 是否安装成功。单击快捷键【Win+r】，然后输入"cmd"，再单击【确定】按钮或按回车键，如图 1-4 所示，进入命令提示符窗口。输入"python --version"，查看安装的 Python 版本。看到如图 1-5 所示的界面即代表 Python 安装成功。

（5）添加环境变量［在步骤（3）中，已经勾选【Add python.exe to PATH】复选框则不用操作这步］。找到自己安装 Python 的安装路径，默认安装路径为：

C:\Users\Administrator\AppData\Local\Programs\Python\Python38\python.exe）

在桌面右击"此电脑"，然后单击【属性】，如图 1-6 所示。在【关于】中找到并单击【高

级系统设置】，如图 1-7 所示，进入【系统属性】对话框。再单击【环境变量(N)】按钮，如图 1-8 所示，进入【环境变量】对话框。如图 1-9 所示，在【环境变量】对话框的【系统变量(S)】中找到"Path"并选中，然后单击【编辑】，进入【编辑环境变量】界面。单击【新建】并且将复制的 Python 路径粘入，如图 1-10 所示。注意要添加两个路径地址，如图 1-11 所示。

图 1-4　打开命令提示符

图 1-5　测试 Python 是否安装成功

最后按照步骤（4）测试 Python 是否安装成功，如图 1-5 所示，界面中显示 Python 安装版本则表示安装成功。

图 1-6　计算机属性

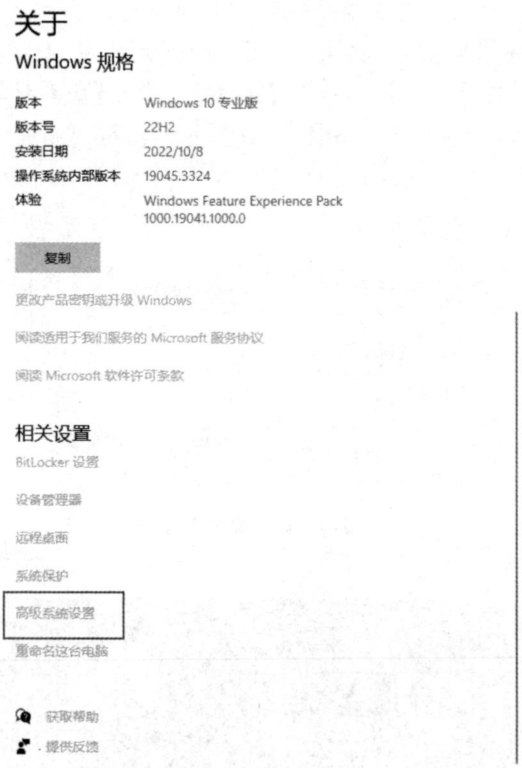

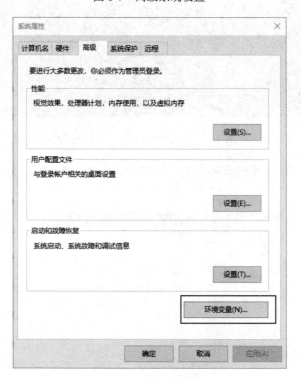

关于
Windows 规格
版本 Windows 10 专业版
版本号 22H2
安装日期 2022/10/8
操作系统内部版本 19045.3324
体验 Windows Feature Experience Pack 1000.19041.1000.0
复制
更改产品密钥或升级 Windows
阅读适用于我们服务的 Microsoft 服务协议
阅读 Microsoft 软件许可条款
相关设置
BitLocker 设置
设备管理器
远程桌面
系统保护
高级系统设置
重命名这台电脑
获取帮助
提供反馈

图 1-7　高级系统设置

系统属性
计算机名
硬件
高级
系统保护
远程
要进行大多数更改，你必须作为管理员登录。
性能
视觉效果，处理器计划，内存使用，以及虚拟内存
设置(S)...
用户配置文件
与登录帐户相关的桌面设置
设置(E)...
启动和故障恢复
系统启动、系统故障和调试信息
设置(T)...
环境变量(N)...
确定
取消
应用(A)

图 1-8　系统属性设置界面

图 1-9　【环境变量】对话框

图 1-10　新建环境变量

图 1-11　添加两个路径地址

　PyCharm 的安装

1. PyCharm 的安装

Python 安装完成后，可进一步安装 Python 编辑器 PyCharm。它是一种十分简易且有效的 Python 编辑器，下面介绍其安装过程。首先，从官网上下载 PyCharm 的安装包，如图 1-12 所示。根据计算机系统的不同，PyCharm 官网也提供了不同的安装包，作者开发的仿真软件使用的是 PyCharm Community 版本，它是开源版本。

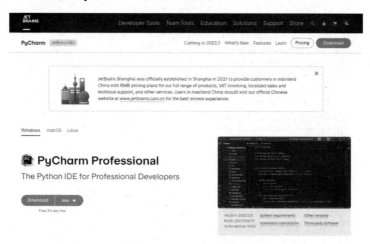

图 1-12　PyCharm 官网下载界面

其次，安装包下载完成后，在相应文件夹中找到下载完成的.exe 文件，双击该文件，出现 PyCharm 安装界面。单击【Next】按钮，选择安装路径。单击【Next】按钮，出现如图 1-13

所示的安装选择界面。在图 1-13 中，通常是四个选项全选。此后，依次单击【Next】按钮、【Install】按钮、【Finish】按钮即可完成安装。

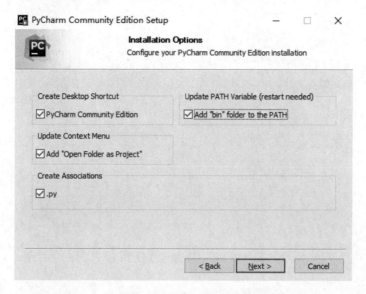

图 1-13　安装选择界面

2. PyCharm 的初始化

完成上面的 PyCharm 软件安装后，需要对 PyCharm 进行一些初始化配置。单击安装完成的【PyCharm】图标，出现如图 1-14 所示的创建工程开始界面。

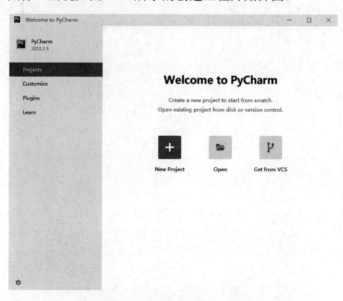

图 1-14　创建工程开始界面

单击【New Project】图标，创建一个新的工程，出现如图 1-15 所示的界面，单击【Create】按钮创建工程。右击工程名，依次选择【New】、【Python File】创建文件，如图 1-16 所示。

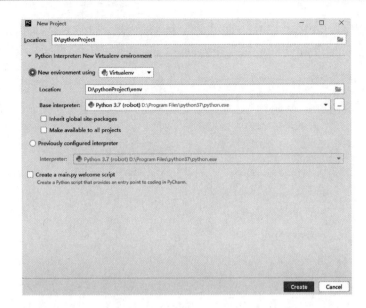

图 1-15　创建工程界面

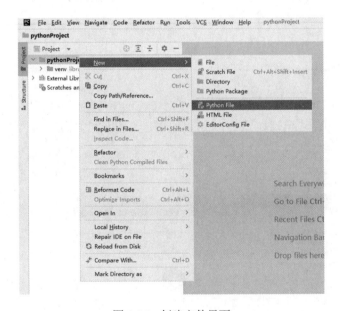

图 1-16　创建文件界面

选择上述命令后，出现如图 1-17 所示的界面。

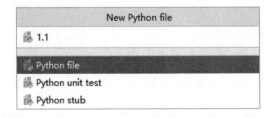

图 1-17　生成文件界面

按回车键后，出现如图 1-18 所示的界面。文件创建完成后，单击右上方的"绿色三角"按钮开始仿真，可以运行程序。至此，完成 PyCharm 的初始化配置。

图 1-18　文件创建完成界面

1.1.3　OpenCV 及常用库的配置

方法 1. 在 PyCharm 中安装常用库

在完成 PyCharm 的初始化配置后，接下来配置 OpenCV 及一些常用库。单击图 1-18 中左上角的【File】菜单，之后单击【Settings】，出现如图 1-19 所示的配置界面。

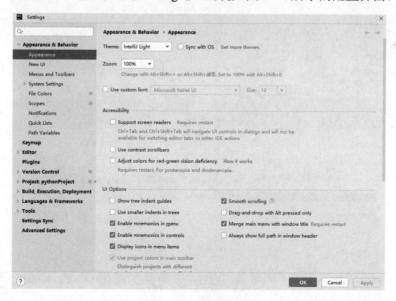

图 1-19　配置界面

打开【Project: pythonProject】栏目，单击【Python Interpreter】，出现如图 1-20 所示的界面。

图 1-20　OpenCV 配置界面

双击【pip】项，出现如图 1-21 所示的 OpenCV 库函数配置界面。

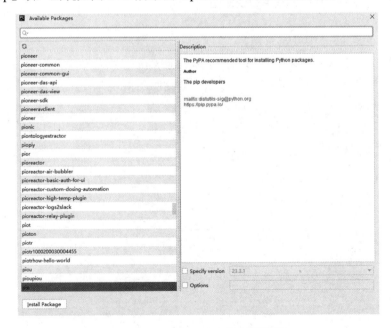

图 1-21　OpenCV 库函数配置界面

选择【opencv-python】后，单击图 1-21 中左下角的【Install Package】按钮，出现如图 1-22 所示的安装成功界面。

图 1-22　安装成功界面

可以用同样的方法安装其他库，如 Numpy、Matplotlib、OpenCV-contrib-python 等图像处理常用库。

方法 2．在命令提示符中安装常用库

打开命令提示符后，输入"pip list"即可查看 Python 中安装的常用库，如图 1-23 所示。

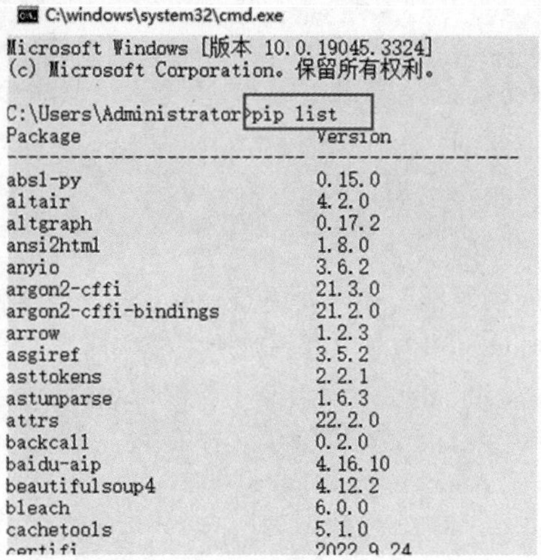

图 1-23　查看已安装的常用库

输入"pip install"及下载的模块名，然后按回车键即可安装成功。

若提示网络问题时可指定国内镜像库，则输入命令：

pip install -i 国内镜像地址 包名

例如，使用国内常用的清华源镜像地址，可输入命令：

pip install -i https://pypi.tuna.tsinghua.edu.cn/simple 包名

若想安装指定模块的版本，则输入命令"pip install"+下载的模块名+"=="版本号，如图 1-24 所示。

```
C:\Users\Administrator>pip install flask==2.2.3
Looking in indexes: https://repo.huaweicloud.com/repository/pypi/simple
Collecting flask==2.2.3
  Using cached https://repo.huaweicloud.com/repository/pypi/packages/95/9c/a3542594ce4973786236a1b7b702b8ca81dbf40ea270f
0f96284f0c27348/Flask-2.2.3-py3-none-any.whl (101 kB)
Requirement already satisfied: click>=8.0 in c:\users\administrator\appdata\local\programs\python\python39\lib\site-pack
ages (from flask==2.2.3) (8.1.3)
Requirement already satisfied: Jinja2>=3.0 in c:\users\administrator\appdata\local\programs\python\python39\lib\site-pac
kages (from flask==2.2.3) (3.1.2)
Requirement already satisfied: Werkzeug>=2.2.2 in c:\users\administrator\appdata\local\programs\python\python39\lib\site
-packages (from flask==2.2.3) (2.2.3)
Requirement already satisfied: importlib-metadata>=3.6.0 in c:\users\administrator\appdata\local\programs\python\python3
9\lib\site-packages (from flask==2.2.3) (6.3.0)
Requirement already satisfied: itsdangerous>=2.0 in c:\users\administrator\appdata\local\programs\python\python39\lib\si
te-packages (from flask==2.2.3) (2.1.2)
Requirement already satisfied: colorama in c:\users\administrator\appdata\local\programs\python\python39\lib\site-packag
es (from click>=8.0->flask==2.2.3) (0.4.5)
Requirement already satisfied: zipp>=0.5 in c:\users\administrator\appdata\local\programs\python\python39\lib\site-packa
ges (from importlib-metadata>=3.6.0->flask==2.2.3) (3.15.0)
Requirement already satisfied: MarkupSafe>=2.0 in c:\users\administrator\appdata\local\programs\python\python39\lib\site
-packages (from Jinja2>=3.0->flask==2.2.3) (2.1.2)
Installing collected packages: flask
Successfully installed flask-2.2.3
```

图 1-24　安装指定模块的版本

输入"pip uninstall"及下载的模块名，然后单击回车键即可卸载安装的模块，如图 1-25 所示。

```
C:\Users\Administrator>pip uninstall flask
Found existing installation: Flask 2.2.3
Uninstalling Flask-2.2.3:
  Would remove:
    c:\users\administrator\appdata\local\programs\python\python39\lib\site-packages\flask-2.2.3.dist-info\*
    c:\users\administrator\appdata\local\programs\python\python39\lib\site-packages\flask\*
    c:\users\administrator\appdata\local\programs\python\python39\scripts\flask.exe
Proceed (Y/n)? y
  Successfully uninstalled Flask-2.2.3

C:\Users\Administrator>
```

图 1-25　卸载模块

注意：正在使用 Python 的同学可能需要更新 pip，在 cmd 操作窗口输入更新 pip 的命令"python -m pip install --upgrade pip"。本仿真系统所用模块对应的安装命令为：

pip install tkinter

pip install pillow

pip install opencv-python

pip install numpy

pip install matplotlib

pip install scipy

pip install easygui

pip install pywin32

pip install scikit-image

（注意：若安装模块后程序运行报错，则可能版本不兼容。）

1.2　数字图像处理与深度学习技术简介

1. 图像处理技术基础

数字图像处理是指通过计算机软件或编程对数字图像进行处理分析，并将结果进行数字化的表达。目前，数字图像处理技术已经在国民经济的许多领域得到了推广，如农业生产、工业制造、道路交通、民生医疗等现代生活各个领域都有数字图像处理的应用，是科技走进生活的切实体现。常用的图像处理方法有图像滤波、图像分割、图像变换等。其中，图像滤波是指对图像进行平滑或锐化处理，目的是去除噪声或增强图像局部细节；常用的滤波算法包括中值滤波、均值滤波和高斯滤波等。图像分割是将图像分为若干个区域，目的是在不同的区域上进行不同的处理；常用的分割算法包括阈值法、界限检测法、匹配法、跟踪法等。图像变换是将图像在空间域或频率域上进行变换，目的是使得图像在某些方面的表达更便于处理；常用的变换算法包括傅里叶变换、离散余弦变换和小波变换等。

为了验证各个算法的运行效果，著者将多种算法集成起来，形成一个图像处理仿真系统。该仿真系统集成九大模块：图像色彩处理、图像合成、几何变换、灰度变化、平滑处理、边缘锐化处理、形态学处理、分割及测量和变换域处理等内容，包含了各类图像处理算法，涵盖了数字图像处理大部分的基础知识。

图像处理系统界面如图 1-26 所示，仿真系统界面含有 Windows 窗口、提示语、运行按钮、以章命名的菜单项、各章对应算法的子菜单项、子菜单项消息映射响应函数、处理前及处理后的图像显示等要素。系统界面中间部分包含左右两个图片对象，左边图片对象来自系统自带的图像、应用者选择的图像或者摄像头拍摄的图像，右边图片对象是用某一种算法处理后的图像；通过左右对比，可加深了解算法的原理，进一步掌握算法的应用。界面上部添加了菜单对象，菜单顶层对应各章的算法主题；具体的菜单选项对应某种图像处理算法，通过回调（CallBack）函数实现功能。该系统形象直观地展示了算法的处理效果，并可以扩展和改进，具有很好的实用性和应用性。

图 1-26　图像处理系统界面示意图

2. 数字图像处理系统

一般数字图像处理系统含有图像处理、图像分析以及图像识别理解三个层次。图像处理是指对输入图像进行变换，改善图像的视觉效果或增强某些特定信息，是从图像到图像的处理过程。这类处理技术有去噪、增强、锐化、色彩处理、复原等。图像分析是指通过对图像相关目标进行检测、分割、特征提取和测量，获取某些客观信息，从而建立对图像的描述，以便对图像内容进行识别、辨识；图像分析是从图像到非图像（数据或字符）的处理过程，这类处理技术包括图像分割、图像描述和分析等。图像识别理解是指根据从图像中提取出的数据，利用模式识别的方法和理论理解图像内容，提供客观世界的信息，指导和规划行为，其处理过程和方法与人类的思维判断有类似之处。

3. 深度学习基础

深度学习是机器学习的一个分支，其核心思想是通过构建深层神经网络来模拟人类神经系统，并从训练数据中提取出高层次的抽象特征。深度学习通常采用反向传播算法进行训练，其核心是最小化代价函数（即网络预测结果与真实结果之间的差异）。深度学习有很多应用领域，如图像识别、自然语言处理、语音识别和推荐系统等。

假设需要用深度学习来分类图像，可以先将图像输入深度神经网络中，网络将逐层进行计算，最终输出一组数值，表示图片属于某个分类的概率。此时引入代价函数，将网络输出与真实结果之间的偏差最小化，让网络自动调整权重，从而提高识别的准确性。比如，最常用的卷积神经网络（Convolutional Neural Network，CNN）在进行图像识别时，它利用卷积和池化等特殊的学习方式，对图像进行特征提取，从而识别出图像中的对象和场景。

深度学习引入了端到端学习的概念，即从输入图像到识别类别的三个层次在一个模型框架内完成。深度学习模型是基于给定数据"训练"得到的，训练集中的每张图像均需标注目标类别，由神经网络发现图像类别中的底层模式，并自动提取出对目标类别最具描述性和最显著的特征。深度神经网络学得的特征是对应特定训练数据的。也就是说，如果训练数据集的构建出现问题，则网络对训练数据集以外的图像处理效果不好。在面对一个图像工程应用时，需要确定选择哪种解决方案。例如，对两类产品进行分类，一类是红色一类是蓝色，深度神经网络需要首先收集充足的训练数据。然而，在训练样本不足的情况下，使用简单的色彩阈值方法也能达到同样的效果。可见，利用传统的图像处理技术来解决问题更加简单、快捷。

4. 图像处理与深度学习技术相结合

随着计算机技术的迅猛发展，图像处理和深度学习技术也得到了极大的发展。这两个技术都有着各自的优势和应用领域，但是将图像处理与深度学习技术进行结合，可以得到更加优秀的图像处理结果。经典算法成熟、透明，且为性能和能效进行过优化；深度学习扩展了数字图像处理的边界，可以提供更好的准确率和通用性，但消耗的计算资源也更大。将图像处理和深度学习技术相结合的方法兼具二者的优点，尤其适用于需要快速实现的高性能系统。

本书通过汉字识别、语音识别、手势识别三个普遍应用的项目案例，介绍了图像处理和深度学习技术相结合的应用技术。其中，针对汉字识别项目案例，先使用传统的图像处理算法进行预处理，包括图像的灰度化、二值化、腐蚀、膨胀、投影分割等操作，再使用深度学习算法进行特征提取和分类。针对语音识别项目案例，先使用传统的语音处理算法进行预处理，包括语音信号分帧、预加重、提取语音信号的 MFCC 特征等操作，按照帧的时间顺序和特征值转换成二维图像，再使用深度学习算法进行特征提取和分类。在这些项目中，先使用传统的处理算法进行预处理，再使用深度学习算法进行特征提取和分类，提高了识别的准确率，达到了更快的处理效果。

1.3　系统界面开发基础

为了方便用户输入图像并查看各种算法的处理结果，需要开发用户界面，内含菜单、文本提示、按钮等关键要素。本节介绍开发图像处理仿真系统的界面技术。

1. 常用设计图形界面的模块

Python 有多种用于设计用户界面的模块，常用的模块有以下几种：
- Tkinter：使用 Tk 平台，Python 系统自带的标准图形用户界面库；
- Wxpython：基于 WxWidgets 平台，具有跨平台的特性；
- PythonWin：只能在 Windows 上使用，使用了本机的 Windows GUI 功能；
- PyGTK：使用 GTK 平台，在 Linux 上很流行；
- PyQt：使用 Qt 平台，跨平台。

2. 使用 Tkinter 库创建窗口界面

Tkinter 是 Python 的标准 GUI 库，它提供了丰富的组件和布局管理器，能够快速地创建用户界面应用程序，其模块中的 Tk 接口是 Python 的标准 GUI 工具包的接口，使用 import tkinter 命令即可将该模块导入程序。

使用 Tkinter 模块的基本步骤如下：

（1）导入 Tkinter 模块。

例如：

```
import tkinter  或 from tkinter import *
```

（2）创建一个顶层容器对象。

例如：

```
root=tkinter.Tk()      #创建一个窗体对象
root.title('数字图像处理——python')      #设置窗口标题
root.geometry('750x490+110+50')      #设置窗口大小
```

（3）在顶层容器对象中，添加其他组件。

（4）采取调用 pack()方法进行容器的组件布局。

（5）进入主事件循环。

```
root.mainloop()      #显示窗口（消息循环）
```

当容器进入主事件循环状态时，容器内部的其他图形对象就处于循环等待状态，这样才能一直保持显示状态。

上面的代码中，首先导入了 Tkinter 模块，并创建了一个窗口对象。然后，设置窗口标题，设置窗口大小，调用窗口对象的 mainloop() 运行主事件循环。

3. 布局管理

在 Tkinter 中，布局管理器负责管理组件的位置和大小。目前，Tkinter 提供了三种布局管理器：pack、grid 和 place。

（1）pack 布局管理器：按组件的创建顺序在容器区域中排列。pack 布局的常用属性有 side 和 fill。

side 属性：其取值为 'top'、'bottom'、'left' 或 'right'，分别表示组件排列在上、下、左、右的位置。默认为 'top'。

fill 属性：其取值为 'x'、'y' 或 'both'，分别表示填充 x（水平）或 y（垂直）方向的空间。

（2）grid 布局管理器：将窗口划分为网格，将组件放置到指定的网格中。grid 布局的常用属性有：row（行）、column（列）、rowspan（组件占据行数）、columnspan（组件占据列数）。

（3）place 布局管理器：允许开发者精确地控制组件的位置和大小，指定组件的坐标位置排列，这种排列方式又称为绝对布局。

4. 组件

这里介绍仿真系统所用的组件。

（1）创建标签组件 Label

下面创建一个标签组件 Label，并使用 pack() 方法将它们添加到窗口中。

```
Label(root, text='提示 1：执行完相应操作后请单击"运行"按钮！！！ 谢谢！', font=('楷体', 15),width=80,
height=2).pack()
    Label(root, text='提示 2：打开摄像头请按键盘"q"键获取图像！！！ 谢谢！', font=('楷体', 15),width=80,
height=2).pack()
```

（2）添加按钮 Button

按钮组件用于在应用程序中添加按钮。创建一个按钮组件 Button，按钮上可以显示文本或图像，并使用 pack() 方法将它们添加到窗口中。按钮与一个回调函数关联，当用户单击按钮时，自动调用该回调函数。

```
Button(root, text="运行", command=start).pack()
```

本书的集成系统界面按钮【运行】与回调函数 start() 关联，当用户单击【运行】按钮时，自动调用该回调函数，就会在界面的右侧显示处理后的图片，start() 函数内容见 1.4.2 节。

5. 菜单

创建菜单的主要步骤如下：

（1）创建菜单条对象：menubar = Menu(窗体容器)。

（2）把菜单条放置到窗体中：窗体容器. config(menu = menubar)。

（3）在菜单条中创建菜单：菜单名称= Menu(menubar, tearoff = 0)。

其中，tearoff 取值 0 表示菜单不能独立使用。

（4）为菜单添加文字标签。

menubar.add_cascade(label = "文字标签", menu =菜单名称)

（5）在菜单中添加菜单项。

菜单名称.add_command (label = " 菜单项名称",command = 功能函数名)

例如：

```
root=tkinter.Tk()      #创建一个窗体对象
menuBar = Menu(root)
root.configure(menu=menuBar)   #把菜单条放置到窗体中
fileMenu = Menu(menuBar)     #在菜单条中创建菜单
menuBar.add_cascade(label="文件", menu=fileMenu)    #为菜单添加文字标签
fileMenu.add_command(label="打开图像", command=open_image)    #在菜单中添加菜单项
fileMenu.add_command(label="打开摄像头", command=open_camera)    #在菜单中添加菜单项
```

图像显示

1.4.1　待处理图像的显示

仿真系统的图像有三种来源，分别是系统自带的测试图像、用户自行选择的图像文件、打开摄像头拍摄的图像。针对这三种不同来源的图像，需要分别编写代码进行图像显示，而且将它们布局在相同的位置。

系统自带的测试图像是指定的文件，文件名为"sucai.jpg"；而用户选择的图像文件或者打开摄像头拍摄的图像，指定存储为"save.jpg"文件名。这里定义了全局变量 sFilePath 来存储左端待处理的文件名称，给定初值为'start'。

如果 sFilePath=='start'，使用系统指定图片"sucai.jpg"进行处理；

如果 sFilePath !='start'，使用用户选择的图像文件或打开摄像头拍摄的图像进行处理。

1. 系统自带测试图像的显示

若设置系统为一启动就自带测试图像，并允许各种算法对系统进行测试，则系统一启动就在界面的左右两侧显示图片，参见图 1-26。

实现步骤：

（1）导入模块。

代码如下：

```
from tkinter import *
from PIL import ImageTk
from PIL import Image, ImageEnhance
```

其中，tkinter 是 Python 自带的图形界面库；PIL 是 Python 中用于图像处理的第三方库；ImageTk 是 Python 中用于图像处理的一个模块，它可以实现图像的加载、显示、裁剪、旋转

等操作，非常适用于计算机视觉、图形学等领域。使用 ImageTk 可以轻松地实现 Python 程序中的图像处理，并且可以与 Tkinter 等库进行无缝集成。

（2）使用 Image.open()方法加载一张图片到内存中，并用 ImageTk.PhotoImage()方法将其转换成可显示的图像对象。

代码如下：

```
img = Image.open('"sucai.jpg") #加载图片
photo = ImageTk.PhotoImage(img) #转换成可显示的图像对象 ```
```

（3）借助 tkinter 中的 Label 组件将图像显示在界面上，代码如下：

```
root = Tk()                     #创建窗口对象
label = Label(root, image=photo) #创建标签对象
label.pack()                    #将标签放置到窗口中
root.mainloop()                 #运行窗口事件循环
```

总之，需要先创建一个窗口对象，再创建一个 Label 对象，通过 image 参数将其与刚刚创建的图像对象关联起来，最后将标签对象放置到窗口中，并启动窗口事件循环。

```
#在界面左边显示图片
img_1 = Image.open('sucai.jpg')
photo_1 = ImageTk.PhotoImage(img_1)    #转换成可显示的图像对象
img_label_1 = Label(root, image=photo_1)
img_label_1.pack(side='left')
#在界面右边显示图片
img_2 = Image.open('sucai.jpg')
photo_2 = ImageTk.PhotoImage(img_2)
img_label_r = Label(root, image=photo_2)
img_label_r.pack(side='right')
```

2. 用户选择图像文件的显示

首先通过建立文件菜单，在【打开图像】子菜单项指定消息响应函数 open_image()来打开一个图像文件，代码如下：

```
menuBar = Menu(root)
root.configure(menu=menuBar)
fileMenu = Menu(menuBar)
menuBar.add_cascade(label="文件", menu=fileMenu)
fileMenu.add_command(label="打开图像", command=open_image)
```

打开图片的消息响应函数 open_image()代码如下。

编程代码

```
/************************************************************
函数名称：open_image()
功能：通过对话框选择图像文件，并显示在界面左边
************************************************************/
def open_image():
```

```
    global img_label_1, photo_3,sFilePath
    sFilePath = easygui.fileopenbox()
    img_3 = Image.open(sFilePath)
    x_s = 300   #设置图像的宽度
    y_s = 300   #设置图像的高度
    out = img_3.resize((x_s, y_s), Image.ANTIALIAS)   #重置图像的宽度和高度
    out.save('save.jpg')
    sFilePath = 'save.jpg'
    #这里 sFilePath 是全局变量，用以保存原图像名称，为后面的两幅图像计算做准备
    photo_3 = ImageTk.PhotoImage(out)
    img_label_1.configure(image=photo_3)   #img_label_1 已布局左侧，这里更换图片
```

3. 打开摄像头拍摄图像的显示

首先通过文件菜单，在【打开摄像头】子菜单项指定消息响应函数 open_camera() 来拍摄一幅图像，代码如下：

```
menuBar = Menu(root)
root.configure(menu=menuBar)
fileMenu = Menu(menuBar)
menuBar.add_cascade(label="文件", menu=fileMenu)
fileMenu.add_command(label="打开摄像头", command=open_camera)
```

打开摄像头拍摄图像的消息响应函数 open_camera() 代码如下。

编程代码

```
/***********************************************************
函数名称：open_camera()
功能：打开摄像头拍摄的图像，并显示在界面左边。
***********************************************************/
def open_camera():
    global img_label_1, photo_3, sFilePath
    cap = cv2.VideoCapture(0)   #获取摄像头设备或打开摄像头
    if cap.isOpened():   #判断摄像头是否已经打开，若打开则进入循环
        while True:   #无限循环
            ret, frame = cap.read()
                    #cap 返回两个值，ret 获取视频播放状态，frame 获取一帧
            cv2.imshow('camera', frame)
            #显示图片，显示视频是通过连续显示一张张图片来实现的
            if cv2.waitKey(1) & 0xff == ord('q'):   #如果在循环中按下键盘上的 q 键
                cv2.imwrite('save.jpg', frame)
            #将最后一帧写入当前工程文件的目录下
                im = Image.open('save.jpg')
                x_s = 300
                y_s = 300
                out = im.resize((x_s, y_s), Image.ANTIALIAS)
                out.save('save.jpg')
                sFilePath = 'save.jpg'
```

```
                              img_3 = Image.open(sFilePath)
                              photo_3 = ImageTk.PhotoImage(img_3)
                              img_label_1.configure(image=photo_3)
                              break
              cap.release()    #释放资源，即销毁进程
              cv2.destroyAllWindows()    #销毁所有窗口
```

1.4.2　处理后图像的显示

　　该集成系统在界面右侧显示处理之后的图像。用户对已有的测试图像、选择的图像文件或者打开摄像头拍摄的图像，选择某一个子菜单项进行处理，该子菜单项会应用算法进行图像处理，并将处理后的图像存储为指定的文件名称，这里指定文件名称为 result.jpg。然后单击【运行】按钮，就会在界面的右侧显示处理后的图片。

　　指定全局变量 img_label_r 在右侧显示图片。

　　在界面右边显示图片代码如下：

```
img_2 = Image.open('sucai.jpg')
photo_2 = ImageTk.PhotoImage(img_2)
img_label_r = Label(root, image=photo_2)
img_label_r.pack(side='right')
```

　　其次，该集成系统将各个算法完成图像处理之后，存储为 result.jpg 文件。

　　最后，用户单击【运行】按钮，调用按钮响应函数 start()，由 start()函数将处理之后的图像在界面右侧显示。

```
def start():
    #img_label_r 是全局变量，已经指定在界面右侧显示图片！
        global img_label_r, photo_2
    #打开处理后的 result.jpg 文件
        img_2 = Image.open('result.jpg')
        photo_2 = ImageTk.PhotoImage(img_2)
        img_label_r.configure(image=photo_2)
```

习题

1．一般数字图像处理要经过哪几个步骤？由哪些内容组成？
2．图像处理的目的是什么？针对每个目的，请举出实际生活中的一个例子。
3．一个数字图像处理系统由哪几个模块组成？说明各模块的作用。
4．一般数字图像处理的方法主要有哪些？

第 2 章

彩色图像特效处理

由于 24 位真彩色图像颜色丰富，深受大众喜爱，具有广泛的应用场合，因此，本章以 24 位真彩色图像为应用对象，进行色彩图像特效处理编程技术讲解。

2.1 图像的颜色表示

2.1.1 像素的颜色

色度学理论认为，任何颜色都可由红（Red）、绿（Green）、蓝（Blue）三种基本颜色按照不同的比例混合得到。红、绿、蓝被称为三原色，简称 RGB 三原色。在 PC 的显示系统中，显示的图像是由一个个像素组成的，每一个像素都有自己的颜色属性，像素的颜色是基于 RGB 模型的，每一个像素的颜色均由红、绿、蓝三原色组合而成。三种颜色分量值的结合确定了在图像上显示的颜色。人眼看到的图像都是连续的模拟图像，其形状和形态表现由图像各位置的颜色所决定。因此，自然界的图像可用基于位置坐标的三维函数来表示，即：

f(x, y, z)={fred(x, y, z)，fgreen(x, y, z)，fblue(x, y, z)}

其中 f 表示空间坐标为(x,y,z)位置点的颜色，fred、fgreen、fblue 分别表示该位置点的红、绿、蓝三种原色的颜色分量值。它们都是空间的连续函数，即连续空间的每一点都有一个精确的值与之相对应。

为了研究方便，主要考虑平面图像。平面上每一点仅包括两个坐标值，因此，平面图像函数是连续的二维函数，即：

f(x, y)={fred(x, y)，fgreen(x, y)，fblue(x, y)}

2.1.2 图像的存储结构

图像是以栅格结构存储画面内容的，如图 2-1 所示。栅格结构将一幅图划分为均匀分布的栅格，每个栅格称为像素，显式地记录每一像素的光度值（亮度或颜色），所有像素位置按规则方式排列，而像素位置的坐标值却是有规则地隐含。图像由数字阵列信息组成，用以描述图像中各像素点的强度与颜色，因此图像适于表现含有大量细节（如明暗变化、场景复杂度和颜色等）的画面，并可直接、快速地在屏幕上显示出来。图像占用存储空间较大，一般需要进行数据压缩。

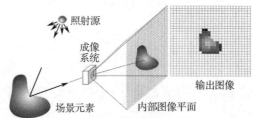

图 2-1　图像存储画面的方式

图像通常用由采样点的值所组成的矩阵来表示。每一个采样单元叫作一个像素（pixel），如图 2-2 所示。

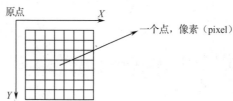

图 2-2　图像的表示

在计算机内通常用二维数组来表示数字图像的矩阵，抽象为数字矩阵：

$$\begin{bmatrix} f(0,0) & f(0,1) & \cdots & f(0,M-1) \\ f(1,0) & f(1,1) & \cdots & f(1,M-1) \\ \vdots & \vdots & & \vdots \\ f(N-1,0) & f(N-1,1) & \cdots & f(N-1,M-1) \end{bmatrix}$$

其中，f 代表该像素的彩色或灰度值；括号内的坐标点代表像素的坐标位置；M、N 分别为数字图像在横、纵方向上的像素总数。

把像素按不同的方式进行组织或存储，就会得到不同的图像格式，把图像数据存储成文件就得到图像文件。图像文件按其数字图像格式的不同一般具有不同的扩展名。最常见的图像格式是位图格式，其文件名以 bmp 为扩展名。

1. 单色图像

单色图像具有比较简单的格式，一般由黑色区域和白色区域组成，如图 2-3 所示。每个像素点仅占一位，其值只有 0 或 1：0 代表黑，1 代表白，或相反，如图 2-4 所示。因为图像中的每个像素仅需 1 位信息，常把单色图像称为 1 位图像。

图 2-3　单色图像

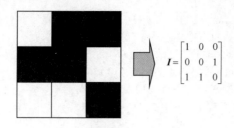

图 2-4　单色图像的数据示意图

2. 8 位灰度图像

8 位灰度图像具有如下特征：

（1）8 位灰度图像的存储文件带有图像颜色表（如表 2-1 所示），此图像颜色表共有 256 项，图像颜色表中每一表项均由红（R）、绿（G）、蓝（B）颜色分量值组成，并且红、绿、蓝颜色分量值都相等，即：

$$f_{red}(x, y) = f_{green}(x, y) = f_{blue}(x, y)$$

表 2-1　图像颜色表

图像颜色表			
索　引　号	B	G	R
0	0	0	0
⋮	⋮	⋮	⋮
255	255	255	255

（2）图像中每一个像素信息是图像颜色表的索引号。每个像素由 8 位组成，其值的范围为 0～255，表示 256 种不同的灰度级。每个像素的像素值 $f(x, y)$ 是图像颜色表的表项入口地址。图 2-5 表明从图像中取出一子块灰度图像（16×6）。

（a）原图　　　　　　　　　　　　　（b）子块灰度图像（16×6）

图 2-5　从图像中取出一子块灰度图像（16×6）

子块灰度图像（16×6）对应的数值矩阵如下所示，其数据值的含义是图像颜色表的索引号，没有彩色信息。

125,153,158,157,127, 70,103,120,129,144,144,150,150,147,150,160,
133,154,158,100,116,120, 97, 74, 54, 74,118,146,148,150,145,157,
155,163, 95,112,123,101,137,108, 81, 71, 63, 81,137,142,146,152,
167, 69, 85, 59, 65, 43, 85, 34, 69, 78,104,101,117,132,134,149,
54, 46, 38, 44, 38, 36, 44, 36, 25, 48,115,113,114,124,135,152,
58, 30, 44, 35, 28, 69,144,147, 57, 60, 93,106,119,124,131,144,

3. 8 位伪彩色图像

8 位伪彩色图像与灰度图像相似，其存储文件中也带有图像颜色表。伪彩色图像具有如下特征：

（1）图像颜色表中的红、绿、蓝颜色分量值不全相等，如表 2-2 所示，即：

$$f_{red}(x, y) \neq f_{green}(x, y) \neq f_{blue}(x, y)$$

表 2-2　伪彩色图像颜色表

颜 色 名	R 值	G 值	B 值
红	255	0	0
绿	0	255	0
蓝	0	0	255
白	255	255	255
黑	0	0	0
青	0	255	255
紫	255	0	255
黄	255	255	0

（2）图像中每一个像素信息也是图像颜色表的索引号。整幅图像仅有 256 种颜色，要表示 256 种不同的颜色，像素必须由 8 位组成，每个像素值不是由每个基色分量的数值直接决定的，而是把像素值当作图像颜色表的表项入口地址。256 色图像有照片效果，比较真实。

4. 24 位真彩色图像

具有全彩色照片表达能力的图像为 24 位真彩色图像。24 位真彩色图像存储文件中不带有图像颜色表，它具有如下特征：

（1）图像中每一个像素信息由 R、G、B 三个分量组成，每个分量各占 8 位，每个像素需 24 位。

（2）$f_{red}(x, y)$、$f_{green}(x, y)$、$f_{blue}(x, y)$ 取值范围均为 0～255。

例如，某彩色图像（6×8）对应的数值矩阵如下：

(207,137,130) (220,179,163) (215,169,161) (210,179,172) (210,179,172) (207,154,146)
(217,124,121) (215,169,161) (216,179,170) (216,179,170) (207,137,120) (159, 51, 71)
(213,142,135) (216,179,170) (221,184,170) (190, 89, 89) (204,109,113) (204,115,118)
(216,179,170) (220,188,176) (190, 77, 84) (206, 95, 97) (217,113,113) (189, 85, 97)
(222,192,179) (150, 54, 71) (177, 65, 73) (145, 39, 65) (150, 47, 67) (112, 20, 56)
(136, 38, 65) (112, 20, 56) (112, 20, 56) (109, 30, 65) (112, 20, 56) (95, 19, 64)

(136, 38, 65) (91, 11, 56) (113, 25, 60) (103, 19, 59) (81, 12, 59) (126, 62, 94)

(138, 46, 71) (103, 19, 59) (158, 65, 83) (124, 40, 70) (145, 62, 79) (130, 46, 73)

将红（R）、绿（G）、蓝（B）三种颜色的数据分离出来，分别提取，可以得到三个 8 位平面数据，如图 2-6 所示。

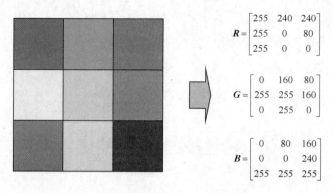

$$R = \begin{bmatrix} 255 & 240 & 240 \\ 255 & 0 & 80 \\ 255 & 0 & 0 \end{bmatrix}$$

$$G = \begin{bmatrix} 0 & 160 & 80 \\ 255 & 255 & 160 \\ 0 & 255 & 0 \end{bmatrix}$$

$$B = \begin{bmatrix} 0 & 80 & 160 \\ 0 & 0 & 240 \\ 255 & 255 & 255 \end{bmatrix}$$

图 2-6　提取三个 8 位平面数据

2.1.3　图像的精度

数字化图像的精度包括两部分，即空间分辨率和灰度级的分辨率。

1. 空间分辨率

空间分辨率指图像数字化的空间精细程度，是数字图像中划分图像的像素密度，即单位长度内的像素数，其单位是 DPI（Dots Per Inch，每英寸的点数）。图像分辨率说明了数字图像的实际精细度。如图 2-7 所示，图像空间分辨率从高到低变化，可见空间分辨率越高，图像越逼真。

256×256　　　　　128×128　　　　　64×64　　　　　32×32

图 2-7　图像空间分辨率变化的典型效果

2. 灰度级分辨率

数字化图像的灰度级分辨率表示每一像素的颜色值所占的二进制位数，也叫颜色深度。图 2-8 表明图像灰度级分辨率越高，则能表示的颜色数目越多，图像越清晰。

L=16（4 位）　　　　　L=8（3 位）　　　　　L=4（2 位）　　　　　L=2（1 位）

图 2-8　图像颜色深度变化的典型效果

2.2　彩色图像的灰度化处理

1. 理论基础

一般情况下彩色图像每个像素用三个字节表示，每个字节对应着 R、G、B 分量的亮度（红、绿、蓝），由彩色图像转化为灰度图像的过程叫作灰度化处理，它是使 RGB 模型中的 R、G、B 分量值相等。常用的转换方式为：

$$Gray(i,j)=0.11\times R(i,j)+0.59\times G(i,j)+0.3\times B(i,j) \tag{2-1}$$

式中，$Gray(i,j)$ 为转换后的图像在（i,j）点处的灰度值，转换后：

$$R(i,j)=G(i,j)=B(i,j)=Gray(i,j)$$

观察该式可见绿色所占的比例最大，所以转换时可以直接使用 G 值作为转换后的灰度。由于灰度图只能表现 256 种颜色，灰度化处理还有其他的方法，如：取三个分量的最大值、最小值、算术平均值等，目的都是使颜色的 R、G、B 分量值相等。在灰度图像中，每个像素由 8 位组成，因此可以表现出 256（2^8）种层次，所以分量值的取值范围是（0～255），灰度图像只能表现 256 种颜色，且灰度图像中只有灰度而没有色彩。

2. 函数说明

（1）在 OpenCV 中，函数 retval=cv2.imread(filename, flags)用于从指定的文件读取图像。其中：

retval，返回值；

filename，读取图像的文件路径和文件名；

flags，读取图片的方式，它有以下几个参数可选：

● cv2.IMREAD_COLOR：读取彩色图像，忽略 alpha 通道

● cv2.IMREAD_GRAYSCALE：以灰度模式读取图像

● cv2.IMREAD_UNCHANGED：读取图像，包括 alpha 通道

其中，flags 默认值为 cv2.IMREAD_COLOR。

（2）在 OpenCV 中，cv2.cvtColor()函数用于实现色彩空间的转换，其一般格式为：

retval = cv2.cvtColor(src, code [, dstCn])

其中：

retval，表示与输入值具有相同类型和深度的输出图像；

src，表示原始输入图像；

code，是色彩空间转换码，常见的枚举值有 cv2.cvtColor_BGR2RGB、cv2.cvtColor_BGR2GRAY、cv2.cvtColor_BGR2HSV、cv2.cvtColor_BGR2YCrCb、cv2.cvtColor_BGR2HLS；

dstCn，表示目标图像的通道数。

（3）cv2.imwrite(filename, img[, params])用于保存图像。

其中：

filename，要保存的图像的完整路径名，包括文件的扩展名；

img，要保存的图像的名字；

params，要保存的图像的类型参数，可选。

3. 编程代码

```
/****************************************************************
函数名称：zhuanhuan()
功能：真彩色转化成灰度图像。
全局变量：sFilePath 初值为 'start'，
    如果 sFilePath 的值为 'start'，说明使用文件名为"sucai.jpg"的图片进行处理；如果 sFilePath 的值不
为'start'，说明使用使用用户选择的图像文件或者打开摄像头拍摄的图像进行处理。
****************************************************************/
import cv2
def zhuanhuan():
    global sFilePath
    if sFilePath != 'start':
        src = cv2.imread(sFilePath,1)
    else:
        src = cv2.imread('sucai.jpg',1)
    #灰度化
    img = cv2.cvtColor(src,cv2.COLOR_BGR2GRAY)
                    #24 位真彩色图像在 OpenCV 中存储为 B、G、R 的顺序
    cv2.imwrite("result.jpg",img)
```

4. 效果展示

彩色图像灰度化处理效果如图 2-9 所示。

（a）原图　　　　　　　　（b）处理后的图

图 2-9　彩色图像灰度化处理效果

2.3 彩色图像的着色处理

1. 理论基础

彩色图像的着色处理步骤如下：

（1）通过公式（2-1），将彩色图像转换为灰度图像，使得红、绿、蓝三个分量值相等。

（2）通过对话框获取想要着色的颜色信息。

（3）根据想要着色的颜色信息，分别改变对应的红、绿、蓝三个分量的值，即可得到想要着色的图像。

2. 函数说明

OpenCV 中，image.shape 用于返回图像对象的高度、宽度和通道数的属性说明。

其中，

image.shape[:2]，表示获取图像的高度、宽度；

image.shape[:3]，表示获取图像的高度、宽度和通道数；

image.shape[0]，表示获取图像的垂直尺寸，即高度；

image.shape[1]，表示获取图像的水平尺寸，即宽度；

image.shape[2]，表示获取图像的通道数。

3. 编程代码

```
/*******************************************************
函数名称：zhuose()
功能：对图像使用阈值法进行着色处理。
*******************************************************/
import cv2
import easygui
import numpy as np
def zhuose():
    global sFilePath
    if sFilePath != 'start':
        src = cv2.imread(sFilePath)
    else:
        src = cv2.imread('sucai.jpg')
    title = "着色"
    msg = '请输入 B、G、R 的值(例：100，255，100)'
    fields = ['蓝色', '绿色', '红色']
    values = []
    #输入数据窗口
    canshu = easygui.multenterbox(msg, title, fields, values)
    b = int(canshu[0])
    g = int(canshu[1])
    r = int(canshu[2])
```

```
#R、G、B 模型在 OpenCV 中存储的顺序为 B、G、R, 数据结构为一个 3D 的 numpy.array, 索引
的顺序是行、列、通道
B = src[:, :, 0]
G = src[:, :, 1]
R = src[:, :, 2]
#灰度 g=p*R+q*G+t*B (其中 p=0.3,q=0.59,t=0.11)
gray = 0.3*R+0.59*G+0.11*B
#创建新的内存空间
src_new = np.zeros((src.shape)).astype("uint8")
src_new[:, :, 0] = b*gray/255
src_new[:, :, 1] = g*gray/255
src_new[:, :, 2] = r*gray/255
cv2.imwrite("result.jpg",src_new)}
```

4. 效果展示

如图 2-10 所示，在对话框中输入 R、G、B 三个分量的系数，灰度图像着色处理效果如图 2-11 所示。

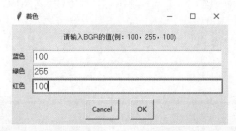

图 2-10 在对话框中输入 R、G、B 三个分量的系数

（a）原图   （b）处理后的图

图 2-11 灰度图像着色处理效果

2.4 彩色图像的亮度调整

1. 理论基础

人眼对亮度是非常敏感的，在比较两个强弱不同的亮度时有较好的判断力。所以在图像的处理过程中，经常要对亮度和对比度进行调整。亮度的调整，是指人眼亮度感觉的调整，可以通过对 R、G、B 颜色增加（增加亮度）或减少（减少亮度）相同的增量来显示。

亮度的调整就是给每个分量乘以一个值，这个值由对话框输入，三个颜色分别乘以这个值后再返回给原来的颜色分量：

① 当输入值为 1 时，图像保持原来的亮度；

② 当输入值小于 1 时，图像的亮度就减小，图像变暗；

③ 当输入值大于 1 时，就可以使图像的亮度增加。

2. 函数说明

（1）Python Imaging Library（PIL），它为 Python 解释器提供了图像编辑函数。PIL 的 ImageEnhance 模块包含许多可用于图像增强的类。其中，ImageEnhance.Brightness()方法用于控制图像的亮度。

用法：

```
obj = ImageEnhance.Brightness(image)
retval = obj.enhance(factor)
```

image：输入的图像。

factor：增强因子。当增强因子输入为 0.0 时，给出黑色图像；输入为 1.0 时，给出原始图像。

retval：变换亮度后的图像。

3. 编程代码

```
/********************************************************
函数名称：liangdu()
功能：对图像使用阈值法进行亮度调整。
********************************************************/
from PIL import Image,ImageEnhance
import easygui
def liangdu():
    global sFilePath
    if sFilePath != 'start':
        img = Image.open(sFilePath)
    else:
        img = Image.open('sucai.jpg')
    title = "亮度"
    msg = '请输入亮度参数'
    #获取用户输入的增强因子
    k = float(easygui.enterbox(msg, title))
    #首先，需要创建相应类别的对象以增强图像。
    enh_bri = ImageEnhance.Brightness(img)
    image_brightened = enh_bri.enhance(k)
    image_brightened.save("result.jpg")
```

4. 效果展示

如图 2-12 所示，在对话框中输入亮度增强因子参数。亮度调整效果如图 2-13 所示。

图 2-12　在对话框中输入亮度增强因子参数

（a）原图　　　　　　　　（b）处理后的图

图 2-13　亮度调整效果

2.5　彩色图像的对比度调整

1. 理论基础

调整对比度可以使图片的颜色更符合人们的需求，实现一些人们需要的效果。假设有一幅图像，成像时光照不足，使得整幅图偏暗，或者成像时光照过强，使得整幅图偏亮，称这些情况为低对比度，即颜色都挤在一起，没有拉开。增加对比度的意思就是把所感兴趣的颜色范围拉开，使得该范围内的像素，其颜色亮的越亮，暗的越暗，从而达到了增强对比度的目的。对比度实际就是颜色分量值之间的差值。调整对比度实际就是对每一颜色分量值的最大值和最小值进行处理。

从对话框获得调整的对比度的参数：

① 当参数为 1 时，图像保持原来亮度；

② 当参数小于 1 时，图像对比度减弱；

③ 当参数大于 1 时，图像对比度增加。

2. 函数说明

（1）ImageEnhance.Contrast()方法是 PIL 包中提供用于控制图像的对比度。

用法：

```
obj = ImageEnhance.Contrast(image)
retval = obj.enhance(factor)
```

image：输入的图像；

factor：增强因子。增强因子为 0.0 将产生纯灰色图像，增强因子为 1.0 的是原始图像，增强因子大于 1.0 使对比度增强，增强因子小于 1.0 使对比度减弱。

retval：变换对比度后的图像。

3. 编程代码

```
/***********************************************************
函数名称：duibidu()
功能：使用阈值法调整图像对比度。
***********************************************************/
from PIL import Image,ImageEnhance
import easygui
def duibidu():
    global sFilePath
    if sFilePath != 'start':
        img = Image.open(sFilePath)
    else:
        img = Image.open('sucai.jpg')
    ##对比度增强
    title = "对比度"
    msg = '请输入对比度参数'
    k = float(easygui.enterbox(msg, title))
    enh_con = ImageEnhance.Contrast(img)
    img_contrasted = enh_con.enhance(k)
    img_contrasted.save("result.jpg")
```

4. 效果展示

如图 2-14 所示，在对话框中输入对比度参数，对比度调整效果如图 2-15 所示。

图 2-14　在对话框中输入对比度参数

　　（a）原图　　　　　　　　　　（b）处理后的图

图 2-15　对比度调整效果

2.6　彩色图像的曝光处理

1．理论基础

图像曝光或多或少地损失了在原图像中可以看到的那些明快的颜色和色调。曝光处理的效果是基于照片技术的。曝光图像的算法原理是逆转数值小于 128 的 R、G、B 三分量。例如，三分量值为（60，210，135）的像素，只是红色被逆转，经过转换后为（195，210，135）；而对于三分量值为（50，100，70）的像素，各分量均小于 128，所以都需要逆转，得到（205，155，185）。

$$g(i,j) = 255 - f(i,j) \qquad \text{如果} f(i,j) < 128$$

式中，$f(i,j)$ 为原像素分量值；$g(i,j)$ 为处理后像素对应的分量值。

2．编程代码

```
/*********************************************************
函数名称：baoguang()
功能：图像曝光处理。
*********************************************************/
import cv2
import numpy as np
def baoguang():
    global sFilePath
    if sFilePath != 'start':
        src = cv2.imread(sFilePath)
    else:
        src = cv2.imread('sucai.jpg')
    h, w = src.shape[:2]
    dst = np.zeros((h, w, 3), np.uint8)    #创建新的内存空间
    for i in range(h):
        for j in range(w):
            (B, G, R) = src[i][j]
            (b, g, r) = (B, G, R)
            if B <= 128:
                b = 255 - B
            if G <= 128:
                g = 255 - G
            if R <= 128:
                r = 255 - R
            dst[i][j] = (b, g, r)
    cv2.imwrite("result.jpg", dst)
```

4．效果展示

彩色图像的曝光处理效果如图 2-16 所示。

（a）原图　　　　　　　　　　（b）处理后的图

图 2-16　彩色图像的曝光处理效果

2.7 彩色图像的马赛克处理

1. 理论基础

　　马赛克效果，其原理是将图像从形式上划分为很多小块，在每块内的各个像素都取到相同的红、绿、蓝颜色分量值，从而对某些细节进行模糊化处理，使图像粗糙化。

　　马赛克处理后，图像每一小块矩阵内的所有像素值都应该取相同的值。例如，对于 3×3 的矩阵区域：

$g(i-1,j-1)$	$g(i,j-1)$	$g(i+1,j-1)$
$g(i-1,j)$	$g(i,j)$	$g(i+1,j)$
$g(i-1,j)$	$g(i,j+1)$	$g(i+1,j+1)$

$$g(i-1,j-1) = g(i,j-1) = g(i+1,j-1) = g(i-1,j) = g(i,j) = g(i+1,j) = g(i-1,j)$$
$$=g(i,j+1) = g(i+1,j+1)$$

2. 编程代码

```
/******************************************************
函数名称：masaike()
功能：使图像产生马赛克效果。
******************************************************/
import cv2
def masaike():
    global sFilePath
    if sFilePath != 'start':
        img = cv2.imread(sFilePath, 1)
    else:
        img = cv2.imread('sucai.jpg', 1)
    h, w, c = img.shape[:3]
    for i in range(h - 5):    #马赛克
        for j in range(w - 5):
            if i % 5 == 0 and j % 5 == 0:
                for n in range(5):
```

```
        for m in range(5):
            b, g, r = img[i, j]

            img[i + n, j + m] = (b, g, r)
cv2.imwrite("result.jpg", img)
```

3. 效果展示

彩色图像马赛克处理效果如图 2-17 所示。

（a）原图　　　　　　　　　　　（b）处理后的图

图 2-17　彩色图像马赛克处理效果

2.8　彩色图像的梯度锐化处理

1. 理论基础

图像的锐化处理正好与柔化处理相反，它的目的是突出图像的变化部分，使模糊的图像变得更加清晰。锐化处理包括梯度锐化处理、浮雕处理和霓虹处理。本节介绍梯度锐化处理，采用的算法原理是先将要处理的图像像素与它左对角线上的像素之间的像素差值乘以一个锐化度数，然后加上原先的像素值，即：计算出原图像像素 $f(i,j)$ 的像素值与其边缘上相邻像素 $f(i-1,j-1)$ 像素值之差的绝对值，将该绝对值乘以锐化度数 $\frac{1}{4}$，再将得到的结果与原图像像素值相加得到一个新的值，然后将该值作为处理后图像的像素值。例如，

$$Red = R + (R-r)/4$$
$$Blue = B + (B-b)/4$$
$$Green = G + (G-g)/4$$

式中，R、G、B 分别为当前原像素 $f(i,j)$ 的红、绿、蓝三个分量值；r、g、b 为原像素相邻像素 $f(i-1,j-1)$ 的红、绿、蓝三个分量值；Red、Blue、Green 分别为处理后的图像像素 $g(i,j)$ 的像素值。

注意：这里得到的处理后的像素值可能会超出颜色值的有效范围（0～255），所以程序要检验结果的有效性。

2. 编程代码

```
/***********************************************************
函数名称：tiduruihua()
功能：图像梯度锐化处理。
***********************************************************/
import cv2
import numpy as np
def tiduruihua():
    global sFilePath
    if sFilePath != 'start':
        src = cv2.imread(sFilePath)
    else:
        src = cv2.imread('sucai.jpg')
    h, w = src.shape[:2]
    dst = np.zeros((h, w, 3), np.uint8)    #创建新的内存空间
    for i in range(1, h):
        for j in range(1, w):
            (b, g, r) = src[i - 1][j - 1]
            (B, G, R) = src[i][j]
            a1 = int(B + abs(int(B) - int(b)) / 4)
            a2 = int(G + abs(int(G) - int(g)) / 4)
            a3 = int(R + abs(int(R) - int(r)) / 4)
            if a1 > 255:
                a1 = 255
            if a2 > 255:
                a2 = 255
            if a3 > 255:
                a3 = 255
            dst[i][j] = (a1, a2, a3)
    cv2.imwrite("result.jpg", dst)
```

3. 效果展示

彩色图像梯度锐化处理效果如图 2-18 所示。

（a）原图

（b）处理后的图

图 2-18　彩色图像梯度锐化处理效果

2.9 **彩色图像的浮雕处理**

1. 理论基础

浮雕效果就是只突出图像的变化部分，而相同颜色部分则被淡化，使图像出现纵深感，从而达到浮雕效果。这里采用的算法是先计算要处理的像素与其相邻像素间的像素值之差，将差值作为处理后的像素值。这样，只有颜色变化区才会出现色彩，而颜色平淡区因差值几乎为零则变成黑色，故可以通过加上一个常量来增加一些亮度。

$$G(i, j) = f(i, j) - f(i-1, j) + 常量$$

式中，$G(i, j)$ 为处理后图像的像素值；$f(i, j)$ 为原图像的像素值；$f(i-1, j)$ 为前一个相邻像素的像素值。常量通常取值为 128，即

$$Red = R - r + 128$$

$$Blue = B - b + 128$$

$$Green = G - g + 128$$

式中，R、G、B 为当前原像素 $f(i, j)$ 的红绿蓝三个分量值；r、g、b 为前一个相邻像素 $f(i-1, j)$ 的红、绿、蓝三个分量值；Red、Blue、Green 分别为处理后的图像像素 $G(i, j)$ 的红、绿、蓝三个分量值。

2. 编程代码

```
/***********************************************
函数名称：fudiao()
功能：产生图像浮雕效果。
***********************************************/
import cv2
import numpy as np
def fudiao():
    global sFilePath
    if sFilePath != 'start':
        src = cv2.imread(sFilePath)
    else:
        src = cv2.imread('sucai.jpg')
    h, w = src.shape[:2]
    dst = np.zeros((h, w, 3), np.uint8)
    for i in range(h):
        for j in range(w):
            (b, g, r) = src[i][j - 1]
            (B, G, R) = src[i][j]
            dst[i][j] = (int(B) - int(b) + 128, int(G) - int(g) + 128, int(R) - int(r) + 128)
    cv2.imwrite("result.jpg", dst)
```

3. 效果展示

彩色图像的浮雕处理效果如图 2-19 所示。

 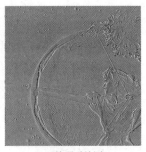

（a）原图 　　　　　　　　（b）处理后的图

图 2-19　彩色图像的浮雕处理效果

2.10　彩色图像的霓虹处理

1. 理论基础

先计算原图像当前像素 $f(i, j)$ 的红、绿、蓝分量值与其相同行 $f(i+1, j)$ 及相同列 $f(i, j+1)$ 相邻像素的梯度，即差的平方之和的平方根，然后将梯度值作为处理后像素 $g(i,j)$ 的红、绿、蓝的三个分量值。

$$R_1=(r_1-r_2)^2 \qquad R_2=(r_1-r_3)^2$$
$$G_1=(g_1-g_2)^2 \qquad G_2=(g_1-g_3)^2$$
$$B_1=(b_1-b_2)^2 \qquad B_2=(b_1-b_3)^2$$
$$Red=2\times\sqrt{(R_1+R_2)}$$
$$Green=2\times\sqrt{(G_1+G_2)}$$
$$Blue=2\times\sqrt{(B_1+B_2)}$$

式中，r_1、g_1、b_1 分别为原像素 $f(i, j)$ 的红、绿、蓝分量值；r_2、g_2、b_2 分别为原像素同行相邻像素 $f(i+1, j)$ 的红、绿、蓝分量值；r_3、g_3、b_3 分别为原像素同列相邻像素 $f(i, j+1)$ 的红、绿、蓝分量值；Red、Green、Blue 分别为图像处理后的像素 $f(i, j)$ 的红、绿、蓝分量值。

2. 编程代码

```
/***********************************************************
函数名称：nihong()
功能：使图像产生霓虹效果。
***********************************************************/
import cv2
import numpy as np
def nihong():
    global sFilePath
    if sFilePath != 'start':
        src = cv2.imread(sFilePath, 1)
    else:
        src = cv2.imread('sucai.jpg', 1)
```

```
h, w = src.shape[:2]
dst = np.zeros((h, w, 3), np.uint8)
for i in range(h - 1):
    for j in range(w - 1):
        (b1, g1, r1) = src[i][j]
        (b2, g2, r2) = src[i + 1][j]
        (b3, g3, r3) = src[i][j + 1]
        B1 = (int(b1) - int(b2)) ** 2
        G1 = (int(g1) - int(g2)) ** 2
        R1 = (int(r1) - int(r2)) ** 2
        B2 = (int(b1) - int(b3)) ** 2
        G2 = (int(g1) - int(g3)) ** 2
        R2 = (int(r1) - int(r3)) ** 2
        B = int(2 * sqrt(B1 + B2))
        G = int(2 * sqrt(G1 + G2))
        R = int(2 * sqrt(R1 + R2))
        if B > 255:
            B = 255
        if G > 255:
            G = 255
        if R > 255:
            R = 255
        dst[i][j] = (B, G, R)
cv2.imwrite("result.jpg", dst)
```

3. 效果展示

彩色图像霓虹化处理效果如图 2-20 所示。

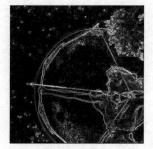

（a）原图　　　　　　　　　　（b）处理后的图

图 2-20　彩色图像的霓虹处理效果

小结

　　本章介绍彩色图像的颜色处理、特效处理、锐化处理等技术。图像的颜色处理包括彩色图像的灰度化处理、着色处理、亮度调整、对比度调整；彩色图像的特效处理包括彩色图像的曝光处理、马赛克处理；彩色图像的锐化处理包括梯度锐化处理、浮雕处理、霓虹处理。

习题

1. 简述图像的存储格式。
2. 简述灰度图像与伪彩色图像的异同点。
3. 简述真彩色图像与伪彩色图像的区别。
4. 简述彩色图像的灰度化处理方法，并编程实现。
5. 简述灰度图像着色处理方法，并编程实现。
6. 简述亮度调整方法，并编程实现。
7. 简述对比度调整方法，并编程实现。
8. 简述彩色图像的曝光处理方法，并编程实现。
9. 简述彩色图像的浮雕处理方法，并编程实现。

第 3 章

图像的合成处理

图像的合成是指多幅图像之间进行的相互运算。多幅同样大小的图像可以进行代数运算和逻辑运算。其中，代数运算包括加运算、减运算、乘运算、除运算等，逻辑运算包括与运算、或运算、非运算、或非运算、与非运算、异或运算等。

3.1 图像的代数运算

代数运算是指对两幅输入图像进行点对点的加、减、乘、除计算而得到输出图像的运算。对于相加和相乘的情况，则可能不止有两幅图像参加运算。下面来看一看这四种代数运算的数学表达式：

加运算 $\qquad\qquad\qquad C(x, y)=A(x, y)+B(x, y)$ （3-1）

减运算 $\qquad\qquad\qquad C(x, y)=A(x, y)-B(x, y)$ （3-2）

乘运算 $\qquad\qquad\qquad C(x, y)=A(x, y)\times B(x, y)$ （3-3）

除运算 $\qquad\qquad\qquad C(x, y)=A(x, y)\div B(x, y)$ （3-4）

其中 $A(x, y)$ 和 $B(x, y)$ 为输入图像，而 $C(x, y)$ 为输出图像。

以上四种代数运算在实际应用中有很重要的作用。

图像相加的一个重要应用就是对同一场景的多幅图像求平均值，它可以有效地降低随机噪声的影响。

图像相减可用于去除一幅图像中不需要的图案，也可以用于检测同一场景的两幅图像之间的变化，例如检测物体运动。对于同一场景的两幅图，背景大致相同，进行减运算时，相同位置的背景点变成黑点，而运动目标因为在两幅图中位置不同，相减后的值不为 0，达到了检测运动物体的目的。减运算的目的是从图像中去除不需要的图像，只保留所关心的图像。

乘法和除法在数字图像处理中一般应用得不多，但它们的用途也很重要。图像相乘可以遮住图像中的某些部分，仅留下感兴趣的物体。图像相除可产生对颜色和多光谱图像分析十分重要的比率图像。

3.1.1 图像加运算

1. 理论基础

图像相加可以有效地降低随机噪声的影响，这是因为：一幅有噪声的图像 $S(x, y)$，可以

看成是由原始无噪声的图像 $F(x, y)$ 和噪声 $G(x, y)$ 叠加而成的，即

$$S(x, y)=G(x, y)+F(x, y) \qquad (3\text{-}5)$$

如果叠加在图像上的噪声 $G(x, y)$ 是非相关的、具有零均值的随机噪声，那么，把针对同一目标物在相同条件下做 M 次重复摄取的图像相加，取平均值作为输出图像，即

$$\bar{s}(x, y) = \frac{1}{M} \sum_{i=1}^{M} s_i(x, y) \qquad (3\text{-}6)$$

输出的平均图像 $\bar{s}(x, y)$ 中随机噪声的含量，比单幅图像 $s(x, y)$ 的随机噪声含量大大削弱了，这样便达到了使图像变平滑的处理目的。随着图像数目的增多，其消除噪声的效果也就越来越好。

下面介绍两幅图的加法运算步骤：

（1）从三个来源处（即系统自带的测试图像、用户选择的图像文件、打开摄像头拍摄的图像）选择一幅图像（sFilePath）。

（2）选择【图像加运算】菜单项后，通过对话框选择另外一幅图像（nFilePath）。

（3）将两幅图像的数据相加。如果结果大于 255，则置为 255。

2. 函数说明

```
retval = cv2.resize(src, dsize, fx=None, fy=None, interpolation=None)
```

该函数用于将原始图像调整为指定大小。

retval：输出指定大小的图像；

src：原始图像；

dsize：输出图像的尺寸（元组方式），注意 desize 的参数顺序是，第一个参数指定输出图像的宽度（列数），第二个参数指定输出图像的高度（行数）；

fx：沿水平轴缩放的比例因子；

fy：沿垂直轴缩放的比例因子；

interpolation：插值方式，共有 cv2.INTER_NEAREST（最近邻插值）、cv2.INTER_LINEAR（双线性插值）、cv2.INTER_AREA（使用像素区域关系进行重采样）、cv2.INTER_CUBIC（4×4 像素邻域的双 3 次插值）、cv2.INTER_LANCZOS4（8×8 像素邻域的 Lanczos 插值）五种方式，其中默认为双线性插值方法。

3. 编程代码

```
/***********************************************************
*函数名称：jiayunsuan()
*功能：对图像进行加运算。
全局变量：sFilePath，初值为 'start'；
如果 sFilePath== 'start'，使用系统指定图片"sucai.jpg"进行处理；
如果 sFilePath != 'start'，使用用户选择的图像文件或打开摄像头拍摄的图像进行处理。
全局变量：nFilePath，初值为 'start'，存储用户选择的另外一幅图像文件。
***********************************************************/
import win32api
import easygui
import cv2
```

```
def jiayunsuan():
    global sFilePath
    #确定在窗口左边已经选择的第一幅图像
    if sFilePath != 'start':
        img1 = cv2.imread(sFilePath)
    else:
        img1 = cv2.imread('sucai.jpg')
    win32api.MessageBox(0, "运行本章节功能请打开一幅非中文命名的图片，之后执行对应功能！",
"确定", win32con.MB_OK)
    nFilePath = easygui.fileopenbox()
    out = nFilePath.split('\\')[-1]
    img2 = cv2.imread(out)
    img2 = cv2.resize(img2, (img1.shape[1], img1.shape[0]), interpolation=cv2.INTER_AREA)
    #第一幅图和第二幅图带权重相加
    result = cv2.addWeighted(img1, 0.5, img2, 0.5, 0)
    cv2.imwrite('result.jpg', result)
```

4. 效果展示

相加效果图如图 3-1 所示。可以看出，加运算将两幅不同的图重叠起来，并使原来图中较暗的部分变亮了。

　　（a）原图　　　　　　　　（b）背景　　　　　　　　（c）效果图

图 3-1　相加效果图

3.1.2　图像减运算

1. 理论基础

图像相减可用于去除一幅图像中不需要的图案，也可以用于检测同一场景的两幅图像之间的变化。例如检测运动物体。对于同一场景的两幅图 $S(x, y)$、$F(x, y)$，因为是同一场景，所以目标图像的背景是大致相同的，当两幅图像进行减运算时，相同位置的背景点因为灰度值相同，结果变成了黑点；而目标点因为位置不同，所以相减后的值不为 0。这样一来，处理后的图像就只在两个目标点的位置有像素点，背景变为全黑，此时，计算两个目标点之间的距离就非常简单了，也就达到了检测物体运动的目的。

　　下面介绍两幅图的减法运算步骤：

（1）从三个来源处（即系统自带的测试图像、用户选择的图像文件、打开摄像头拍摄的图像），选择一幅图像（sFilePath）。

（2）选择【图像减运算】菜单项后，通过对话框选择另外一幅图像（nFilePath）。

（3）将两幅图像的数据相减。如果结果小于 0，则置为 0。

2. 函数说明

```
result = cv2. subtract (a, b)
```

该函数由 OpenCV 提供，用于实现图像减法运算。

result：表示计算的结果；

a、b：表示需要进行减法计算的两个像素值。

当使用 cv2.subtract()函数进行图像减运算时。规则如下：

$$a - b = \begin{cases} a - b, & a - b \geq 0 \\ 0, & a - b < 0 \end{cases}$$

3. 编程代码

```
/************************************************************
*函数名称：jianyunsuan()
*功能：对图像进行减运算。
*************************************************************/
import win32api
import easygui
import cv2
def jianyunsuan():
    global sFilePath
    #第一幅图
    if sFilePath != 'start':
        img1 = cv2.imread(sFilePath)
    else:
        img1 = cv2.imread('sucai.jpg')
    #第二幅图
    win32api.MessageBox(0, "运行本章节功能请打开一幅非中文命名的图片，之后执行对应功能！", "确定", win32con.MB_OK)
    nFilePath = easygui.fileopenbox()
    out = nFilePath.split('\\')[-1]
    img2 = cv2.imread(out)
    img2 = cv2.resize(img2, (img1.shape[1], img1.shape[0]), interpolation=cv2.INTER_AREA)
    result = cv2.subtract(img2, img1)
    cv2.imwrite('result.jpg', result)
```

4. 效果展示

很明显，减运算将图像进行了分离，相减效果图如图 3-2 所示。

(a) 原图　　　　　　　　　(b) 背景　　　　　　　　　(c) 效果图

图 3-2　相减效果图

3.2　图像的逻辑运算

按位逻辑运算是一种对图像进行像素级别的逻辑操作的方法，OpenCV 中的按位逻辑运算函数就是将像素点的十进制值转成二进制值，在二进制的基础上按位来运算，可以对图像进行位与（AND）、位或（OR）、位非（NOT）和位异或（XOR）等操作。

基本运算法则如下：

（1）与运算的法则是当两个数的值都是 1 时两个数与的结果等于 1，其他全为 0。

（2）或运算的法则是当两个数的值都是 0 时两个数或的结果等于 0，其他全为 1。

（3）异或运算的法则是当运算的两个数取值不同时，结果为 1；取值相同时则为 0。

（4）非运算的法则是当数值为 0 时，结果为 1；当数值为 1 时，结果为 0。

以下是一些常见的按位逻辑运算的应用场景：

图像融合：按位逻辑运算可以用于图像融合，通过对两个图像进行位与、位或或位异或操作，可以实现图像的混合、叠加、过渡和融合效果。这在图像处理、特效制作和图像合成中常用于创建创意效果和特殊效果。

图像分割和掩模：按位逻辑运算可以用于图像分割和掩模操作。通过使用掩模图像（二进制图像），可以通过位与运算提取图像中感兴趣的区域，或者通过位或运算将不同的图像部分进行组合。这在图像分析、目标提取和图像编辑中常用于区域选择和图像掩模操作。

图像修复和去除：按位逻辑运算可以用于图像修复和去除。通过将损坏或缺失的区域与参考图像进行位与或位或运算，可以实现对损坏区域的修复或去除。这在图像修复、恢复和去噪中常用于修复缺失区域或去除不需要的内容。

图像处理和特征提取：按位逻辑运算可以用于图像处理和特征提取中的特定操作。例如，通过使用位异或运算，可以检测出两个图像之间的差异和变化。这在图像比较、图像匹配和特征提取等领域中常用于分析和检测图像之间的差异。

图像二值化和阈值操作：按位逻辑运算可以用于图像二值化和阈值操作。通过与二值掩模图像进行位与运算，可以将图像中的像素根据阈值进行分割和二值化。这在图像分割、图像阈值化和图像二值化等领域中常用于分割图像和提取感兴趣的目标。

这些只是按位逻辑运算的一些常见应用场景，实际上，按位逻辑运算在图像处理和计算机视觉中具有广泛的应用。通过灵活运用按位逻辑运算，可以实现对各种图像的处理和分析。

3.2.1 位与运算

1. 函数说明

在 OpenCV 中的 cv2.bitwise_and()函数用于进行位与运算，其一般格式为：

```
retval = cv2.bitwise_and(src1,src2[,mask])
```

retval：表示与输入值具有相同大小的输出值；
src1：表示第一个输入值；
src2：表示第二个输入值；
mask：表示可选操作掩模。

2. 编程代码

```
/****************************************************************
*函数名称：yuyunsuan()
*功能：对图像进行位与运算。
****************************************************************/
import win32api
import easygui
import cv2
def yuyunsuan():
    global sFilePath
    #第一幅图
    if sFilePath != 'start':
        img1 = cv2.imread(sFilePath)
    else:
        img1 = cv2.imread('sucai.jpg')
    #第二幅图
    win32api.MessageBox(0, "运行本章节功能请打开一幅非中文命名的图片，之后执行对应功能！",
"确定", win32con.MB_OK)
    nFilePath = easygui.fileopenbox()
    out = nFilePath.split('\\')[-1]
    img2 = cv2.imread(out)
    img2 = cv2.resize(img2, (img1.shape[1], img1.shape[0]), interpolation=cv2.INTER_AREA)

    result = cv2.bitwise_and(img1, img2)
    cv2.imwrite('result.jpg', result)
```

4. 效果展示

位与运算效果图如图 3-3 所示。可以通过位与运算提取掩模图像（二进制图像）中感兴趣的区域，按位逻辑运算可以用于图像分割，提取感兴趣的目标。

（a）原图　　　　　　　　　（b）背景　　　　　　　　　（c）效果图

图 3-3　位与运算效果图

3.2.2　位或运算

1. 函数说明

OpenCV 中的 cv2.bitwise_or()函数用于进行位或运算，其一般格式为：

```
retval = cv2.bitwise_or(src1,src2[,mask])
```

retval：表示与输入值具有相同大小的输出值；
src1：表示第一个输入值；
src2：表示第二个输入值；
mask：表示可选操作掩模。

2. 编程代码

```
/****************************************************************
*函数名称：Huoyunsuan(LPBYTE p_data, LPBYTE p_dataBK,int wide,int height)
*函数类型：void
*参数说明：p_data        原图像首地址
*          p_dataBK      背景图像首地址
*          wide，height  原图像的高和宽
*功能：对图像进行位或运算。
****************************************************************/
import win32api
import easygui
import cv2
def huoyunsuan():
    global sFilePath
    #第一幅图
    if sFilePath != 'start':
        img1 = cv2.imread(sFilePath)
    else:
        img1 = cv2.imread('sucai.jpg')
```

```
#第二幅图
win32api.MessageBox(0, "运行本章节功能请打开一幅非中文命名的图片，之后执行对应功能！",
"确定", win32con.MB_OK)
nFilePath = easygui.fileopenbox()
out = nFilePath.split('\\')[-1]
img2 = cv2.imread(out)
img2 = cv2.resize(img2, (img1.shape[1], img1.shape[0]), interpolation=cv2.INTER_AREA)
result = cv2.bitwise_or(img1, img2)
cv2.imwrite('result.jpg', result)
```

3. 效果展示

位或运算效果图如图 3-4 所示。可以看出，通过对两个图像进行位或操作，将不同的图像部分进行组合，可以实现图像的混合、叠加和融合效果。

（a）原图　　　　　　　　　（b）背景　　　　　　　　　（c）效果图

图 3-4　位或运算效果图

3.2.3　位非运算

1. 函数说明

OpenCV 中的 cv2.bitwise_not()函数用于位非运算，其一般格式为：

```
retval = cv2.bitwise_not(src[,mask])
```

retval：表示与输入值具有相同大小的输出值；
src：表示输入值；
mask：表示可选操作掩模。

2. 编程代码

```
/**********************************************************
*函数名称：feiyunsuan()
*功能：对图像进行位非运算。
**********************************************************/
import cv2
def feiyunsuan():
```

```
        global sFilePath
        if sFilePath != 'start':
            img1 = cv2.imread(sFilePath)
        else:
            img1 = cv2.imread('sucai.jpg')
        result = cv2.bitwise_not(img1)
        cv2.imwrite('result.jpg', result)
```

3. 效果展示

位非运算效果图如图 3-5 所示。可以看出，位非运算实际上是对图像二值化后进行反色变换的结果。

（a）原图　　　　　　　　　（b）处理后的图

图 3-5　位非运算效果图

3.2.4　位异或运算

1. 函数说明

（1）OpenCV 中的 cv2.bitwise_xor()函数用于位异或运算，其一般格式为：

```
retval = cv2.bitwise_xor(src1,src2[,mask])
```

retval：表示与输入值具有相同大小的输出值；

src1：表示第一个输入值；

src2：表示第二个输入值；

mask：表示可选操作掩模。

2. 编程代码

```
/**********************************************************
*函数名称：yihuoyunsuan()
*功能：对图像进行位异或运算。
**********************************************************/
import win32api
import easygui
import cv2
```

```
def yihuoyunsuan():
    global sFilePath
    #第一幅图
    if sFilePath != 'start':
        img1 = cv2.imread(sFilePath)
    else:
        img1 = cv2.imread('sucai.jpg')
    #第二幅图
    win32api.MessageBox(0, "运行本章节功能请打开一幅非中文命名的图片，之后执行对应功能！",
"确定", win32con.MB_OK)
    nFilePath = easygui.fileopenbox()
    out = nFilePath.split('\\')[-1]
    img2 = cv2.imread(out)
    img2 = cv2.resize(img2, (img1.shape[1], img1.shape[0]), interpolation=cv2.INTER_AREA)
    result = cv2.bitwise_xor(img1, img2)
    cv2.imwrite('result.jpg', result)
```

3. 效果展示

位异或运算效果图如图 3-6 所示。通过使用位异或运算，可以检测出两个图像之间的差异和变化。相同之处为 0，即为黑色；不同之处为白色。这在图像比较、图像匹配和特征提取等领域中常用于分析和检测图像之间的差异。

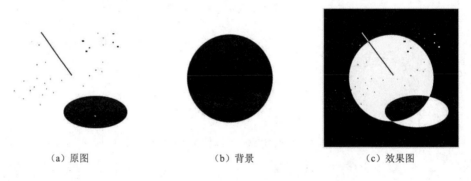

（a）原图 　　　　　　　　　（b）背景 　　　　　　　　　（c）效果图

图 3-6　位异或运算效果图

小结

本章介绍两幅输入图像之间进行的相互运算。图像的代数运算包括加运算、减运算等。图像相加的一个重要应用就是对同一场景的多幅图像求平均值，它可以有效地降低随机噪声的影响；图像相减可用于去除一幅图像中不需要的图案，也可以用于检测同一场景的两幅图像之间的变化。图像的按位逻辑运算包括：位与运算、位或运算、位非运算、位异或运算。

习题

1. 简述同一场景的多幅图像之间加运算的作用。
2. 简述同一场景的多幅图像之间减运算的作用。
3. 编程实现图像的各种逻辑运算。

第 *4* 章

图像的几何变换

4.1 概述

图像几何变换的实质就是改变像素的空间位置，并估算新空间位置上的像素灰度取值，使原始图像按照需要产生大小、形状和位置的变化，以改变图像中像素与像素之间的空间关系，从而重构图像的空间结构，达到处理图像的目的。从图像类型来分，有二维平面图像、三维立体图像的几何变换，由三维平面向二维平面投影变换等。从变换的性质分，有平移、镜像、缩放、转置、投影变换、旋转等基本变换及复合变换。

几何变换简单来说，就是建立变换前后像素之间的映射关系，通过这种映射关系能够知道原图像任意像素点在变换后的坐标位置，或者变换后的图像像素在原图像的坐标位置等。数学公式如：

$$\begin{cases} x = U(x_0, y_0) \\ y = V(x_0, y_0) \end{cases} \tag{4-1}$$

式中，x，y 分别表示输出图像像素的横、纵坐标；x_0，y_0 分别表示输入图像像素的横、纵坐标；而 U，V 表示两种映射关系，通过输入的 x_0 和 y_0 来确定相应的 x 和 y。

映射关系可能是线性关系，如：

$$\begin{cases} U(x_0, y_0) = k_1 x_0 + k_2 y_0 + k_3 \\ V(x_0, y_0) = k_4 x_0 + k_5 y_0 + k_6 \end{cases} \tag{4-2}$$

映射关系也可能是非线性关系，如：

$$\begin{cases} U(x_0, y_0) = k_1 + k_2 x_0 + k_3 y_0 + k_4 x_0^2 + k_5 x_0 y_0 + k_6 y_0^2 \\ V(x_0, y_0) = k_7 + k_8 x_0 + k_9 y_0 + k_{10} x_0^2 + k_{11} x_0 y_0 + k_{12} y_0^2 \end{cases} \tag{4-3}$$

几何变换可以实现图像各像素点以坐标原点为中心的平移、缩放、镜像、旋转等各种变换。一般来说，变换后的点集矩阵=变换矩阵 $\boldsymbol{T}$×变换前的点集矩阵。

但是 2×2 变换矩阵 $\boldsymbol{T}$ 不能实现图像的平移以及绕任意点的缩放、镜像、旋转等变换。例如，令

$$\boldsymbol{T} = \begin{bmatrix} a & b \\ c & d \end{bmatrix}$$

则几何变换为

$$\begin{bmatrix} x_1 \\ y_1 \end{bmatrix} = \boldsymbol{T} \begin{bmatrix} x_0 \\ y_0 \end{bmatrix} = \begin{bmatrix} a & b \\ c & d \end{bmatrix} \begin{bmatrix} x_0 \\ y_0 \end{bmatrix} \tag{4-4}$$

而平移公式为

$$\begin{cases} x = x_0 + \Delta x \\ y = y_0 + \Delta y \end{cases} \tag{4-5}$$

图像平移变换的矩阵形式：

$$\begin{bmatrix} x_1 \\ y_1 \end{bmatrix} = \begin{bmatrix} 1 & 0 \\ 0 & 1 \end{bmatrix} \begin{bmatrix} x_0 \\ y_0 \end{bmatrix} + \begin{bmatrix} \Delta x \\ \Delta y \end{bmatrix} \tag{4-6}$$

该变换不能表示为变换矩阵 $\boldsymbol{T}$×变换前的点集矩阵的形式，由于矩阵 $\boldsymbol{T}$ 中没有引入平移常量，故无论 a、b、c、d 取什么值，都不能实现平移功能。为了用统一的矩阵线性变换形式表示和实现几何变换，将 $\boldsymbol{T}$ 矩阵扩展为如下 2×3 的变换矩阵：

$$\boldsymbol{T} = \begin{bmatrix} 1 & 0 & \Delta x \\ 0 & 1 & \Delta y \end{bmatrix}$$

根据矩阵相乘的规律，在坐标列矩阵[x　y]中引入第三个元素，扩展为 3×1 的列矩阵[x　y　1]，可实现平移。

$$\begin{bmatrix} x_1 \\ y_1 \end{bmatrix} = \begin{bmatrix} 1 & 0 & \Delta x \\ 0 & 1 & \Delta y \end{bmatrix} \begin{bmatrix} x_0 \\ y_0 \\ 1 \end{bmatrix} \tag{4-7}$$

将 2×3 阶变换矩阵 $\boldsymbol{T}$ 进一步扩充为 3×3 方阵：

$$\boldsymbol{T} = \begin{bmatrix} 1 & 0 & \Delta x \\ 0 & 1 & \Delta y \\ 0 & 0 & 1 \end{bmatrix}$$

这样一来，以 $n+1$ 维向量表示 n 维向量的方法称为齐次坐标表示法。引入齐次坐标的目的主要是合并矩阵运算中的乘法和加法，可以实现上述各种几何变换的统一表示。齐次坐标的几何意义相当于点$(x，y)$投影在 xyz 三维立体空间的 $z=1$ 的平面上。

$$\begin{bmatrix} x_1 & x_2 & \cdots & x_n \\ y_1 & y_2 & \cdots & y_n \end{bmatrix} \longrightarrow \begin{bmatrix} x_1 & x_2 & \cdots & x_n \\ y_1 & y_2 & \cdots & y_n \\ 1 & 1 & \cdots & 1 \end{bmatrix}_{3 \times n}$$

平移变换可以用如下形式表示：

$$\begin{bmatrix} x_1 \\ y_1 \\ 1 \end{bmatrix} = \begin{bmatrix} 1 & 0 & \Delta x \\ 0 & 1 & \Delta y \\ 0 & 0 & 1 \end{bmatrix} \begin{bmatrix} x_0 \\ y_0 \\ 1 \end{bmatrix} \tag{4-8}$$

这里的几何变换全部采用统一的矩阵表示法，形式都如下：

$$\begin{bmatrix} x \\ y \\ 1 \end{bmatrix} = \begin{bmatrix} a_1 & a_2 & \Delta x \\ a_3 & a_4 & \Delta y \\ 0 & 0 & 1 \end{bmatrix} \begin{bmatrix} x_0 \\ y_0 \\ 1 \end{bmatrix} \tag{4-9}$$

其中$(\Delta x, \Delta y)$表示平移量，而参数 a_i 则反映了图像的旋转、缩放等变化。将这些参数计算出，即可得到两幅图像的坐标变换关系。

对给定的图像连续施行若干次的平移、镜像、缩放、旋转等基本变换 F_1，F_2，…，F_N 后，所完成的变换称为复合变换。复合变换的矩阵等于基本变换的矩阵按顺序相乘得到的组合矩阵，又叫级联变换。若干次基本变换仍可用 3×3 阶方阵表示。

$$T = T_N , T_{N-1} \cdots T_1 。$$

复合平移：

$$T = T_1 T_2 = \begin{bmatrix} 1 & 0 & x_1 \\ 0 & 1 & y_1 \\ 0 & 0 & 1 \end{bmatrix} \cdot \begin{bmatrix} 1 & 0 & x_2 \\ 0 & 1 & y_2 \\ 0 & 0 & 1 \end{bmatrix} = \begin{bmatrix} 1 & 0 & x_1 + x_2 \\ 0 & 1 & y_1 + y_2 \\ 0 & 0 & 1 \end{bmatrix}$$

复合缩放：

$$T = T_1 T_2 = \begin{bmatrix} a_1 & 0 & 0 \\ 0 & d_1 & 0 \\ 0 & 0 & 1 \end{bmatrix} \cdot \begin{bmatrix} a_2 & 0 & 0 \\ 0 & d_2 & 0 \\ 0 & 0 & 1 \end{bmatrix} = \begin{bmatrix} a_1 a_2 & 0 & 0 \\ 0 & d_1 d_2 & 0 \\ 0 & 0 & 1 \end{bmatrix}$$

复合旋转：

$$T = T_1 T_2 = \begin{bmatrix} \cos\theta_1 & \sin\theta_1 & 0 \\ -\sin\theta_1 & \cos\theta_1 & 0 \\ 0 & 0 & 1 \end{bmatrix} \cdot \begin{bmatrix} \cos\theta_2 & \sin\theta_2 & 0 \\ -\sin\theta_2 & \cos\theta_2 & 0 \\ 0 & 0 & 1 \end{bmatrix}$$

$$= \begin{bmatrix} \cos(\theta_1 + \theta_2) & \sin(\theta_1 + \theta_2) & 0 \\ -\sin(\theta_1 + \theta_2) & \cos(\theta_1 + \theta_2) & 0 \\ 0 & 0 & 1 \end{bmatrix}$$

4.2 图像平移

1. 理论基础

图像平移是将图像中所有的点都按照指定的平移量水平、垂直移动。

图像的平移变换用齐次坐标表示为：

$$\begin{bmatrix} x \\ y \\ 1 \end{bmatrix} = \begin{bmatrix} 1 & 0 & \Delta x \\ 0 & 1 & \Delta y \\ 0 & 0 & 1 \end{bmatrix} \begin{bmatrix} x_0 \\ y_0 \\ 1 \end{bmatrix} = \begin{bmatrix} x_0 + \Delta x \\ y_0 + \Delta y \\ 1 \end{bmatrix} \tag{4-10}$$

当想将原始图像向右下移动 120 个像素时，可以用转换矩阵 M 表示为：

$$\begin{bmatrix} x \\ y \\ 1 \end{bmatrix} = M * \begin{bmatrix} x_0 \\ y_0 \\ 1 \end{bmatrix} = \begin{bmatrix} x_0 + 120 \\ y_0 + 120 \\ 1 \end{bmatrix}$$

由此可以计算出 M 矩阵：

$$M = \begin{bmatrix} 1 & 0 & 120 \\ 0 & 1 & 120 \\ 0 & 0 & 1 \end{bmatrix}$$

在已知变换矩阵 **M** 的条件下，可以直接使用 OpenCV 中为仿射变换函数 cv2.warpAffine() 完成图像的平移操作。

2. 函数说明

（1）retval=np.float32()用于创建单精度浮点型数组。

（2）OpenCV 中提供的仿射函数为 cv2.warpAffine()，可以利用变换矩阵 **M** 对图像进行仿射变换。其中，**M** 具体可为：

$$rtl(x, y) = src(M_{11}x + M_{12}y + M_{13}, M_{21}x + M_{22}y + M_{23})$$

对于仿射变换后的图像 *R*，可以由变换矩阵 **M** 与原始图像矩阵相乘得到。

仿射变换函数 cv2.warpAffine()的一般格式为：

retval=cv2.warpAffine(src,M,dsize[, flags[, borderMode[, borderValue]]])

retval：仿射后的输出图像，类型与原始图像相同；

src：表示要仿射的原始图像；

M：表示变换矩阵；

dsize：表示输出图像尺寸的大小，输入顺序（宽，高）；

flags：表示插入值，默认 INTER_LIEAR，其中还有 INTER_NEAREST、INTER_AREA、INTER_CUBIC、INTER_LANCZOS4；

borderMode：表示边类型；

borderValue：表示边界值。

3. 编程代码

```
/************************************************
*函数名称：pingyi()
*功能：对图像进行平移处理。
*************************************************/
import cv2
import numpy as np
def pingyi():
    global sFilePath
    if sFilePath != 'start':
        img = cv2.imread(sFilePath, 0)
    else:
        img = cv2.imread('sucai.jpg', 0)
    #获取图像大小信息
    h, w = img.shape[:2]
    #构建转换矩阵
    M = np.float32([[1, 0, 120], [0, 1, 120]])
    #进行仿射变换，实现图像平移
    imageMove = cv2.warpAffine(img, M, (w, h))
    cv2.imwrite("result.jpg", imageMove)
```

4. 效果展示

图像的平移效果如图 4-1 所示，左侧为原始图像，右侧为平移后的图像。

（a）原图 （b）平移处理后的图

图 4-1　图像的平移效果图

4.3 图像镜像

1. 理论基础

图像的镜像变换分为两种：一种是水平镜像，另一种是垂直镜像。图像的水平镜像操作以原图像的垂直中轴线为中心，将图像分为左右两部分进行对称变换；图像的垂直镜像操作以原图像的水平中轴线为中心，将图像分为上下两部分进行对称变换。镜像变换后图像的高和宽都不变。

（1）水平镜像变换

设图像的宽度为 width，则水平镜像变换的映射关系如下：

$$\begin{cases} x = \text{width} - x_0 - 1 \\ y = y_0 \end{cases} \tag{4-11}$$

用矩阵描述为：

$$\begin{bmatrix} x \\ y \\ 1 \end{bmatrix} = \begin{bmatrix} -1 & 0 & \text{width} - 1 \\ 0 & 1 & 0 \\ 0 & 0 & 1 \end{bmatrix} \begin{bmatrix} x_0 \\ y_0 \\ 1 \end{bmatrix}$$

变换矩阵 M 为：

$$M = \begin{bmatrix} -1 & 0 & \text{width} - 1 \\ 0 & 1 & 0 \\ 0 & 0 & 1 \end{bmatrix}$$

（2）垂直镜像变换

设图像的高度为 height，则垂直镜像变换的映射关系如下：

$$\begin{cases} x = x_0 \\ y = \text{height} - y_0 - 1 \end{cases} \tag{4-12}$$

用矩阵描述为：

$$\begin{bmatrix} x \\ y \\ 1 \end{bmatrix} = \begin{bmatrix} 1 & 0 & 0 \\ 0 & -1 & \text{height}-1 \\ 0 & 0 & 1 \end{bmatrix} \begin{bmatrix} x_0 \\ y_0 \\ 1 \end{bmatrix}$$

变换矩阵 M 为：

$$M = \begin{bmatrix} 1 & 0 & 0 \\ 0 & -1 & \text{height}-1 \\ 0 & 0 & 1 \end{bmatrix}$$

2. 编程代码

```
*****************************************************
*函数名称：shuipingjingxiang()
*功能：对图像进行水平镜像处理。
*****************************************************/
import cv2
import numpy as np
def shuipingjingxiang():
    global sFilePath
    if sFilePath != 'start':
        img = cv2.imread(sFilePath)
    else:
        img = cv2.imread('sucai.jpg')
    h, w = img.shape[:2]
    M = np.float32([[-1, 0, w - 1], [0, 1, 0]])    #水平
    rImg = cv2.warpAffine(img, M, (w, h))
    cv2.imwrite("result.jpg", rImg)
*****************************************************
*函数名称：chuizhijingxiang()
*功能：对图像进行垂直镜像显示。
*****************************************************/
import cv2
import numpy as np
def chuizhijingxiang():
    global sFilePath
    if sFilePath != 'start':
        img = cv2.imread(sFilePath)
    else:
        img = cv2.imread('sucai.jpg')
    h, w = img.shape[:2]
    M = np.float32([[1, 0, 0], [0, -1, h - 1]])    #垂直
    rImg = cv2.warpAffine(img, M, (w, h))
    cv2.imwrite("result.jpg", rImg)
```

3. 效果展示

图像的镜像变换效果如图 4-2 和图 4-3 所示。左侧为原始图像，右侧为处理后的图像。

（a）原图 （b）水平镜像后的图

图 4-2 水平镜像变换

（a）原图 （b）垂直镜像后的图

图 4-3 垂直镜像变换

4.4 图像缩放

1. 理论基础

图像的比例缩放矩阵用齐坐标表示为：

$$\begin{bmatrix} x \\ y \\ 1 \end{bmatrix} = \begin{bmatrix} k_x & 0 & 0 \\ 0 & k_y & 0 \\ 0 & 0 & 1 \end{bmatrix} \begin{bmatrix} x_0 \\ y_0 \\ 1 \end{bmatrix} \tag{4-13}$$

（1）$k_x > 1$ 且 $k_y > 1$ 时，原图像被放大。由于放大图像时产生了新的像素，可通过插值算法来近似处理。当 $k_x = k_y = 2$ 时，图像放大到原来的 4 倍，原图像中的某一个像素对应新图像的 4 个像素。如图 4-4 所示。

●

（a）原图像中的某一个像素 （b）对应新图像的 4 个像素

图 4-4 图像放大示意图

（2）当 $k_x < 1$ 且 $k_y < 1$ 时，原图像被缩小。如图 4-5 所示，当 $k_x = k_y = 0.5$ 时，图像被缩到原来的 1/4 大小，原图像中 4 个像素对应新图像中的一个像素。此时缩小后的图像中的（0，0）

像素对应于原图像中的（0，0）、（0，1）、（1，0）、（1，1）像素；以此类推。在原图像基础上，每行隔一个像素取一点，每隔一行进行操作。

（a）原图像中的某4个像素　　　　　　（b）对应新图像的1个像素

图4-5　图像缩小示意图

2. 编程代码

```
/**********************************************************
*函数名称：Suofang()
*功能：对图像进行缩放处理。
**********************************************************/
import cv2
import numpy as np
def suofang():
    global sFilePath
    if sFilePath != 'start':
        img = cv2.imread(sFilePath)
    else:
        img = cv2.imread('sucai.jpg')
    title = "缩放图像"
    msg = '请输入缩放倍数(当 0<k<1 时缩小，当 k>1 时放大)'
    k = float(easygui.enterbox(msg, title))
    h, w = img.shape[:2]
    #缩小图像
    M = np.float32([[k, 0, 0], [0, k, 0]])    #构建变换矩阵
    shrink = cv2.warpAffine(img, M, (int(w * k), int(h * k)), cv2.INTER_AREA) #进行仿射变换——缩放
    cv2.imwrite("result.jpg", shrink)
```

3. 效果展示

图像的缩放变换效果如图4-6和图4-7所示。左侧为原始图像，右侧为处理后的图像。

（a）原图

（b）缩小后的图

图4-6　图像缩小效果图

（a）原图　　　　　　　　　　　（b）放大后的图

图 4-7　图像放大效果图

4.5	**图像转置**

1. 理论基础

图像的转置操作是将图像像素的 x 坐标和 y 坐标互换。该操作将改变图像的高度和宽度，转置后图像的高度和宽度将互换。

即
$$\begin{cases} x_1 = y_0 \\ y_1 = x_0 \end{cases} \qquad (4\text{-}14)$$

2. 编程代码

```
/*********************************************************
*函数名称：zhuanzhi()
*功能：对图像进行转置处理。
*********************************************************/
import cv2
def zhuanzhi():
    global sFilePath
    if sFilePath != 'start':
        img = cv2.imread(sFilePath)
    else:
        img = cv2.imread('sucai.jpg')
    h, w = img.shape[:2]
    #创建变换矩阵
    M = np.float32([[0, 1, 0], [1, 0, 0]])
    #图像转置
    rImg = cv2.warpAffine(img, M, (w, h))
    cv2.imwrite("result.jpg", rImg)
```

3. 效果展示

图像的转置变换效果如图 4-8 所示。左侧为原始图像，右侧为处理后的图像。

（a）原图　　　　　　　　　　（b）转置后的图

图 4-8　图像的转置变换效果图

4.6　投影变换

1. 理论基础

常用图像的变换模型有刚体变换、仿射变换和投影变换等。

（1）刚体变换

如果一幅图像中的两点间的距离经变换后映射到另一幅图像中仍然保持不变，则这种变换称为刚体变换。刚体变换仅局限于平移、旋转和反转（镜像）。在二维空间中，点(x, y)经过刚体变换到点(x, y)的变换公式为：

$$\begin{bmatrix} x \\ y \\ 1 \end{bmatrix} = \begin{bmatrix} \cos\theta & \pm\sin\theta & t_x \\ \sin\theta & \pm\cos\theta & t_y \\ 0 & 0 & 1 \end{bmatrix} \begin{bmatrix} x_0 \\ y_0 \\ 1 \end{bmatrix} \tag{4-15}$$

式中，θ为旋转角度；$[t_x, t_y]^T$为平移变量。

（2）仿射变换

如果一幅图像中的直线经过变换后映射到另一幅图像上仍为直线，并且保持平行关系，则这种变换称为仿射变换。仿射变换适应于平移、旋转、缩放和反转（镜像）等情况。可以用以下公式表示：

$$\begin{bmatrix} x \\ y \\ 1 \end{bmatrix} = \begin{bmatrix} a_1 & a_2 & \Delta x \\ a_3 & a_4 & \Delta y \\ 0 & 0 & 1 \end{bmatrix} \begin{bmatrix} x_0 \\ y_0 \\ 1 \end{bmatrix} \tag{4-16}$$

其中$(\Delta x, \Delta y)$平移量，而参数a_i则反映了图像旋转、缩放等变化。将这些参数计算出，即可得到两幅图像的坐标变换关系。

（3）投影变换

如果一幅图像中的直线经过变换后映射到另一幅图像上仍为直线，但平行关系基本不保持，则这种变换称为投影变换。二维平面投影变换是关于齐次三维矢量的线性变换，在齐次坐标系下，二维平面上的投影变换具体可用下面的非奇异3×3矩阵形式来描述，即：

$$\begin{bmatrix} x' \\ y' \\ w' \end{bmatrix} = \begin{bmatrix} m_0 & m_1 & m_2 \\ m_3 & m_4 & m_5 \\ m_6 & m_7 & m_8 \end{bmatrix} \begin{bmatrix} x \\ y \\ w \end{bmatrix} \tag{4-17}$$

则二维投影变换按照式（4-17）将像素坐标点(x, y)映射为像素坐标点(x', y')。

$$\begin{cases} x' = \dfrac{m_0 x + m_1 y + m_2}{m_6 x + m_7 y + m_8} \\[3mm] y' = \dfrac{m_3 x + m_4 y + m_5}{m_6 x + m_7 y + m_8} \end{cases} \tag{4-18}$$

它们的变换参数$m_i (i = 0,1,\cdots,8)$是依赖于场景和图像的常数。

可见，投影变换是在三维空间内进行的，所以对其进行修正十分困难。如果指定好变换前的 4 个顶点的坐标，设定其变换后相应的 4 个顶点的坐标，并设定一个m_8的值，通过解方程，就可以求出投影变换矩阵，实现投影变换功能。

2. 函数说明

（1）在 OpenCV 中提供了 cv2.getPerspectiveTransform()函数来计算投影变换矩阵。

```
retval = cv2.getPerspectiveTransform(src,dst)
```

retval：返回计算得到的变换矩阵；

dst：表示在目标图像上投影得到的四个像素顶点；

src：表示原始图像上指定四个顶点。

注意，这里需要输入 4 组对应的坐标变换，src 和 dst 均是 4×2 的二维矩阵，其中每一行代表一个坐标，而且数据类型必须是 32 位浮点型，否则会报错。

（2）OpenCV 提供了 cv2.warpPerspective()函数来实现投影变换功能，其一般格式为：

```
cv2.warpPerspective(src,M,dsize[,dst[,flags[,borderMode[,borderValue]]]])
```

src：表示原始的图像；

M：表示投影变换矩阵；

dsize：表示投影后图像的大小；

flags：表示插值方式；

borderMode：表示边界模式；

borderValue：表示边界值。

其使用方法与仿射变换相似，只是输入的变换矩阵变为 3 行 3 列的投影变换矩阵。下面通过一个实例实现图像的投影变换。

3. 编程代码

```
/*********************************************************
*函数名称：touyingbianhuan()
*功能：对图像进行投影变换。
**********************************************************/
import cv2
import numpy as np
```

```
def touyingbianhuan():
    global sFilePath
    if sFilePath != 'start':
        image = cv2.imread(sFilePath, 0)
    else:
        image = cv2.imread('sucai.jpg', 0)
    h, w = image.shape[:2]    #读取图像的高和宽
    #原图像的 4 个需要变换的像素点
    src = np.array([[0, 0], [w - 1, 0], [0, h - 1], [w - 1, h - 1]], np.float32)
    #投影变换的 4 个像素点
    dst = np.array([[30, 30], [w / 3, 40], [90, h - 90], [w - 30, h - 30]], np.float32)
    M = cv2.getPerspectiveTransform(src, dst)    #计算出投影变换矩阵
    #进行投影变换
    image1 = cv2.warpPerspective(image, M, (w, h), borderValue=125)
    #显示图像
    cv2.imwrite("result.jpg", image1)
```

4. 效果展示

图像的投影变换效果如图 4-9 所示。左侧为原始图像，右侧为处理后的图像。

（a）原图　　　　　　　　　　　　（b）处理后的图

图 4-9　图像投影变换效果图

4.7　图像旋转

1. 理论基础

图像的旋转必须指明图像绕着什么旋转。一般图像的旋转是以图像的中心为原点，旋转一定的角度。旋转后，图像的大小一般会改变。图像旋转之后，会出现许多的空白点，对这些空白点必须进行填充处理，否则画面效果不好，称这种操作为插值处理。最简单的方法是行插值或是列插值。插值的方法是空点的像素值等于前一点的像素值，同样的操作重复到所有行。

和图像平移一样，既可以把转出显示区域的图像截去，也可以扩大图像范围以显示所有的图像。如图 4-10 所示，点 (x_0, y_0) 经

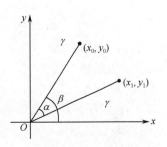

图 4-10　图像旋转示意图

过旋转 α 度后坐标变成 (x_1, y_1)。

在旋转前

$$\begin{cases} x_0 = \gamma \cos\beta \\ y_0 = \gamma \sin\beta \end{cases} \tag{4-19}$$

旋转后：

$$x_1 = \gamma \cos(\beta - \alpha) = \gamma \cos\beta \cos\alpha + \gamma \sin\beta \sin\alpha = x_0 \cos\alpha + y_0 \sin\alpha$$
$$y_1 = \gamma \sin(\beta - \alpha) = \gamma \sin\beta \cos\alpha - \gamma \cos\beta \sin\alpha = -x_0 \sin\alpha + y_0 \cos\alpha \tag{4-20}$$

上述旋转是绕坐标轴原点（0，0）进行的，向右为 x 轴正方向，向上为 y 轴正方向，不妨设其为坐标系Ⅱ；而屏幕中的坐标一般以左上角为原点，向右为 x 轴正方向、向下为 y 轴正方向，设其为坐标系Ⅰ。如果是绕一个指定点 (a,b) 旋转，则先要将坐标系平移到该点，再进行旋转，然后平移回新的坐标原点。

下面首先推导坐标系平移的转换公式。如图 4-11 所示，将坐标系Ⅰ平移到坐标系Ⅱ处，其中坐标系Ⅱ的原点在坐标系Ⅰ中坐标为 (a,b)。

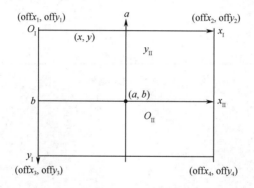

图 4-11　旋转中心平移示意图

设图像的宽度为 w，高度为 h，得到

$$\begin{bmatrix} x_{\mathrm{II}} \\ y_{\mathrm{II}} \\ 1 \end{bmatrix} = \begin{bmatrix} 1 & 0 & -0.5w \\ 0 & -1 & 0.5h \\ 0 & 0 & 1 \end{bmatrix} \begin{bmatrix} x_{\mathrm{I}} \\ y_{\mathrm{I}} \\ 1 \end{bmatrix} \tag{4-21}$$

其逆变换矩阵表达式为：

$$\begin{bmatrix} x_{\mathrm{I}} \\ y_{\mathrm{I}} \\ 1 \end{bmatrix} = \begin{bmatrix} 1 & 0 & 0.5w \\ 0 & -1 & 0.5h \\ 0 & 0 & 1 \end{bmatrix} \begin{bmatrix} x_{\mathrm{II}} \\ y_{\mathrm{II}} \\ 1 \end{bmatrix} \tag{4-22}$$

按如下方法即可旋转图像：

① 根据公式（4-21），将坐标系Ⅰ变成坐标系Ⅱ；

② 根据公式（4-20），将该点顺时针旋转 α 角；

③ 根据公式（4-22），将坐标系Ⅱ变成坐标系Ⅰ。

假设图像在新的坐标系下，以旋转后新图像左上角为坐标原点，未旋转时中心坐标为 (a,b)，旋转后中心坐标为 (c,d)，则旋转变换矩阵表达式为：

$$\begin{pmatrix} x_1 \\ y_1 \\ 1 \end{pmatrix} = \begin{pmatrix} 1 & 0 & c \\ 0 & -1 & d \\ 0 & 0 & 1 \end{pmatrix} \begin{pmatrix} \cos\alpha & \sin\alpha & 0 \\ -\sin\alpha & \cos\alpha & 0 \\ 0 & 0 & 1 \end{pmatrix} \begin{pmatrix} 1 & 0 & -\alpha \\ 0 & -1 & b \\ 0 & 0 & 1 \end{pmatrix} \begin{pmatrix} x_0 \\ y_0 \\ 1 \end{pmatrix}$$

因此，

$$x_1 = x_0 \cos\alpha - y_0 \sin\alpha - a\sin\alpha + c$$
$$y_1 = x_0 \sin\alpha + y_0 \cos\alpha - a\sin\alpha - b\sin\alpha + d$$

（4-23）

设未旋转时中心坐标为（0,0），则：

$$x_1 = x_0 \cos\alpha - y_0 \sin\alpha + c$$
$$y_1 = x_0 \sin\alpha + y_0 \cos\alpha + d$$

（4-24）

可以通过 OpenCV 模块中的函数 cv2.getRotationMatrix2D() 得到仿射变换函数 cv2.warpAffine() 的转换矩阵，这极大方便了对图像的操作。

2. 函数说明

retval = cv2. getRotationMatrix2D(center, angle,scale)

该函数用于得到仿射变换的转换矩阵。

center：旋转的中心点；

angle：旋转角度，正数为顺时针旋转，负数为逆时针旋转；

scale：变换尺度。

3. 编程代码

```
/*************************************************************
*函数名称：xuanzhuan()
*功能：对图像进行旋转处理。
*************************************************************/
import cv2
def xuanzhuan():
    global sFilePath
    if sFilePath != 'start':
        img = cv2.imread(sFilePath)
    else:
        img = cv2.imread('sucai.jpg')
    h, w = img.shape[:2]    #获取图像大小信息
    title = "旋转图像"
    msg = '请输入旋转度数'
    k = int(easygui.enterbox(msg, title))
    #得到转换矩阵 M，效果是以图像的宽高的 1/2 为中心点,旋转 k°
    M = cv2.getRotationMatrix2D((h / 2,w / 2 ), k, 1)
    #进行仿射变换——旋转
    imageMove = cv2.warpAffine(img, M, (w, h))
    cv2.imwrite("result.jpg", imageMove)
```

4．效果展示

图像的旋转变换效果如图 4-12 所示。左侧为原始图像，右侧为处理后的图像。

（a）原图　　　　　　　　　　　（b）处理后的图

图 4-12　图像的旋转变换效果图

小结

本章主要解决输入图像位置的标准化及大小的正规化，根据图像处理的要求，介绍了图像的预处理中最基本的几何变换处理，包括图像的平移、图像的镜像、图像的缩放、图像的转置、图像的投影变换图像的旋转。这些是进行图像几何校正的基本方法。在编程中需要注意开辟新的目标图像内存空间，计算目标图像或原图像的位置，将原图像的像素值赋给目标区域的位置。

图像的几何校正主要包括如下两步：

（1）空间坐标变换。重新排列图像平面上的像素以恢复原有的空间关系。

（2）灰度值的确定。对空间变换后的像素赋予相应的灰度值，使之恢复原位置的灰度值，称为灰度插值。

习题

1．简述图像平移变换的基本方法，并编程实现。

2．简述图像的镜像变换的基本方法，并编程实现。

3．简述图像的缩放变换的基本方法，并编程实现。

4．简述图像的转置变换的基本方法，并编程实现。

5．简述图像的旋转变换的基本方法，并编程实现。

第 5 章

图像的灰度变换

5.1 概述

灰度变换是指根据某种目标条件按一定变换关系逐点改变原图像中每一个像素灰度值的方法。目的是改善画质，使图像的显示效果更加清晰。灰度变换可以增大图像的动态范围，扩展图像的对比度，使图像特征变得明显。灰度变换有时又被称为图像的对比度增强或对比度拉伸。如果一幅图像的灰度集中在较暗的区域而导致图像偏暗，可以用灰度拉伸功能来拉伸（斜率>1）物体灰度区间以改善图像质量；同样，如果图像灰度集中在较亮的区域而导致图像偏亮，也可以用灰度拉伸功能来压缩（斜率<1）物体灰度区间以改善图像质量。

图像对比度增强的方法可以分成两类：一类是直接对比度增强方法；另一类是间接对比度增强方法。

（1）直接对比度增强方法

灰度变换函数 $T(D)$ 描述了输入灰度值和输出灰度值之间的转换关系。设原图像像素的灰度值 $D=f(x,y)$，处理后图像像素的灰度值 $D'=g(x,y)$，则灰度增强可表示为：

$$g(x,y) = T[f(x,y)] \quad 或 \quad D' = T(D) \tag{5-1}$$

函数 $T(D)$ 称为灰度变换函数，要求 D 和 D' 都在图像的灰度范围之内。一旦灰度变换函数确定，则确定了一个具体的灰度增强方法。图像中每一个点的运算就被完全确定下来。灰度变换函数不同，即使是同一图像也会得到不同的结果。选择灰度变换函数应该根据图像的性质和处理的目的来决定。选择的标准是经过灰度变换后，像素的动态范围增加，图像的对比度扩展，图像变得更加清晰、细腻，容易识别。

（2）间接对比度增强方法

直方图拉伸和直方图均衡化是两种最常见的间接对比度增强方法。直方图拉伸是通过对比度拉伸对直方图进行调整，从而"扩大"前景和背景灰度的差别，以达到增强对比度的目的，这种方法可以利用线性或非线性的方法来实现。直方图均衡化就是把给定图像的直方图分布改变成"均匀"分布直方图分布，对图像进行非线性拉伸，重新分配图像像素值，使一定灰度范围内的像素数量大致相同。其"中心思想"是对个数多的灰度级进行展宽，而对个数少的灰度级进行缩减，把原始图像的灰度直方图从比较集中的某个灰度区间变成在全部灰度范围内的均匀分布，从而达到清晰图像的目的。经变换后得到的新直方图比原始图像的直方图平坦得多，扩展了动态范围。

图像的灰度变换处理是图像增强处理技术中一种非常基础、直接的空间域图像处理方法，也是图像数字化软件和图像显示软件的一个重要组成部分。

<table>
<tr><td>5.2</td><td>二值化和阈值处理</td></tr>
</table>

1. 理论基础

一幅图像包括目标物体、背景还有噪声，怎样从多值的数字图像中只取出目标物体，最常用的方法就是设定某一阈值 T，用 T 将图像的数据分成两大部分：大于 T 的像素群和小于 T 的像素群。这是研究灰度变换最特殊的方法，称为图像的二值化。二值化处理就是把图像 $f(x,y)$ 分成目标物体和背景两个领域，然后求其阈值。二值化是数字图像处理中一项最基本的变换方法，通过固定阈值、双固定阈值等不同的阈值化变换方法，使一幅灰度图变成了黑白二值图像，将所需的目标部分从复杂的图像背景中脱离出来，以利于以后的研究。

阈值处理的操作过程是先由用户指定或通过算法生成一个阈值，如果图像中某像素的灰度值小于该阈值，则将该像素的灰度值设置为 0 或 255，否则灰度值设置为 255 或 0。

阈值化的变换函数表达式如下：

$$f(x) = \begin{cases} 0 & x < T \\ 255 & x > T \end{cases} \tag{5-2}$$

式中，T 为指定的阈值。阈值 T 就像个门槛，比它大就是白，比它小就是黑。该变换函数是阶跃函数，只需给出阈值点 T 即可，经过阈值处理后的图像变成了一幅黑白二值图，阈值处理是灰度图转二值图的一种常用方法。

2. 函数说明

（1）在 OpenCV 3.x 版本中提供了 cv2.threshold() 函数进行阈值处理，其一般格式为：

```
ret, dst = cv2. threshold (src, thresh, maxval, type)
```

ret：表示返回的阈值；

dst：表示输出的图像；

src：表示要进行阈值分割的图像，可以是多通道的图像；

thresh：表示设定的阈值；

maxval：表示 type 参数为 THRESH_BINARY 或 THRESH_BINARY_INV 类型时所设定的最大值。在显示二值化图像时，一般设置为 255；

type：表示阈值分割的类型。

3. 编程代码

```
/**********************************************************
*函数名称：erzhihuayuzhichuli()
*功能：对图像进行固定阈值运算。
**********************************************************/
```

```
import cv2
import easygui
def erzhihuayuzhichuli():
    global sFilePath
    if sFilePath != 'start':
        img = cv2.imread(sFilePath, 0)
    else:
        img = cv2.imread('sucai.jpg', 0)
    #设置具有固定阈值的转换表
    title = "二值化和阈值处理"
    msg = '请输入阈值'
    threshold = int(easygui.enterbox(msg, title))
    ret, dst = cv2.threshold(img, threshold, 255, cv2.THRESH_BINARY)
    print(ret)
    cv2.imwrite('result.jpg', dst)
```

4. 效果展示

二值化和阈值处理效果如图 5-1 所示，该效果是以 100 为阈值做的二值化处理。

（a）原图　　　　　　　　　　　　（b）处理后的图

图 5-1　二值化和阈值处理效果图

5.3　灰度线性变换与分段线性变换

5.3.1　灰度线性变换

1. 理论基础

前面所涉及的图像二值化变换都是简单的非线性变换，它在增强图像可读性的同时是以丢弃原有图像数据为代价的。灰度的线性变化就是将图像中所有的点的灰度按照线性灰度变换函数进行变换。

在曝光不足或曝光过度的情况下，图像灰度可能会局限在一个很小的范围内。这时在显示器上看到的将是一个模糊不清、似乎没有灰度层次的图像。用一个线性单值函数对图像内的每一个像素做线性扩展，将有效改善图像视觉效果。

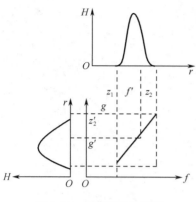

图 5-2　灰度的线性变换

令原图像 $f(x,y)$ 的灰度范围为$[z_1,z_2]$，线性变换后图像 $g(x,y)$ 的范围为$[z_1',z_2']$，灰度的线性变换如图 5-2 所示。

$g(x,y)$ 与 $f(x,y)$ 之间存在以下关系：

$$g(x,y) = z_1' + \frac{z_2' - z_1'}{z_2 - z_1}(f(x,y) - z_1) \qquad (5-3)$$

由于$|z_2' - z_1'|$总是大于$|z_2 - z_1|$，所以对于离散图像来说，尽管变换前后像素个数相同，但不同像素之间的灰度差变大，对比度变大，清晰度必然优于变换前。如果背景与目标物的灰度之差很小，在$[a,b]$区间内量化可能进入同一灰度级内而不能分辨。

由此可见，对输入图像灰度做线性扩张或压缩，映射函数为一个直线方程，该线性灰度变换函数是一个一维线性函数：

灰度变换方程为：

$$g(x,y) = T[f(x,y)] = a * f(x,y) + b \qquad (5-4)$$

式中，参数 a 为线性函数的斜率；b 为线性函数在 y 轴的截距；$f(x,y)$ 表示输入图像的灰度；$g(x,y)$ 表示输出图像的灰度。

2. 函数说明

（1）retval=image.max()用于返回图像最大像素值。

（2）retval=image.min()用于返回图像最小像素值。

3. 编程代码

```
/**********************************************************
*函数名称：xianxingbianhuan()
*功能：对图像进行灰度线性变换，变换到[0,255]范围。
**********************************************************/
import cv2
def xianxingbianhuan():
    global sFilePath
    if sFilePath != 'start':
        img = cv2.imread(sFilePath, 0)
    else:
        img = cv2.imread('sucai.jpg', 0)
    maxV = img.max()
    minV = img.min()
    for i in range(img.shape[0]): #图像的垂直尺寸
        for j in range(img.shape[1]): #图像的水平尺寸
            img[i, j] = ((img[i, j] - minV) * 255) / (maxV - minV)
    cv2.imwrite("result.jpg", img)
```

4. 效果展示

图像的灰度线性变换效果如图 5-3 所示，左侧为原始图像，右侧为处理后的图像。

（a）原图 （b）处理后的图

图 5-3 灰度线性变换效果图

5.3.2 分段线性变换

1. 理论基础

分段线性变换和灰度线性变换有点类似，都用到了灰度的线性变换。但不同之处在于分段线性变换不是完全的线性变换，而是分段进行的线性变换。将图像灰度区间分成两段乃至多段，分别做线性变换称为分段线性变换。图 5-4 是分三段做线性变换的示意图。分段线性变换的优点是可以根据用户的需要，拉伸特征物体的灰度细节，相对抑制不感兴趣的灰度级。图 5-4 中的 $(0, x_1)$，(x_1, x_2)，$(x_2, 255)$ 等变换区间边界能通过键盘随时做交换式输入，因此，分段线性变换是非常灵活的。

函数表达式如下：

$$f(x) = \begin{cases} y_1 \times x / x_1 & x < x_1 \\ (y_2 - y_1) \times (x - x_1) / (x_2 - x_1) + y_1 & x_1 \leq x \leq x_2 \\ (255 - y_2) \times (x - x_2) / (255 - x_2) + y_2 & x > x_2 \end{cases} \qquad (5\text{-}5)$$

变换后的灰度

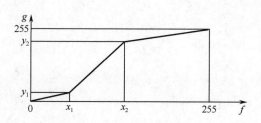

图 5-4 分段线性变换

式中 (x_1, y_1) 和 (x_2, y_2) 是图中两个转折点的坐标。

该变换函数的运算结果是将原图在 x_1 和 x_2 之间的灰度拉伸到 y_1 和 y_2 之间。通过有选择地拉伸某段灰度区间，能够更加灵活地控制图像灰度直方图的分布，以改善图像质量。

2. 编程代码

```
/****************************************************************
*函数名称：fenduanxianxingbianhuan()
```

```
*功能：对图像进行分段线性变换。
*******************************************************/
def fenduanxianxingbianhuan():
    global sFilePath
    if sFilePath != 'start':
        image = cv2.imread(sFilePath)
    else:
        image = cv2.imread('sucai.jpg')
    title = "分段线性变换"
    msg = '请输入阈值(例：130,50,150，200)'
    fields = ['第一点 x 坐标', '第一点 y 坐标', '第二点 x 坐标','第二点 y 坐标']
    values = []
    canshu = easygui.multenterbox(msg, title, fields, values)
    x1 = int(canshu[0])
    y1 = int(canshu[1])
    x2 = int(canshu[2])
    y2 = int(canshu[3])
    outPutImage = piecewiseLinear(image, (x1, y1), (x2, y2))
    cv2.imwrite("result.jpg", outPutImage)
/*******************************************************
*函数名称：piecewiseLinear(image, point1, point2)
*变量说明：image：输入图像；
*          point1：第一点坐标；
*          point2：第二点坐标；
*返回值：outPutImage：输出图像；
*功能：对图像进行分段线性变换计算。
*******************************************************/
def piecewiseLinear(image, point1, point2):
    #确保 point1 在 point2 的左下角
    x1, y1 = point1
    x2, y2 = point2
    '''        [y1/x1 * f(x,y),0<=f<x1
    g(x,y) = [(y2-y1)/(x2-x1)*f(x,y),x1<=f<x2
             [(255-y2)/(255-x2)*f(x,y),x2<=f<255
    '''
    #0 - x1
    a1 = float(y1) / x1
    #x1 - x2
    a2 = float(y2 - y1) / float(x2 - x1)
    #x2 - 255
    a3 = float(255 - y2) / (255 - x2)
    outPutImage = np.zeros(image.shape, np.uint8)
    #图像的宽高
    h = image.shape[0]
    w = image.shape[1]
```

```
for i in range(h):
    for j in range(w):
        pixel = image[i][j]
        if [pixel < x1]:
            outPixel = a1 * pixel
        elif [pixel >= x1] and [pixel < x2]:
            outPixel = a2 * (pixel - x1) + y1
        else:
            outPixel = a3 * (pixel - x2) + y2
        outPixel = np.round(outPixel)
        outPutImage[i][j] = outPixel
return outPutImage
```

3. 效果展示

图像的分段线性变换效果如图 5-5 所示，左侧为原始图像，右侧为处理后的图像。

（a）原图　　　　　　　　　（b）处理后的图

图 5-5　分段线性变换效果图

5.4　灰度非线性变换

5.4.1　灰度对数变换

1. 理论基础

灰度对数变换公式：

$$y = a + \frac{\log(1+x)}{b} \tag{5-6}$$

式中，a 为控制曲线的垂直偏移量；b 为常数，描述曲线的弯曲程度，其取值对函数曲线的影响如图 5-6 所示。

对数变换实现了图像的灰度扩展和压缩的功能。它扩展低灰度值而压缩高灰度值，让图像的灰度分布更加符合人的视觉特征。

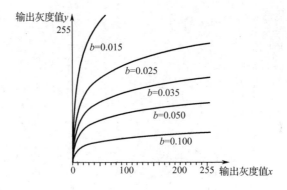

图 5-6   b 参数对函数曲线的影响

2. 函数说明

（1）retval=np.log(x)是 Numpy 中的 log()函数，用于计算给定数组中所有元素的自然对数。自然对数是以 e 为底的对数，log()函数的返回值是一个新的数组，其中包含输入数组中每个元素的自然对数。

retval：返回的数组；

x：输入数据。

（2）retval=np.uint8(params)是 Numpy 中用于转换数据类型的函数。

retval：返回 uint8 数据类型的图像；

params：输入数据。

3. 编程代码

```
/*************************************************************
*函数名称：duishubianhuan()
*功能：对图像进行灰度对数变换。
*************************************************************/
def duishubianhuan():
    global sFilePath
    if sFilePath != 'start':
        img = cv2.imread(sFilePath)
    else:
        img = cv2.imread('sucai.jpg')
    #图像灰度对数变换
    output = 42 * np.log(1.0 + img)
    output = np.uint8(output + 0.5)
    cv2.imwrite("result.jpg", output)
```

4. 效果展示

图像的灰度对数变换效果如图 5-7 所示，左侧为原始图像，右侧为处理后的图像。

（a）原图 （b）处理后的图

图 5-7 灰度对数变换效果图

5.4.2 灰度指数变换

1. 理论基础

指数变换的基本表达式：

$$y = b^{c(x-a)} - 1 \tag{5-7}$$

其中参数 b、c 控制曲线形状，参数 a 控制曲线的左右位置。指数变换的曲线如图 5-8 所示。

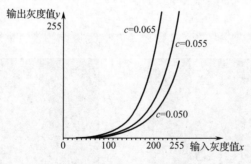

图 5-8 指数变换的曲线

指数变换的作用是扩展图像的高灰度级，压缩低灰度级。虽然幂次变换也有这个功能，但是图像经过指数变换后对比度更高，高灰度级也被扩展到了更宽的范围。

2. 函数说明

（1）retval=np.zeros(shape,dtype,order)用于创建一个给定形状和类型的用 0 填充的数组。

retval：返回一个全 0 的数组或矩阵；

shape：数组的形状（即宽高）；

dtype：数据类型，可选参数；

order：可选参数，"C"代表行优先，"F"代表列优先。

（3）retval= cv2.LUT(src, lut, dst=None)的作用是对输入的 src 执行查找表 lut 转换。

src：输入数据 array；

lut：查找表，如果输入 src 是多通道的，例如是 B、G、R 三通道的图像，而查找表是单通道的，则此时 B、G、R 三个通道使用的是同一个查找表；

retval：输出数组，大小和通道数与 src 相同，深度 depth 与 lut 相同。

3. 编程代码

```
/************************************************************
*函数名称：zhishubianhuan()
*功能：对图像进行灰度指数变换。
*************************************************************/
def zhishubianhuan():
    global sFilePath
    if sFilePath != 'start':
        img = cv2.imread(sFilePath)
    else:
        img = cv2.imread('sucai.jpg')
    lut = np.zeros(256, dtype=np.float32)
    for i in range(256):
        lut[i] = 1.5 ** (0.065 * (i - 0)) - 1
    output_img = cv2.LUT(img, lut)    #像素灰度值的映射
    output_img = np.uint8(output_img + 0.5)
    cv2.imwrite("result.jpg", output_img)
```

4. 效果展示

图像的灰度指数变换效果如图 5-9 所示，左侧为原始图像，右侧为处理后的图像。

　　　　　（a）原图　　　　　　　　　　　　　　　（b）处理后的图

图 5-9　灰度指数变换效果图

5.4.3　灰度幂次变换

1. 理论基础

幂次变换的基本表达式为：

$$y = cx^r + b \tag{5-8}$$

式中，c、r 均为正数。与对数变换相同，幂次变换将部分灰度区域映射到更宽的区域中。当 $r=1$ 时，幂次变换为线性变换。图 5-10 显示了各种 r 值对幂次函数曲线的影响。可以看出，

输出灰度值会随着指数的增加迅速扩大。当指数稍大时，整个变换曲线接近于一条垂直线。此时原始图像中的绝大部分像素经过变换后会变成最小值，产生的图像几乎全黑，失去了非线性变换的意义。

下面修改幂次变换公式使 x 与 y 的取值范围都在 $0 \sim 255$ 之间。

$$y = 255c \left(\frac{x}{255} \right)^r + b \qquad (5\text{-}9)$$

对于各种 r 值，上式的曲线如图 5-10 所示。

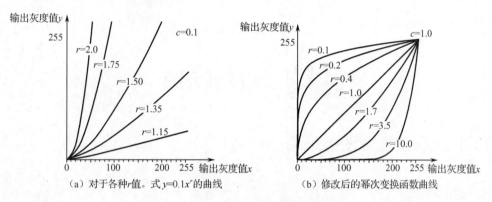

（a）对于各种 r 值。式 $y=0.1x^r$ 的曲线　　（b）修改后的幂次变换函数曲线

图 5-10　参数 r 对曲线的影响

2. 编程代码

```
/*************************************************
*函数名称：micibianhuan()
*功能：对图像进行灰度幂次变换。
**************************************************/
def micibianhuan():
    global sFilePath
    if sFilePath != 'start':
        img = cv2.imread(sFilePath)
    else:
        img = cv2.imread('sucai.jpg')
    lut = np.zeros(256, dtype=np.float32)
    #图像幂次变换
    y = 255c(x/255)^r+b
    for i in range(256):
        lut[i] = 1.0*255*(i/255.0)**1.7+20
    #像素灰度值的映射
    output_img = cv2.LUT(img, lut)
    output_img = np.uint8(output_img + 0.5)
    cv2.imwrite("result.jpg", output_img)
```

3. 效果展示

图像的灰度幂次变换效果如图 5-11 所示，左侧为原始图像，右侧为处理后的图像。

（a）原图　　　　　　　　　　（b）处理后的图

图 5-11　灰度幂次变换效果图

5.5　灰度直方图

5.5.1　灰度直方图的概念

1. 理论基础

图像的灰度直方图表示图像中具有某种灰度级的像素的个数，反映了图像中每种灰度出现的频率。它是图像最基本的统计特征。从数学上来说，它统计一幅图像中各个灰度级出现的次数或概率。

灰度直方图性质：

（1）只反映该图像中不同灰度值出现的次数（或频数），而未反映某一灰度值像素所在位置。丢失了位置信息。

（2）图像与灰度直方图之间是多对一的映射关系。如图 5-12 所示。

（3）由于灰度直方图是针对具有相同灰度值的像素统计得到的，因此，一幅图像各子区的灰度直方图之和等于该图像全图的灰度直方图。直方图的分解如图 5-13 所示。

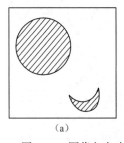 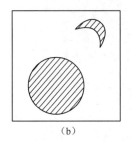

（a）　　　　　　　　　　　　（b）

图 5-12　图像与灰度直方图间的多对一关系

从图形上来说，灰度直方图是一个二维图，其横坐标是灰度，表示图像中各个像素点的灰度级。纵坐标为各个灰度级上图像像素点的个数或概率。灰度直方图的纵坐标也可以用图像灰度概率密度函数 $P_r(r)$ 表示，它等于具有 r 灰度级的像素个数与图像总像素个数之比。在离散形式下，用 r_k 代表离散灰度级，n_k 为图像中出现 r_k 级灰度的像素数，n 是图像像素总数，而 n_k/n 即为频数。

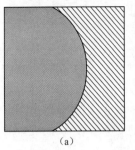 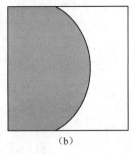 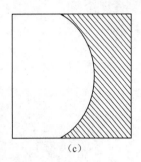

（a）　　　　　　　　　（b）　　　　　　　　　（c）

图 5-13　直方图的分解

灰度直方图表示：

$$P_r(r_k) = \frac{n_k}{n} \qquad 0 \leqslant r_k \leqslant 1, \ k = 0,1,2 \cdots l-1 \qquad (5\text{-}10)$$

灰度直方图包含了丰富的图像信息，描述了图像的灰度级内容，反映了图像的灰度分布情况。图像的灰度直方图是图像处理中一种十分重要的分析工具，具有简单适用的特点。灰度直方图应用范围十分广泛，它为图像的处理和研究提供了有力的辅助。可以通过灰度直方图的显示，来判断一幅图像是否合理利用了全部允许使用的灰度级范围。

2. 函数说明

在 OpenCV 中提供了一个 Matplotlib 模块，该模块类似于 Matlab 中的绘图模块，可以使用其中的 hist()函数来直接绘制图像的灰度直方图。hist()函数根据图像数据和灰度级分组来绘制灰度直方图，其一般格式如下：

```
matplotlib.pyplot.hist(image,BINS)
```

BINS：表示灰度级的分组情况。
image：表示原始图像数据，必须将其转换为一维数据。

3. 编程代码

```
/***********************************************
*函数名称：zhifangtu2()
*功能：对图像进行灰度直方图统计。
***********************************************/
import cv2
import matplotlib.pyplot as plt
def zhifangtu2():
    global sFilePath
    if sFilePath != 'start':
        img = cv2.imread(sFilePath)
    else:
        img = cv2.imread('sucai.jpg')
    #将图像转换为一维数组
    img = img.ravel()
    plt.hist(img, 256)
    plt.show()
```

4. 效果图

图像的灰度直方图效果如图 5-14 所示，左侧为原始图像，右侧为原图的直方图图像。

（a）原图　　　　　　　　　　　（b）直方图

图 5-14　灰度直方图效果图

5.5.2　直方图正规化

1. 理论基础

直方图正规化也是一种线性变换方法，该方法自动选取线性变换的参数 a 和 b。

假设输入图像为 I，$I(i,j)$ 代表 I 的第 i 行第 j 列的灰度值，用该方法找出 I 中出现的最小灰度级记为 $I_{\min}$，最大灰度级记为 $I_{\max}$，为了使输出图像 O 的灰度级范围为 $[O_{\min},O_{\max}]$，做以下映射关系：

$$O(i,j) = \frac{O_{\max} - O_{\min}}{I_{\max} - I_{\min}} \times [I(i,j) - I_{\min}] + O_{\min} \tag{5-11}$$

这个过程就是直方图正规化。因为 $0 \leqslant \dfrac{I(r,c) - I_{\min}}{I_{\max} - I_{\min}} \leqslant 1$，所以 $O(r,c) \in [O_{\min},O_{\max}]$，一般令 $O_{\min} = 0$，$O_{\max} = 255$。显然，直方图正规化是一种自动选取 a 和 b 的值的线性变换方法，其中

$$a = \frac{O_{\max} - O_{\min}}{I_{\max} - I_{\min}}, \quad b = O_{\min} - \frac{O_{\max} - O_{\min}}{I_{\max} - I_{\min}} \times I_{\min} \tag{5-12}$$

直方图正规化可以调节图像的对比度，使图像的像素点分布在 0～255 范围内。

2. 函数说明

（1）OpenCV 提供了 cv2.normalize() 函数来实现图像直方图正规化，其一般格式为：

`cv2.normalize(src,dst,alpha,beta,norm_type,dtype)`

ssrc：输入数组，可以是单通道或多通道；

dst：输出数组；

alpha：归一化后的最小值；

beta：归一化后的最大值；

norm_type：用于 normalize() 的类型，包括以下选项：

- cv2.NORM_INF：最大规范化。最大规范化将输入值除以其中的最大值，结果的值域范围为[0, 1]。
- cv2.NORM_L1：绝对值之和。绝对值之和归一化将输入值除以它们的绝对值之和，使得结果的值域范围为[0, 1]。
- cv2.NORM_L2：向增量平方和的平方根。向增量平方和的平方根归一化将输入值除以它们的平方和开方，使得结果的值域范围为[0, 1]。
- cv2.NORM_MINMAX：最小和最大归一化。最小和最大归一化将输入值根据给定的最小值和最大值限制在给定的范围内，结果的值域范围为[min_val, max_val]。

dtype：可选的输出的数组类型；

mask：掩模的数组，用于归一化只选择掩模中的值。

normalize 的 mask 参数可以传入一个掩模数组，该数组内的值表示所需取归一化的元素范围。例如，有一个图像，其中某些像素（由 mask 指定）需要进行归一化，而其他像素原样保留。

使用 normalize() 函数对图像进行直方图归一化时，一般令 norm_type=NORM_MINMAX，其计算原理与前面提到的计算方法基本相同。

3. 编程代码

```
/****************************************************************
*函数名称：zhengguihua()
*功能：对图像进行直方图正规化处理。
****************************************************************/
import cv2
import matplotlib.pyplot as plt
def zhengguihua():
    global sFilePath
    if sFilePath != 'start':
        img = cv2.imread(sFilePath, 0)
    else:
        img = cv2.imread('sucai.jpg', 0)
    plt.figure('原始直方图')
    plt.hist(img.ravel(), 256)
    #直方图正规化
    img = cv2.normalize(img,None, 255, 0, cv2.NORM_MINMAX, cv2.CV_8U)
    plt.figure('正规化后的直方图')
    plt.hist(img.ravel(), 256)
    plt.show()
```

4. 效果图

直方图正规化效果如图 5-15 所示，图 5-15（a）为原始图像（原图），图 5-15（b）为处理后的图像。图 5-15（c）为原始图像直方图，图 5-15（d）为原始图像的正规化处理后的图像直方图。

（a）原图　　　　　　　　　　　　（b）处理后的图

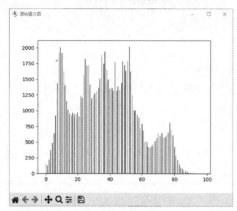 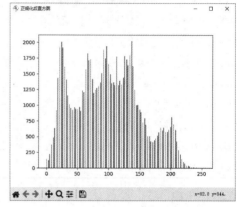

（c）原始图像直方图　　　　　　　　（d）正规化处理后的图像直方图

图 5-15　直方图正规化效果图

5.5.3　直方图均衡化

1. 理论基础

直方图均衡化就是把给定图像的直方图分布改变成"均匀"分布的直方图分布，对图像进行非线性拉伸，重新分配图像像素值，使一定灰度范围内的像素数量大致相同。变换后的灰度级减少，这种现象叫作"简并"现象。由于简并现象的存在，处理后的灰度级总是要减少。为了将原图像的亮度范围进行扩展，需要一个映射函数，将原图像的像素值均衡映射到新的直方图中。

直方图均衡化目的是重新分配图像像素值，使一定灰度范围内的像素数量大致相同，直方图均衡化则通过使用累积分布函数对灰度值进行"调整"以实现对比度的增强。因此当把原始图像通过累积分布函数转换成新图像后，每一种颜色的分布数量应该是一个常数：

$$\text{hist}_\text{O}(k) = \frac{H * W}{256}, k \in [0,255] \tag{5-13}$$

对于输入图像的任意一个像素 p，$p \in [0,255]$，总能在输出图像里有对应的像素 q，$q \in [0,255]$ 使得下面的等式成立（输入和输出的像素总量相等）：

$$\sum_{k=0}^{p} \text{hist}_1(k) = \sum_{k=0}^{q} \text{hist}_\text{O}(k) \tag{5-14}$$

所以：

$$\sum_{k=0}^{p} \text{hist}_1(k) = \sum_{k=0}^{q} \text{hist}_O(k) = (q+1)\frac{H \cdot W}{256} \qquad (5\text{-}15)$$

最后求出映射关系得到结果：

$$q = 256 \cdot \sum_{k=0}^{p} \frac{\text{hist}_1(k)}{H \cdot W} - 1 \approx \text{int}\left(255 \cdot \sum_{k=0}^{p} \frac{\text{hist}_1(k)}{H \cdot W} + 0.5\right) \qquad (5\text{-}16)$$

根据以上分析得出直方图均衡化的计算步骤如下：

（1）计算原始图像的直方图

对输入的图像进行灰度化处理，将彩色图像转换为灰度图像。然后，计算灰度图像的直方图，直方图是一个表示不同灰度级别在图像中出现频率的图表。

（2）计算累积直方图

累积直方图是将每个灰度级别的频率累积起来得出的直方图。累积直方图的目的是确定每个灰度级别在均衡化后的图像中所占的比例。

（3）均衡化像素值

对于每个像素，使用累积直方图来映射原始灰度级别到新的灰度级别。通过原始图像某像素的灰度，找到对应的该灰度的累积概率，然后乘以 255。这个映射过程将使直方图变得更加均匀，以便更多的像素值可以覆盖整个灰度范围。

（4）创建均衡化后的图像

使用映射后的灰度级别替代原始图像中的每个像素值。这将生成一个均衡化后的图像，其中亮度差异更加明显，对比度增强。

表 5-1 显示了直方图均衡化计算过程。先计算原始直方图，求解累积直方图，将累积直方图概率值乘以最大灰度值并取整，作为当前新的像素值。均衡化后，像素值 5 被去掉，像素值 0 与 1 合并，像素出现的统计概率大小接近，达到直方图均衡化的目的。

表 5-1　直方图均衡化计算过程

序　号	运　算	步骤和结果							
1	可列出原始灰度级 $f_k, k=0,1,\cdots,7$	0	1	2	3	4	5	6	7
2	列出原始直方图 p_k	0.02	0.05	0.09	0.12	0.14	0.2	0.22	0.16
3	计算原始累积直方图 s_k	0.02	0.07	0.16	0.28	0.42	0.62	0.84	1.00
4	取整 $g_k = \text{int}[(L-1)s_k + 0.5]$	0	0	1	2	3	4	6	7
5	确定映射对应关系 $(f_k \rightarrow g_k)$	0.1→0		2→1	3→2	4→3	5→4	6→6	7→7
6	计算新直方图	0.07	0.09	0.12	0.14	0.2	0	0.22	0.16

直方图均衡化可以用于图像增强、目标检测、图像分割和计算机视觉中的许多其他应用，特别是在具有低对比度的图像中。它可以帮助凸显图像中的细节，改善可视化效果。

2. 函数说明

（1）在 OpenCV 中提供了 cv2.equalHist()函数，用于实现图像的直方图均衡化，其一般格式为：

```
retval=cv2.equalHist(src)
```

src：表示输入的待处理图像。

retval：表示直方图均衡化后的图像。

3. 编程代码

```
/********************************************************
*函数名称：junhenghua()
*功能：对图像进行直方图均衡化处理。
********************************************************/
import cv2
import matplotlib.pyplot as plt
def junhenghua():
    global sFilePath
    if sFilePath != 'start':
        img = cv2.imread(sFilePath, 0)
    else:
        img = cv2.imread('sucai.jpg', 0)
    plt.figure('原始图像直方图')
    plt.hist(img.ravel(), 256)
    dst = cv2.equalizeHist(img)
    plt.figure('均衡化后图像直方图')
    plt.hist(dst.ravel(), 256)
    cv2.imwrite("result.jpg", dst)
    plt.show()
```

4. 效果展示

图像的直方图均衡化处理效果如图 5-16 所示，左侧为原始图像，右侧为处理后的图像。

（a）原图

（b）处理后的图

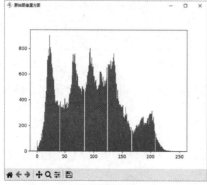

（c）原图直方图

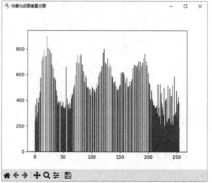

（d）分布均衡化后的直方图

图 5-16　分布均衡化

可见，处理后的图像直方图趋于平坦化，且灰度间隔被拉大，从而有利于图像的分析和识别。从理论上说，直方图均衡化就是通过变换函数将原图的直方图调整为平坦的直方图，然后用此均衡直方图校正图像。而实际上直方图均衡化修正后的图像直方图并不是十分均衡的，这是因为在操作过程中原直方图上频数较小的某些灰度级数要并入一个或几个灰度级中。

5.5.4　自适应直方图均衡化

1. 理论基础

直方图均衡化有以下三种方法。

（1）直方图均衡化

直方图均衡化是直接对全局图像进行的，而没有考虑到局部图像区域。对整幅图像的像素使用相同的变换，上一节已经介绍了该方法，适用于像素值分布比较均衡的图像。但是如果图像中包括明显的亮、暗的区域，在这些部分的对比度不能得到增强。

（2）自适应直方图均衡化

如果采用自适应的方法，每个像素用其邻域直方图的累积直方图进行灰阶变换，可大大改善图像的对比度。这种自适应直方图均衡化算法（Adaptive Histogram Equalization，AHE）是用来提升图像对比度的一种数字图像处理技术。和普通的直方图均衡化算法不同，AHE 算法通过计算图像的局部直方图，进而重新分布亮度来改变图像对比度。因此，该算法更适用于改进图像的局部对比度以及获得更多的图像细节。

自适应过程就是在均衡化的过程中只利用局部区域窗口内的直方图分布来构建映射函数，将图像分成若干子块，对子块进行直方图均衡化处理，更适合改进图像的局部对比度以获得更多的图像细节。通过计算图像多个局部区域的直方图，重新分布亮度，以此改变图像的对比度，更适用于提高图像的局部对比度和细节部分，但是存在过度放大图像中相对均匀区域的噪声问题。自适应直方图均衡化的优势在于图像的灰度能够较好地分布在全部动态范围上，局部对比度得到了提高，视觉效果要优于直方图均衡化。但是局部对比度提高过大，可能导致图像失真，还会放大图像中的噪声。

自适应直方图均衡化方法是以像素为中心，采用一个滑动的窗口计算其局部直方图和相应的累积直方图并进行灰阶变换，从而改变该中心的像素值。

步骤如下：

① 采用滑动模板 W 在图像上移动，并且模板 W 的中心 $c(x_0, y_0)$ 对应图像上的点 $f(x_0, y_0)$；

② 对滑动窗口直方图进行均衡化处理，实现对窗口中心像素的处理，即 $g(x, y) = T(f(x, y))$，计算模板中心点 $c(x_0, y_0)$ 的均衡化对应像素值 $g(x_0, y_0) = T(f(x_0, y_0))$，用 $g(x_0, y_0)$ 替代 $f(x_0, y_0)$；

③ 逐个像素计算，得到整幅图像的自适应直方图均衡化图像。

（3）限制对比度的自适应直方图均衡化（CLAHE）

为了避免由自适应直方图均衡化产生的图像不连续和过度增强图像的结果，引入一种限制对比度的自适应直方图均衡化的方法。主要在于对比度的限制，对每个小区域块都使用对比度限制，用来克服自适应直方图均衡化的过度放大噪声的问题。限制对比度的自适应直方图均衡化，相对来说，是一种限制直方图分布的方法。

对于原图像的直方图，设定一个阈值，假定直方图某个灰度超过阈值，就对之进行裁剪，

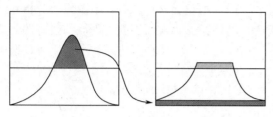

图 5-17　将超出阈值的部分平均分配到各个灰度级

然后将超出阈值的部分平均分配到各个灰度级，如图 5-17 所示。需要对子块中统计得到的直方图进行裁剪，使其幅值低于某个上限，当然裁剪掉的部分又不能扔掉，还需要将这部分裁剪值均匀地分布在整个灰度区间上，以保证直方图总面积不变。特点：映射函数（CDF）变得较为平缓。

设裁剪值为 ClipLimit，求直方图中高于该值的部分的和 totalExcess，此时假设将 totalExcess 均分给所有灰度级，求出这样导致的直方图整体上升的高度 L=totalExcess/N，以 upper= ClipLimit-L 为界线对直方图进行如下处理：

① 若幅值高于 ClipLimit，直接置为 ClipLimit；

② 若幅值处于 Upper 和 ClipLimit 之间，将其填补至 ClipLimit；

③ 若幅值低于 Upper，直接填补 L 个像素点。

经过上述操作，用来填补的像素点个数通常会略小于 totalExcess，也就是还有一些剩余的像素点没分出去，这个剩余来自①、②两处。这时可以再把这些点均匀地分给那些目前幅值仍然小于 ClipLimit 的灰度值。

实现步骤：

① 先将图像划分为不重叠的区域块，然后对每一个区域块分别进行直方图均衡化。

② 在没有噪声的情况下，每一个小区域的直方图被限制在一个小的灰度级范围内；但是如果有噪声，则噪声会被放大。为了解决这种问题，采用了"限制对比度"的方法。

③ 如果超过预设"限制对比度"，直方图被裁剪，则裁剪的部分均匀分布到其他的区域，重构了直方图。

在 OpenCV 中提供了 createCLAHE 函数来实现限制对比度的自适应直方图均衡化，其中默认设置限制对比度为 40，大小为 8×8 的矩阵。

2. 函数说明

在 OpenCV 中提供了 cv2.createCLAHE()函数，用于实现图像的自适应直方图均衡化，其一般格式为：

```
retval=cv2.createCLAHE(clipLimit, tileGridSize)
```

retval：生成自适应均衡化后的图像；

clipLimit：颜色对比度的阈值，可选项；

tileGridSize：局部直方图均衡化的模板（邻域）大小，可选项。

3. 编程代码

```
/************************************************
*函数名称：zijunhenghua()
*功能：对图像进行自适应直方图均衡化。
************************************************/
import cv2 as cv
```

```
import matplotlib.pyplot as plt
def zijunhenghua():
    global sFilePath
    if sFilePath != 'start':
        img = cv2.imread(sFilePath, 0)
    else:
        img = cv2.imread('sucai.jpg', 0)
    #创建 CLAHE 对象
    clahe = cv2.createCLAHE(clipLimit=2.0, tileGridSize=(8, 8))
    #限制对比度的自适应阈值均衡化
    dst = clahe.apply(img)
    #显示图像
    cv2.imwrite("result.jpg", dst)
    plt.figure("原始直方图")    #显示原始图像直方图
    plt.hist(img.ravel(), 256)
    plt.figure("均衡化直方图")   #显示均衡化后的图像直方图
    plt.hist(dst.ravel(), 256)
    plt.show()
```

4. 效果展示

图像的自适应直方图均衡化处理效果如图 5-18 所示，左侧为原始图像，右侧为处理后的图像。

（a）原图

（b）处理后的图

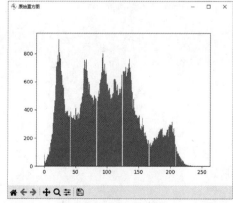
（c）原始图像直方图

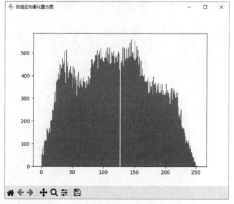
（d）自适应均衡化直方图

图 5-18　自适应直方图均衡化处理效果图

图 5-20（a）是待处理的原始图像，图 5-20（b）是自适应直方图均衡化后的图像，图 5-20（c）是原始图像的直方图，可以看出其像素值的灰度级主要分布在 0～200 之间，图 5-20（d）是自适应均衡化后的图像直方图，可以看出经过直方图处理后，像素点的灰度级均衡地分布在 0～255 范围内。另外，从图 5-20（b）中可以明显地看出灰度级阈值分块的情况。

小结

本章主要介绍图像灰度变换的基本方法，这些方法有二值化和阈值处理、灰度线性变换与分段线性变换、灰度非线性变换和灰度直方图。这些方法根据某种目标条件按照一定的变换关系逐点改变原图像中每一个像素的灰度值，从而使图像的显示效果更加清晰。灰度变换是图像增强处理技术中一种非常基础、直接的空间域图像处理方法。图像的对比度增强变换法与直方图修正法都是通过对原图像进行某种灰度变换，扩展灰度的动态范围，增强对比度，使图像变得更清晰。图像的对比度增强变换法就是改变图像像素的灰度值，以改变图像灰度的动态范围，增强图像的对比度。直方图修正法通过对原图像进行某种灰度变换，使变换后图像的直方图能均匀分布，这样就能使原图像中具有相近灰度且占有大像素点的灰度范围展宽，使大区域中的微小灰度变化显现出来，使图像更清晰。

习题

1．简述灰度变换的基本方法。
2．简述图像的二值化处理方法。
3．简述点运算与局部运算的差别。
4．令原图像 $f(x,y)$ 的灰度范围为[50,80]，线性变换后图像 $g(x,y)$ 的灰度范围为[20,180]，写出 $g(x,y)$ 与 $f(x,y)$ 之间存在的变换公式。
5．简述灰度统计直方图在数字图像处理中的应用。
6．编写程序实现灰度直方图的统计、显示。
7．简述实现 8 位位图的反色变换方法，并编程实现。
8．图像增强方法分为几大类？

第 6 章

图像平滑处理

6.1 概述

众所周知，实际获得的数字图像在形成、传输、接收和处理的过程中，不可避免地存在着外部干扰和内部干扰，如光电转换过程中敏感元件灵敏度的不均匀性、数字化过程的量化噪声、传输过程中的误差以及人为因素等，均会存在着一定程度的噪声干扰。噪声干扰一般是随机产生的，分布不规则，大小也不规则。

因此，消除图像噪声、恢复原始图像是图像处理中的一个重要内容。消除图像噪声的工作称为图像平滑滤波，目的是消除噪声，保留有用信号，降低干扰，改善图像质量。同时，在提取较大目标前，去除太小的细节，或将目标内的小间断连接起来，平滑滤波也起到模糊作用。平滑滤波使图像的低频分量增强，同时削弱高频分量，用于消除图像中的随机噪声，起到平滑作用。

对图像像素的处理方式上可以划分为点处理和区域处理。点处理是一种输出像素值仅取决于输入像素值的图像处理方法；区域处理的输出像素值不仅与输入的像素值有关，而且与输入像素在一定的范围内的相邻像素值有关。区域处理在数字图像处理中占有重要地位。区域处理在处理某一像素时，利用与该像素相邻的一组像素，经过某种变换得到处理后图像中某点的像素值。目标像素的邻域一般是由像素组成的二维矩阵，该矩阵的大小为奇数，目标像素位于该矩阵的中央，即目标像素就是区域的中心像素。经过处理后，目标像素的值为经过特定算法计算后所得的结果。

图像平滑常用的方法是采用区域处理，利用相邻的像素值进行均值滤波或中值滤波。均值滤波采用一个有奇数点的滑动窗口在图像上滑动，模板系数均为 1，窗口中心点所对应像素的灰度值用窗口内所有像素的平均值代替。若在取均值过程中，如果窗口规定了各个像素点所占的权重，也就是各个像素点的系数，则称为加权均值滤波。中值滤波常用窗口内所有像素的中间值代替。进行均值或中值滤波时，为了简便编程工作，可以定义一个 $N \times N$ 的模板数组。另外，在用窗口扫描图像的过程中，对于图像四个边缘的像素点，可以不处理；也可以用灰度值为 "0" 的像素点扩展图像的边缘。

6.2 噪声消除法

6.2.1 二值图像的黑白点噪声滤波

1. 理论基础

本程序消去二值图像 $f(i, j)$ 上的黑白噪声。设当前像素 $f(i, j)$ 周围的 8 个像素的平均值为 a 时，若 $|f(i, j)-a|$ 的值在 127.5 以上，则对 $f(i, j)$ 的黑白进行翻转，若不到 127.5 则 $f(i, j)$ 不变。

2. 函数说明

（1）retval=image.getdata(band=None) 将此图像的内容作为一个包含像素值的序列对象返回。该序列对象是平铺的，所以第一行的值直接跟在第 0 行的值之后，以此类推。

retval：包含像素值的序列的对象；

band：返回频段。默认是返回所有波段。要返回单个波段，需要传入索引值（例如，从 "RGB" 图像中获得 "R" 波段，则索引值为 0）。

（2）retval=image.putpixel(xy, color)用于修改 x，y 处的像素。

retval：返回一个修改后的图像；

xy：像素坐标，以（x, y）的形式给出；

value：像素值。

3. 编程代码

```
/***********************************************************
*函数名称：heibaidianzaosheng()
*功能：对二值图像的黑白点噪声滤波。
***********************************************************/
from PIL import ImageTk
from PIL import Image,ImageEnhance
    def heibaidianzaosheng():
    global sFilePath
    if sFilePath != 'start':
        img = Image.open(sFilePath)
    else:
        img = Image.open('sucai.jpg')
    img = img.convert('1')    #转换为灰度图
    data = img.getdata()
    w, h = img.size
    for i in range(1, w - 1):
        for j in range(1, h - 1):
            mid_pixel = data[w * j + i]    #中央像素点像素值
            average = int((data[w * (j - 1) + (i - 1)] + data[w * (j - 1) + i] + data[w * (j - 1) + (i
```

+ 1)] + data[w * j + (i - 1)]+ data[w * j + (i + 1)] + data[w * (j + 1) +
(i - 1)] + data[w * (j + 1) + i] + data[w * (j + 1) + (i + 1)]) / 8)
　　　　if abs(average - mid_pixel) > 127.5:
　　　　　　img.putpixel((i, j), average)
　img.save('result.jpg')

4. 效果展示

二值图像的黑白点噪声滤波效果如图 6-1 所示，左侧为原图，右侧为处理后的图。

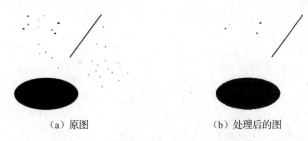

　　　　（a）原图　　　　　　　　　　（b）处理后的图

图 6-1　二值图像的黑白点噪声滤波效果

6.2.2　消除孤立黑像素点

1. 理论基础

一幅图像往往可能受到各种噪声源的干扰，这些噪声使图像表现为存在一些孤立像素点，它们像雪花飘落在画面上一样。本程序在二值图像 f 中消除孤立于周围的黑像素点（使其变成白色的）。像素的 4 点邻域和 8 点邻域关系如图 6-2 所示。

　　　4 点邻域　　　　　　8 点邻域

图 6-2　连通图

在 4 点邻域的情况下，若黑像素 $f(i, j)$ 的上下左右 4 个像素全为白色(255)，则 $f(i, j)$ 也取为 255。在 8 点邻域的情况下，若黑像素 $f(i, j)$ 的周围 8 个像素全为白色(255)，则 $f(i, j)$ 也取为 255。

2. 编程代码

```
/*****************************************************
*函数名称：xiaochugulidian()
*功能：对二值图像进行消除孤立黑像素点处理。
*****************************************************/
from PIL import ImageTk
from PIL import Image,ImageEnhance
```

```
def xiaochugulidian():
global sFilePath
if sFilePath != 'start':
    img = Image.open(sFilePath)
else:
    img = Image.open('sucai.jpg')
img = img.convert('1')    #转换为灰度图
data = img.getdata()
w, h = img.size
black_point = 0
for i in range(1, w - 1):
    for j in range(1, h - 1):
        mid_pixel = data[w * j + i]    #中央像素点像素值
        if mid_pixel == 0:    #找出上下左右4个方向像素点像素值
            top_pixel = data[w * (j - 1) + i]
            left_pixel = data[w * j + (i - 1)]
            down_pixel = data[w * (j + 1) + i]
            right_pixel = data[w * j + (i + 1)]
            #判断上下左右的黑色像素点总个数
            if top_pixel == 255:
                black_point += 1
            if left_pixel == 255:
                black_point += 1
            if down_pixel == 255:
                black_point += 1
            if right_pixel == 255:
                black_point += 1
            if black_point >= 3:
                img.putpixel((i, j), 255)    #更新图像的像素
            black_point = 0
img.save('result.jpg')
```

3. 效果展示

图像消除孤立黑像素点效果如图 6-3 所示，左侧为原始图像，右侧为处理后的图像。

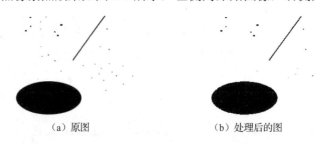

（a）原图   （b）处理后的图

图 6-3　消除孤立黑像素点效果图

从图 6-3 可知，4 点邻域的情况下没有删除全部噪声，这是由于这些噪声并不是孤立的，在放大图像下可以看到。由于 8 点邻域要求的条件更加苛刻，因此不能满足条件的噪声要比 4 点邻域的多，留下的噪声也多。

6.3 邻域平均法

一幅图像往往受到各种噪声的干扰，噪声常为一些孤立的像素点，往往是叠加在图像上的随机噪声，像雪花使图像被污染，而图像灰度应该是相对连续变化的，一般不会突然变大或变小，这种噪声可以用邻域平均法使它得到抑制。噪声点像素的灰度与它们的邻近像素有显著不同，根据噪声点的这一空间特性，这里用邻域平均法和阈值平均法。

$f(i,j)$像素与周围邻域之间的相互关系为：

$f(i-1,j-1)$	$f(i-1,j)$	$f(i-1,j+1)$
$f(i,j-1)$	$f(i,j)$	$f(i,j+1)$
$f(i+1,j-1)$	$f(i+1,j)$	$f(i+1,j+1)$

邻域平均法是一种利用模板对图像进行模板操作（卷积运算）的方法，常用的 3×3 和 5×5 模板如图 6-4 所示。

$$\frac{1}{9}\begin{bmatrix} 1 & 1 & 1 \\ 1 & 1^* & 1 \\ 1 & 1 & 1 \end{bmatrix} \qquad \frac{1}{25}\begin{bmatrix} 1 & 1 & 1 & 1 & 1 \\ 1 & 1 & 1 & 1 & 1 \\ 1 & 1 & 1^* & 1 & 1 \\ 1 & 1 & 1 & 1 & 1 \\ 1 & 1 & 1 & 1 & 1 \end{bmatrix}$$

(a) 3×3 模板 (b) 5×5 模板

图 6-4　平均模板

均值滤波器的滤波原理是在图像上，对待处理的像素给定一个模板，该模板包括了其周围的邻近像素，用模板中的全体像素的均值来替代原来的像素值。均值滤波器对高斯噪声的滤波效果较好，对椒盐噪声的滤波效果不好。这是由于高斯噪声是正态分布，分布在每点像素上，但噪声均值为 0，所以均值滤波对消除高斯噪声效果很好。由于椒盐噪声随机分布在不同的位置上，图像中有干净点也有污染点。噪声的均值不为 0，所以均值滤波不能很好地去除椒盐噪声。

邻域平均法通过一点和邻域内像素点求平均值来去除突变的像素点，优点是算法简单，计算速度快，代价是会造成图像一定程度上的模糊。所取的邻近像素点越多，平滑处理的效果越好，但会使轮廓变得模糊。如果窗口内各点的噪声是独立等分布的，经过这种方法平滑处理后，信噪比可提高。在此算法中，窗口不宜过大，因为窗口过大对速度有直接影响，且变换后的图像会更模糊，特别是在边缘和细节处。由于轮廓线往往是图像中含有重要信息的部分，虽然抑制了高频成分，但也使图像变得模糊，所以在平滑处理中要解决的主要矛盾是如何既能消除噪声，又能保持轮廓尽可能不模糊。

改进的方法在于如何选择邻域大小、形状和方向；如何选择参加平均计算的点数；如何选择邻域各点的权重系数等。邻域加权平均法在这些模板中引入了加权系数，以区分邻域中不同位置像素对输出像素值的影响，常称其为加权模板，如图 6-5 所示。

高斯模板也是一种加权模板，并且它是按二维正态分布进行加权的，也是一种常用的低通卷积模板。有着一些良好的特性，如图 6-6 所示。

$$\frac{1}{4}\begin{bmatrix} 0 & 1 & 0 \\ 1 & 0 & 1 \\ 0 & 1 & 0 \end{bmatrix} \quad \frac{1}{10}\begin{bmatrix} 1 & 1 & 1 \\ 1 & 2 & 1 \\ 1 & 1 & 1 \end{bmatrix} \quad \frac{1}{8}\begin{bmatrix} 0 & 1 & 0 \\ 1 & 0 & 1 \\ 1 & 1 & 1 \end{bmatrix} \qquad \frac{1}{16}\begin{bmatrix} 1 & 2 & 1 \\ 2 & 4 & 2 \\ 1 & 2 & 1 \end{bmatrix}$$

图 6-5　加权模板　　　　　　　　图 6-6　高斯模板

利用模板卷积的方法实现对原图的滤波，可表示为：

$$g(x,y) = W * f(u,v)$$

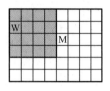

卷积处理过程如图 6-7 所示，步骤如下：

① 将模板在图中漫游，并将模板中心与图中某个像素位置重合；

② 将模板上系数与模板下对应像素相乘；

③ 将所有乘积相加；

图 6-7　卷积处理过程

④ 将和赋给图中对应模板中心位置的像素。

6.3.1　3×3 均值滤波

1. 理论基础

在 $f(i,j)$ 上按行（或列）对每个像素选取 3×3 尺寸的邻域，并用邻域中邻近像素的平均灰度来置换这一像素值，对全部像素进行处理后可获得 $g(x,y)$。3×3 均值滤波处理是以图像模糊为代价来换取噪声的减小的，且面积（即模板大小）越大，噪声减少越显著。如果 $f(i,j)$ 是噪声点，其邻近像素灰度与之相差很大，一旦用简单邻域平均法，即邻近像素的平均值来置换它，能明显地将噪声点压制下去，使邻域中灰度接近均匀，起到平滑灰度的作用，因此，邻域平均法具有显著的平滑噪声的效果，邻域平均法是一种平滑技术。

2. 函数说明

（1）在 OpenCV 中提供了 cv2.blur()函数来实现图像的均值滤波。其一般格式为：

```
retval = cv2. blur (src,ksize,anchor,borderType)
```

retval：表示返回的均值滤波处理结果；

src：表示原始图像，该图像不限制通道数目；

ksize：表示滤波卷积核的大小；

anchor：表示图像处理的锚点，其默认值为（-1,-1），表示位于卷积核中心点，通常直接使用默认值即可；

borderType：表示以哪种方式处理边界值，通常直接使用默认值即可。

3. 编程代码

```
/*******************************************************
*函数名称：junzhilvbo_3()
*功能：对图像进行 3×3 均值滤波处理。
*******************************************************/
import cv2
```

```
def junzhilvbo_3():
    global sFilePath
    if sFilePath != 'start':
        img = cv2.imread(sFilePath)
    else:
        img = cv2.imread('sucai.jpg')
    result = cv2.blur(img, (3, 3))
    cv2.imwrite("result.jpg", result)
```

4. 效果展示

图像 3×3 邻域平均法效果如图 6-8 所示，左侧为原始图像，右侧为处理后的图像。可见噪声强度减弱。

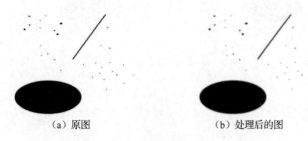

（a）原图　　　　　　　　　（b）处理后的图

图 6-8　图像 3×3 邻域平均法效果图

6.3.2　N×N 均值滤波

1. 理论基础

在本程序中当灰度图像 f 中以像素 $f(i,j)$ 为中心的 $N×N$ 屏蔽窗口(N=3,5,7,…)内平均灰度值为 a 时，无条件做 $f(i,j)=a$ 处理，N 由用户给定，且取 N 值越大，噪声减少越明显。但"平均"是以图像的模糊为代价的。

2. 编程代码

```
/***********************************************************
*函数名称：junzhilvbo_N()
*功能：对图像进行 N×N 均值滤波处理。
***********************************************************/
import cv2
def junzhilvbo_N():
    global sFilePath
    if sFilePath != 'start':
        img = cv2.imread(sFilePath)
    else:
        img = cv2.imread('sucai.jpg')
    title = "NxN 均值滤波"
    msg = '请输入一个奇数 N'
```

```
N = int(easygui.enterbox(msg, title))
result = cv2.blur(img, (N,N))
cv2.imwrite("result.jpg", result)
```

3. 效果展示

图像 7×7 均值滤波效果如图 6-9 所示，左侧为原始图像，右侧为处理后的图像。可见噪声强度减弱。

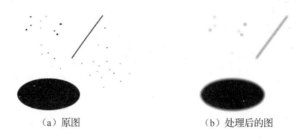

（a）原图 　　　　　　　　　（b）处理后的图

图 6-9　图像 7×7 均值滤波效果图

6.3.3　超限邻域平均法

1. 理论基础

邻域平均法虽然简单，但它存在着边缘模糊的效应，本来不是噪声的边缘处应该保留原有的灰度差，而邻域平均法使边缘处的灰度趋向均匀，造成了边缘模糊，为了减少模糊效应，寻求改进的途径，力图找到清除噪声和边缘模糊这对矛盾的最佳统一。

阈值的邻域平均法以某个灰度值 T 作为阈值，如果某个像素的灰度大于其邻近像素的平均值，并超过阈值，才使用平均灰度置换这个像素灰度，它的数学表达式：

$$g(i,j) = \begin{cases} \bar{f}(i,j) & 若(\bar{f}(i,j) = f(i,j) - \bar{f}(i,j)) > T, \\ f(i,j) & 其他 \end{cases} \qquad (6\text{-}1)$$

式（6-1）表明，若某点值与其邻域平均值相差超过 T，则用平均值代替，进行平均处理，可去除噪声；否则还保留原值，不进行平均处理，从而减少模糊。这种算法对抑制椒盐噪声比较有效，同时也能较好地保护仅有微小灰度差的图像细节。

2. 函数说明

（1）在 OpenCV 中，cv2.cvtColor()函数用于实现色彩空间转换，其一般格式为：

```
retval = cv2.cvtColor(src, code [, dstCn])
```

retval：表示与输入值具有相同类型和深度的输出图像；

src：表示原始输入图像；

code：是色彩空间转换码，常见的枚举值有 cv2.cvtColor_BGR2RGB、cv2.cvtColor_BGR2GRAY、cv2.cvtColor_BGR2HSV、cv2.cvtColor_BGR2YCrCb、cv2.cvtColor_BGR2HLS；

dstCn：表示目标图像的通道数。

3. 编程代码

```
/******************************************************
*函数名称：chaoxianlinyupingjunfa()
*功能：超限邻域平均法。
******************************************************/
import cv2
import numpy as np
def chaoxianlinyupingjunfa():
    global sFilePath
    if sFilePath != 'start':
        myimg = cv2.imread(sFilePath)
    else:
        myimg = cv2.imread('sucai.jpg')
    title = "请输入一个阈值 T"
    msg = '请输入一个阈值 T'
    T = int(easygui.enterbox(msg, title))
    img = cv2.cvtColor(myimg, cv2.COLOR_BGR2GRAY)
    w = img.shape[1]
    h = img.shape[0]
    newimg = np.array(img)
    a = 1 / 8.0
    kernel = a * np.array([[1, 1, 1], [1, 0, 1], [1, 1, 1]])
    for i in range(1, h-1):
        for j in range(1, w-1):
            lbimg = np.sum(kernel * newimg[i - 1:i + 2, j - 1:j + 2])
            if (np.abs(newimg[i, j] - lbimg)) > T:
                newimg[i, j] = lbimg
    rImg = np.array(newimg, np.uint8)
    cv2.imwrite("result.jpg", rImg)
```

4. 效果展示

图像超限邻域平均法处理效果如图 6-10 所示，本例选取阈值为 10。左侧为原始图像，右侧为处理后的图像。可见噪声强度减弱。

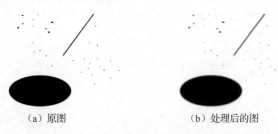

(a) 原图　　　　　　　　(b) 处理后的图

图 6-10　超限邻域平均法处理效果图（阈值为 10）

6.3.4 方框滤波

1. 理论基础

除均值滤波之外，OpenCV 还提供了方框滤波的方式。与均值滤波的不同在于，方框滤波不仅仅只计算像素均值。在方框滤波中，可以选择是对均值滤波的结果进行归一化，还是只计算邻域像素值之和。如果要对均值滤波的结果进行归一化，则卷积核的形式如下。

$$M = \frac{1}{3 \times 3} \begin{bmatrix} 1 & 1 & 1 \\ 1 & 1 & 1 \\ 1 & 1 & 1 \end{bmatrix}$$

如果不对滤波结果进行归一化，只是计算邻域像素值之和，则其卷积核如下。

$$M = \begin{bmatrix} 1 & 1 & 1 \\ 1 & 1 & 1 \\ 1 & 1 & 1 \end{bmatrix}$$

2. 函数说明

在 OpenCV 中提供了 cv2.boxFilter() 函数来实现图像的方框滤波。其一般格式为：

```
dst = cv2.boxFilter (src,depth,ksize,anchor,normalize,borderType)
```

dst：表示返回的方框滤波处理结果；

src：表示原始图像，该图像不限制通道数目；

depth：表示处理后图像的深度，一般使用-1 表示与原始图像相同的深度；

ksize：表示滤波卷积核的大小；

anchor：表示图像处理的锚点，其默认值为(-1,-1)，表示位于卷积核中心点；

normalize：表示是否进行归一化操作；

borderType：表示以哪种方式处理边界值。

通常情况下，在使用方框滤波时，anchor、normalize 和 borderType 参数直接使用默认值即可。

3. 编程代码

```
/************************************************************
*函数名称：fangkuanglvbo
*功能：图像的方框滤波处理。
*************************************************************/
import cv2
def fangkuanglvbo():
    global sFilePath
    if sFilePath != 'start':
        image = cv2.imread(sFilePath)
    else:
```

```
image = cv2.imread('sucai.jpg')
#定义卷积核为 5*5，normalize=0 不进行归一化
box5_0 = cv2.boxFilter(image, -1, (5, 5), normalize=0)
#定义卷积核为 2*2，normalize=0 不进行归一化
box2_0 = cv2.boxFilter(image, -1, (2, 2), normalize=0)
#定义卷积核为 5*5，normalize=1 进行归一化
box5_1 = cv2.boxFilter(image, -1, (5, 5), normalize=1)
#定义卷积核为 2*2，normalize=1 进行归一化
box2_1 = cv2.boxFilter(image, -1, (2, 2), normalize=1)
cv2.imwrite('result.jpg', image)
    cv2.imshow("box5_0    5x5", box5_0)    #显示滤波后的图像
    cv2.imshow("box2_0    2x2", box2_0)    #显示滤波后的图像
    cv2.imshow("box5_1    2x2", box5_1)    #显示滤波后的图像
    cv2.imshow("box2_1    5x5", box2_1)    #显示滤波后的图像
```

4. 效果展示

图像方框滤波处理效果如图 6-11 所示。

（a）原图　　　　　　　　　　　（b）5×5 未归一化方框滤波结果

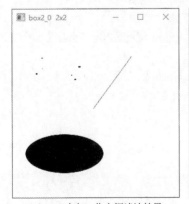

（c）2×2 未归一化方框滤波结果　　（d）5×5 归一化方框滤波结果　　（e）2×2 归一化方框滤波结果

图 6-11　方框滤波处理效果图

在图 6-11 中，图 6-11（a）是原始图像。图 6-11（b）是 5×5 的未归一化方框滤波结果，

像素和的最大值有的因超出了 255 被截断，所以显示为白色图像；图 6-11（c）是 2×2 未归一化方框滤波结果，像素和没有超出 255，但是较多的像素值偏大，所以图像整体偏白；图 6-11（d）是 5×5 归一化方框滤波的结果，相对于图 6-11（b），其显示结果为较多的噪声；图 6-11（e）是归一化的 2×2 方框滤波结果，相较于图 6-11（c）显示出较多的噪声。

6.4　高斯滤波

1. 理论基础

图像的平滑滤波就是定义一个 $N×N$ 的矩阵，分别按照一定的算法与像素值进行运算，得到图像平滑的结果。不同的滤波器，其作为与原始图像相运算的矩阵（也叫卷积核）不同。在高斯滤波中，按照与中心点的距离的不同，赋予像素点不同的权重值，靠近中心点的权重值较大，远离中心点的权重值较小，在此基础上计算邻域内各个像素值不同权重值的和。

0.05	0.10	0.05
0.10	0.40	0.10
0.05	0.10	0.05

图 6-12　一个 3×3
的高斯卷积核

在高斯滤波中，卷积核中的值按照距离中心点的远近分别赋予不同的权重值，图 6-12 所示为一个 3×3 的高斯卷积核。

在定义卷积核时需要注意的是，如果采用小数定义权重值，其各个权重值的累加值要等于 1。

2. 函数说明

在 OpenCV 中提供了 cv2.GassianBlur()函数来实现图像的高斯滤波。其一般格式为：

dst = cv2.GassianBlur (src,ksize,sigmaX, sigmaY,borderType)

dst：表示返回的高斯滤波处理结果；

src：表示原始图像，该图像不限制通道数目；

ksize：表示滤波卷积核的大小，需要注意的是滤波卷积核的数值必须是奇数。

sigmaX：表示卷积核在水平方向上的权重值。

sigmaY：表示卷积核在垂直方向上的权重值。如果 sigmaY 被设置为 0，则通过 sigmaX 的值得到，但是如果两者都为 0，则通过如下方式计算得到：

$$sigmaX = 0.3×[(ksize.width−1)×0.5−1]+0.8$$
$$sigmaY = 0.3×[(ksize.height−1)×0.5−1]+0.8$$

borderType：表示以哪种方式处理边界值。

3. 编程代码

```
/************************************************************
*函数名称：gaosilvbo()
*功能：对图像进行高斯滤波处理。
************************************************************/
import cv2
def gaosilvbo():
```

```
global sFilePath
if sFilePath != 'start':
        image = cv2.imread(sFilePath)
else:
        image = cv2.imread('sucai.jpg')
#定义卷积核为5*5，采用自动计算权重的方式实现高斯滤波
gauss = cv2.GaussianBlur(image, (5, 5), 0, 0)
cv2.imwrite('result.jpg', gauss)
```

4. 效果展示

图像高斯滤波处理效果如图 6-13 所示。从图中可以看出相对于图 6-18（a），图 6-18（b）的噪声得到了明显的抑制，但是图像也变得比较模糊，这正是高斯滤波也叫作高斯模糊的原因。

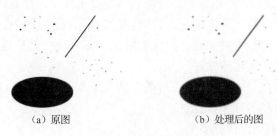

（a）原图　　　　　　　（b）处理后的图

图 6-13　高斯滤波处理效果图

6.5　中值滤波

邻域平均法属于低通滤波的处理方法。它在抑制噪声的同时使图像变得模糊，即图像的细节（例如边缘信息）被削弱，因而造成视觉上的失真。如果目的只是把干扰去除，而不是刻意让图像模糊，那么中值滤波能够抑制噪声又可以保持细节，是比较好的选择。

中值滤波将窗口中奇数个数据按大小顺序排列，处于中心位置的数据作为处理结果。一般采用一个含有奇数个点的滑动窗口，用窗口中各点灰度值的中值来替代指定点（一般是窗口的中心点）的灰度值。假设窗口内有 5 个点，其值依次为[1，4，6，0，7]，重新排序后（从小到大）为[0，1，4，6，7]，则 Med[1，4，6，0，7]=4。

二维中值滤波可由式（6-2）表示：

$$y_i = \mathrm{med}\{f_{ij}\} \qquad\qquad (6\text{-}2)$$

图像中值滤波示意图如图 6-14 所示，取 3×3 窗口，从小到大排列：

33　200　201　202　205　206　207　208　210

取中间值 205，代替原来的数值 202

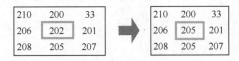

图 6-14　图像中值滤波示意图

二维中值滤波的窗口形状和尺寸设计对滤波的效果影响较大，不同的图像内容和不同的应用要求，往往采用不同的形状和尺寸。窗口尺寸一般先用 3×3，再取 5×5，逐渐增大，直到其滤波效果满意为止。

对于奇数个元素，中值是指按大小排序后，中间的数值；对于偶数个元素，中值是指排序后中间两个元素灰度值的平均值。模板操作后中间序号的取值为：

3×3 模板：中间值序号是 5；

5×5 模板：中间值序号是 13；

7×7 模板：中间值序号是 25；

9×9 模板：中间值序号是 41。

常用的二维中值滤波窗口有线状、方形、圆形、十字形及圆环形等。就一般经验来讲，对于有缓变的较长轮廓线物体的图像，采用方形或圆形窗口为宜，对于包含有尖顶角物体的图像，适宜用十字形窗口。滤波窗口大小的选择，一般以不超过图像中最小有效物体的尺寸为宜。

中值滤波器的滤波原理是在图像中，对待处理的像素给定一个模板，该模板包括了其周围的邻近像素。取模板中排在中间位置上的像素的灰度值替代待处理像素的值，就可以达到滤除噪声的目的。中值滤波实现步骤：

① 将模板在图中漫游，并将模板中心与图中某个像素位置重合；

② 读取模板下各对应像素的灰度值；

③ 将这些灰度值从小到大排成 1 列；

④ 找出这些值里排在中间的 1 个；

⑤ 将这个中间值赋给对应模板中心位置的像素。

中值滤波器对椒盐噪声的滤波效果较好，对高斯噪声的处理效果不好。由于椒盐噪声幅值近似相等但随机分布在不同位置上，图像中有干净点也有污染点，使用中值滤波时，被污染的点一般不处于中值的位置，即选择适当的点来替代污染点的值，所以处理效果好。高斯噪声幅值近似正态分布，但分布在每点像素上，找不到干净的点来替代被污染的点，故处理效果不好。

5.1　*N×N* 中值滤波

1. 理论基础

本程序计算灰度图像 f 中以像素 $f(i, j)$ 为中心的 $N×N$ 屏蔽窗口（N=3，5，7，…）内灰度的中值为 u，无条件做 $f(i, j)=u$ 处理，n 由用户给定。

2. 函数说明

在 OpenCV 中提供了 cv2.medianBlur()函数来实现图像的中值滤波。其一般格式为：

```
retval = cv2. medianBlur (src,ksize)
```

retval：表示返回的方框滤波处理结果；

src：表示原始图像，该图像不限制通道数目；

ksize：表示滤波卷积核的大小。

3. 编程代码

```
/*************************************************
*函数名称：zhongzhilvbo_N()
*功能：对图像进行 N×N 中值滤波处理。
*************************************************/
        import cv2
        def zhongzhilvbo_N():
        global sFilePath
        if sFilePath != 'start':
            img = cv2.imread(sFilePath)
        else:
            img = cv2.imread('sucai.jpg')
        title = 'N×N 中值滤波'
        msg = '请输入一个奇数 N'
        N = int(easygui.enterbox(msg, title))
        result = cv2.medianBlur(img,N)
        cv2.imwrite("result.jpg", result)
```

4. 效果展示

图像 5×5 中值滤波处理效果图如图 6-15 所示。（a）为原始图像，（b）为处理后的图像。

    （a）原图   （b）处理后的图

图 6-15　5×5 中值滤波处理效果图

6.5.2　十字形中值滤波

1. 理论基础

本程序计算灰度图像 f 中以像素 $f(i,j)$ 为中心的十字形屏蔽窗口（十字形的纵向和横向长度均为 N，$N=3$，5，7，…）内灰度值的中值 u，无条件做 $f(i,j)=u$ 处理，N 由用户给定。5×5 十字形中值滤波器如图 6-16 所示。

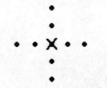

图 6-16　5×5 十字形中值滤波器

2. 编程代码

```
/************************************************************
*函数名称：shizizhongzhilvbo()
*功能：对图像进行十字形中值滤波处理。
*************************************************************/
import cv2
import numpy as np
def shizizhongzhilvbo():
    global sFilePath
    if sFilePath != 'start':
        img = cv2.imread(sFilePath,cv2.IMREAD_GRAYSCALE)
    else:
        img = cv2.imread('sucai.jpg',cv2.IMREAD_GRAYSCALE)
    title = '十字形中值滤波'
    msg = '请输入一个奇数 N(>=3)'
    P = int(easygui.enterbox(msg, title))
    #调用十字形中值滤波函数
    result = median_filtering(img,P)
    cv2.imwrite('result.jpg',result)
/************************************************************
*函数名称：median_filtering(input_signal,P)
变量说明：input_signal：输入进来的图像；
*P：十字形的纵向和横向的长度；
*返回值：input_signal_cp：输出图像。
*功能：对图像进行十字形中值滤波调用的方法。
*************************************************************/
import numpy as np
def median_filtering(input_signal,P):
N = (P - 1) // 2


h= input_signal.shape[0]
w= input_signal.shape[1]    #获取输入图片的尺寸（行和列）
input_signal_cp = input_signal.copy()    #输入信号的副本
nosiy_data_around = []    #存放噪点上下左右的数据点
#遍历滤波
for i in range(N, h- N):
    for j in range(N, w- N):
        nosiy_data_around.append(input_signal_cp[i, j])
        for k in range(N):
            nosiy_data_around.append(input_signal_cp[i + k + 1, j])
            nosiy_data_around.append(input_signal_cp[i - k - 1, j])
            nosiy_data_around.append(input_signal_cp[i, j + k + 1])
            nosiy_data_around.append(input_signal_cp[i, j - k - 1])
        input_signal_cp[i, j] = np.median(nosiy_data_around)
        #该噪点的周围数据数组清空，为下一个噪点周围数据存在做准备
        nosiy_data_around = []
return input_signal_cp
```

3. 效果展示

图像十字形中值滤波处理效果图如图 6-17 所示。左侧为原始图像，右侧为处理后的图像。

（a）原图　　　　　　　　　（b）处理后的图

图 6-17　十字形中值滤波处理效果图

6.5.3　*N*×*N* 最大值滤波

1. 理论基础

本程序计算灰度图像 *f* 中以像素 $f(i, j)$ 为中心的 *N*×*N* 屏蔽窗口（*N*=3，5，7，…）内灰度值的最大值 *u*，无条件做 $f(i, j)=u$ 处理，*N* 由用户给定。

2. 函数说明

（1）retval=cv2.copyMakeBorder(src, top, bottom, left, right, borderType)用来给图片添加边框。

retval：返回带边框的图像；

src：要处理的原图；

top, bottom, left, right：上下左右要扩展的像素数；

borderType：边框类型，类型有 cv2.BORDER_CONSTANT、cv2.BORDER_REFLECT、cv2.BORDER_REFLECT_101、cv2.BORDER_REPLICATE、cv2.BORDER_WRAP。如果边框类型是 cv2.BORDER_CONSTANT 则需要设置边框颜色 value 的值。

（2）min_val, max_val, min_loc, max_loc = cv2.minMaxLoc(ret)

该函数用来找出矩阵中的最大值和最小值以及对应的坐标位置。

min_val：最小值；

max_val：最大值；

min_loc：最小值坐标；

max_loc：最大值坐标；

ret：输入矩阵。

3. 编程代码

```
/*********************************************************
*函数名称：zuidazhilvbo_N()
*功能：对图像进行 N×N 最大值滤波。
*********************************************************/
```

```
import cv2
from PIL import ImageTk
from PIL import Image,ImageEnhance
def zuidazhilvbo_N():
    global sFilePath
    if sFilePath != 'start':
        img = cv2.imread(sFilePath)
    else:
        img = cv2.imread('sucai.jpg')
    title = 'N×N 最大值滤波'
    msg = '请输入一个奇数 N'
    ksize = int(easygui.enterbox(msg, title))
    d#获取图像的宽高以及通道数
    h, w, c= img.shape
    if c== 3:
        #灰度化
        img = cv2.cvtColor(img, cv2.COLOR_BGR2GRAY)
    padding = (ksize - 1) // 2
    new_img = cv2.copyMakeBorder(img, padding, padding, padding, padding, cv2.BORDER_CONSTANT,
value=255)
    for i in range(h):
        for j in range(w):
            #从 new_img 中截取 ksize*ksize 的矩阵复制给 roi_img
            roi_img = new_img[i:i + ksize, j:j + ksize].copy()
            #求这个矩阵的最小值、最大值,并得到最小值、最大值的索引
            min_val, max_val, min_index, max_index = cv2.minMaxLoc(roi_img)
            #将最大值赋给中心点
            img[i, j] = max_val
    cv2.imwrite('result.jpg', img)
```

4. 效果展示

图像 3×3 最大值滤波处理效果图如图 6-18 所示。左侧为原始图像,右侧为处理后的图像。

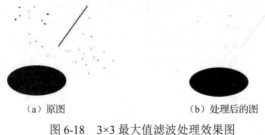

（a）原图　　　　　　　　　　（b）处理后的图

图 6-18　3×3 最大值滤波处理效果图

6.6 **双边滤波**

1. 理论基础

前面的滤波方法虽然可以完成对图像的滤波作用，但是并不能很好地保护图像边缘信

息，双边滤波的出现刚好解决了这个问题，它在滤波过程中可以有效保护图像的边缘信息。

双边滤波器是一种非线性滤波器，它可以起到保持边缘、降噪平滑的效果。双边滤波采用加权平均的方法，用周边像素亮度值的加权平均代表某个像素的强度，所用的加权平均基于高斯分布。最重要的是，双边滤波的权重不仅考虑了像素的欧氏距离，还考虑了像素范围域中的辐射差异，例如卷积核中像素与中心像素之间的相似程度、颜色强度、深度距离等，在计算中心像素的时候同时考虑这两个权重。

高斯滤波以距离为权重，设计滤波系数，只考虑空间位置上的关系，丢失边缘信息。双边滤波在高斯基础上叠加了像素值的考虑，将滤波器的权系数分解设计为空域滤波器的权系数和图像亮度差的权系数，将新的权系数再与图像信息做卷积运算。

双边滤波器最早被用于图像处理中轮廓特征保持的去噪，在处理相邻各像素的灰度值时，不仅考虑到了几何空间上的邻近关系，也考虑到了亮度上的相似性。通过对二者的非线性组合，处理过的图像在滤除背景噪声的同时还能够很好地保留图像的边缘信息。

空间距离：当前点 (x_i, y_i) 距离模板中心点 (x_c, y_c) 的欧式距离 W_d 为

$$W_d(x_i, y_i) = e^{-\frac{(x_i - x_c)^2 + (y_i - y_c)^2}{2\sigma^2}} \tag{6-3}$$

灰度距离：当前点 (x_i, y_i) 距离模板中心点 (x_c, y_c) 的灰度差值的绝对值 W_r 为

$$W_r(x_i, y_i) = e^{-\frac{(\text{gray}(x_i, y_i) - \text{gray}(x_c, y_c))^2}{2\sigma^2}} \tag{6-4}$$

双边滤波器的权重可以表示为

$$W(x_i, y_i) = W_d(x_i, y_i) \times W_r(x_i, y_i)$$

双边滤波卷积可以表示为

$$\text{BF}[I]_{(x_c, y_c)} = \frac{1}{W_c} \sum_{i \in S} W_d(x_i, y_i) \times W_r(x_i, y_i) \times I(x_c, y_c) \tag{6-5}$$

W_c 表示为归一化因子，S 为卷积范围。

由上式可知，双边滤波器的权重系数是由几何分布因子 W_d 和灰度分布因子 W_r 共同决定的。W_d 的大小决定窗口中高斯函数包含的像素个数，W_d 变大时，作用的像素变多，导致图像变得越模糊；而 W_r 则可以对 W_d 的变化做出补偿。例如，当 W_d 变大时，结合的像素会变多，图像本应变模糊，但由于 W_r 的限制，那些亮度差值大于 W_r 的像素间将不进行亮度的结合运算，所以极大程度上保证了图像中处于高频边缘处的亮度信息得以保留，而且不会和其相邻的非边缘亮度做运算，同时还去除了高频的噪声。这种算法的优点是不需要进行繁杂的迭代运算，尤其是当窗口较大时，可以在保证图像滤波器效果很好的同时，极大降低滤波过程的计算时间和计算量。

可以看出双边滤波器与普通的平滑滤波器有着直接联系，它是对图像的空间邻近度与亮度和色彩相似度的一种折中处理。在高斯平滑滤波器中，权重 W_d 的大小取决于像素与中心像素的距离的平方——距离越大，权重值越小。这意味着某些像素比其他像素具有更大的影响力，处于掩模中心位置的像素，其权重值最大。在高斯计算中，距离掩模中心位置越近的像素起到的作用越大。与之相反，权重 W_r 是基于像素与中心像素在图像亮度与色彩上的差（即相似度）的平方计算的——差值越大，权重值越小。这意味着不管此像素离掩模中心像素的距离远近如何，其对高斯计算结果的影响都会较小。

双边滤波的核函数是空间域核与像素范围域核的综合结果：

① 平坦区域，变化很小，差值接近于 0，范围域权重接近于 1，空间域权重起作用，相当于进行高斯模糊；

② 边缘区域，像素差值大，像素范围域权重变大，即使距离远空间域权重小，加上像素域权重总的系数也较大，从而保护了边缘信息。在突变的边缘上，使用了像素差权重，所以很好地保留了边缘信息。

双边滤波在计算某个像素点时不仅考虑距离信息，还会考虑色差信息，这种计算方式可以在有效去除噪声的同时保护边缘信息。

在通过双边滤波处理边缘的像素点时，与当前像素点色差较小的像素点会被赋予较大的权重。相反，色差较大的像素点会被赋予较小的权重，双边滤波正是通过这种方式保护了边缘信息。

2. 函数说明

在 OpenCV 中提供了 cv2.bilateralFilter() 函数来实现图像的双边滤波。其一般格式为：

```
dst = cv2.bilateralFilter (src,d,sigmaColor,sigmaSpace,borderType)
```

dst：表示返回的双边滤波处理结果；

src：表示原始图像，该图像不限制通道数目；

d：表示在滤波时选取的空间距离参数，表示以当前像素点为中心点的半径，在实际应用中一般选取 5；

sigmaColor：表示双边滤波时选取的色差范围；

sigmaSpace：表示坐标空间中的 sigma 值，它的值越大，表示越多的点参与滤波；

borderType：表示以何种方式处理边界。

3. 编程代码

```
/************************************************************
*函数名称：shuangbianlvbo()
*功能：对图像进行双边滤波操作。
************************************************************/
import cv2
def shuangbianlvbo():
    global sFilePath
    if sFilePath != 'start':
        image = cv2.imread(sFilePath)
    else:
        image = cv2.imread('sucai.jpg')
    gauss = cv2.GaussianBlur(image, (5, 5), 0, 0)   #对图像进行高斯滤波
    bilateral = cv2.bilateralFilter(image, 11, 255, 50)   #对图像进行双边滤波
    cv2.imshow("gauss", gauss)   #显示滤波后的图像
    cv2.imshow("bilateral", bilateral)   #显示滤波后的图像
```

4. 效果展示

图像的双边滤波处理效果图如图 6-19 所示。图 6-19（a）为原始图像，图 6-19（b）为高

斯滤波处理后的图像，图 6-19（c）为双边滤波处理后的图像。可以看出双边滤波有效地保护了边缘信息。

  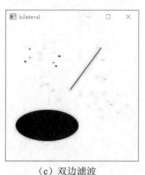

（a）原图　　　　　　　　（b）高斯滤波　　　　　　　（c）双边滤波

图 6-19　双边滤波处理效果图

6.7　2D 卷积核的实现

1. 理论基础

虽然 OpenCV 提供了多种滤波方式来实现平滑图像的效果，并且绝大多数滤波方式所使用的卷积核都能方便地设置卷积核的大小和数值。但是，这里有时希望使用特定的卷积核实现卷积操作，这就是所谓的自定义卷积核实现图像的平滑处理。

2. 函数说明

在 OpenCV 中，允许用户使用自定义卷积核实现卷积操作，提供的函数是 cv2.filter2D()，其一般格式为：

```
dst = cv2. filter2D (src, d, kernel, anchor, delta, borderType)
```

dst：表示返回的双边滤波处理结果；

src：表示原始图像，该图像不限制通道数目；

d：表示处理结果图像的图像深度，一般使用-1 表示与原始图像使用相同的图像深度；

kernel：表示一个单通道的卷积核；

anchor：表示图像处理的锚点，其默认值为(-1,-1)，表示位于卷积核中心点；

delta：表示修正值，可选。如果该值存在，会在滤波的基础上加上该值作为最终的滤波处理结果；

borderType：表示以何种情况处理边界。

在一般情况下，使用 cv2.filter2D()函数时，参数 anchor、delta 和 borderType 采用默认值即可。

3. 编程代码

```
/********************************************************
*函数名称：juanjihe()
```

```
*功能：对图像进行 2D 卷积核操作。
**********************************************************/
import cv2
import numpy as np
def juanjihe():
    global sFilePath
    if sFilePath != 'start':
        image = cv2.imread(sFilePath)
    else:
        image = cv2.imread('sucai.jpg')
    k1 = np.ones((13, 13), np.float32) * 3 / (13 * 13)    #设置 13×13 的卷积核
    k2 = np.ones((9, 9), np.float32) * 2 / 81             #设置 9×9 的卷积核
    k3 = np.ones((5, 5), np.float32) / 25                 #设置 5×5 的卷积核
    out1 = cv2.filter2D(image, -1, k1)                   #利用设置 13×13 卷积核进行滤波
    out2 = cv2.filter2D(image, -1, k2)                   #利用设置 9×9 卷积核进行滤波
    out3 = cv2.filter2D(image, -1, k3)                   #利用设置 5×5 卷积核进行滤波
    cv2.imshow("out3 13x13", out1)                       #显示滤波后的图像
    cv2.imshow("out2 9x9", out2)                         #显示滤波后的图像
    cv2.imshow("out1 5x5", out3)
```

4．效果展示

图像的 2D 卷积核处理效果如图 6-20 所示。

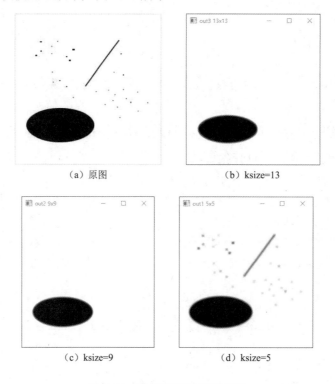

（a）原图   （b）ksize=13

（c）ksize=9   （d）ksize=5

图 6-20　2D 卷积核处理效果图

图 6-20（a）是原始图像；图 6-20（b）是采用自定义的大小为 13×13、值为 3 的卷积核

得到的滤波图像；图6-20（c）是采用自定义的大小为9×9、值为2的卷积核得到的滤波图像；图6-20（d）是采用自定义的大小为5×5、值为1的卷积核得到的滤波图像。在实际应用中可以使用更加复杂的自定义卷积核。

6.8　加噪声处理

6.8.1　随机噪声

1. 理论基础

高斯噪声幅值近似正态分布，但分布在每点像素上。本程序通过计算机所产生的随机数给图像加噪声。

2. 函数说明

（1）retval=random.randint(num1, num2)函数用于生成num1和num2之间的任意整数（包括num1、num2）。

retval：返回一个随机整数；

num1、num2：整数。

3. 编程代码

```
/*********************************************************
*函数名称：suijizaosheng()
*功能：对图像进行随机噪声处理。
*********************************************************/
from PIL import ImageTk
from PIL import Image,ImageEnhance
import math, random
def suijizaosheng():
    global sFilePath
    if sFilePath != 'start':
        img = Image.open(sFilePath)
    else:
        img = Image.open('sucai.jpg')
    img = img.convert('1')   #转换为灰度图
    data = img.getdata()
    w, h = img.size
    for i in range(1, w):
        for j in range(1, h):
            mid_pixel = data[w * j + i] * 224 / 256 + int(random.randint(0, 255) / 1024)
            img.putpixel((i, j), int(mid_pixel))
    img.save('result.jpg')
```

4. 效果展示

图像随机噪声处理效果如图 6-21 所示。左侧为原始图像，右侧为处理后的图像。

（a）原图　　　　　　　　　　　　　（b）处理后的图

图 6-21　随机噪声处理效果图

6.8.2　椒盐噪声

1. 理论基础

椒盐噪声幅值近似相等但随机分布在不同的位置上，图像中有干净点也有污染点，使用中值滤波时，被污染的点一般不处于中值的位置，即选择适当的点来替代污染点的值，所以处理效果好。本程序通过计算机所产生的随机数的大小来给图像加噪声。

2. 编程代码

```
/************************************************************
*函数名称：jiaoyanzaosheng()
*功能：对图像进行椒盐噪声处理。
************************************************************/
import cv2
import math, random
def jiaoyanzaosheng():
    global sFilePath
    if sFilePath != 'start':
        src = cv2.imread(sFilePath,0)
    else:
        src = cv2.imread('sucai.jpg', 0)
    title = "椒盐噪声"
    msg = '请输入一个参数(0-1 内)'
    #获取用户输入的数值
    percetage = float(easygui.enterbox(msg, title))
    NoiseImg = src
    #计算噪声的数量，数量=参数*高*宽
    NoiseNum = int(percetage * src.shape[0] * src.shape[1])
    for i in range(NoiseNum):
```

```
#获取随机的 X 坐标
randX = random.randint(0, src.shape[0] - 1)
#获取随机的 Y 坐标
randY = random.randint(0, src.shape[1] - 1)
if random.randint(0, 1) >= 0.5:
        NoiseImg[randX, randY] = 255
cv2.imwrite("result.jpg", NoiseImg)
```

3. 效果展示

图像产生椒盐噪声处理效果如图 6-22 所示。左侧为原始图像，右侧为处理后的图像。

（a）原图　　　　　　　　　　　（b）处理后的图

图 6-22　产生椒盐噪声处理效果图

小结

本章主要介绍在空间域图像平滑处理的方法。其中较常用的方法包括基于平均的方法和中值滤波法，前者又包括邻域平均法、阈值平均法、邻域加权平均法等。邻域平均法是指用某点邻域的灰度平均值来代替该点的灰度值，常用的邻域为 4 点邻域和 8 点邻域。邻域平均法算法简单，处理速度快，但是在衰减噪声的同时会使图像变得模糊。阈值平均法通过加门限来减少邻域平均法中所产生的模糊问题，门限要利用经验和多次试验来获得。这种方法对抑制椒盐噪声比较有效，同时也能较好地保护仅存微小变化的目标物细节。邻域加权平均法是指用邻域内灰度值及本点灰度的加权平均值来代替该点灰度值，这样既能平滑噪声，又能保证图像中的目标物边缘不至于模糊。事实上，邻域平均法和邻域加权平均法都可归结到模板平滑法中。它们都可以看作利用模板对图像进行处理的方法，而不同形式和结构的模板就会形成不同的图像处理方法。中值滤波法是一种非线性处理方法，它对一个含有奇数个像素的滑动窗口内的各像素按灰度值由小到大进行排序，其中值作为窗口中心像素输出值的滤波方法；中值滤波可以克服线性滤波器所带来的图像细节模糊，对于脉冲干扰及椒盐噪声的抑制效果较好，但不太适合点、线、尖顶等细节较多的图像滤波。图像中的噪声种类很多，对图像信号幅度和相位的影响十分复杂，必须针对具体情况采用不同的平滑滤波算法，否则很难获得满意的处理效果。

习题

1. 简述平滑处理的基本方法。
2. 均值滤波器对高斯噪声的滤波效果如何？试分析其中的原因。
3. 简述均值滤波器对椒盐噪声的滤波原理，并进行效果分析。
4. 中值滤波器对椒盐噪声的滤波效果如何？试分析其中的原因。
5. 使用中值滤波器对高斯噪声和椒盐噪声的滤波结果相同吗？为什么会出现这种现象？
6. 简述消除孤立黑像素点的基本方法。
7. 简述 $N \times N$ 均值滤波器的实现方法并编程实现。
8. 简述 $N \times N$ 中值滤波器的实现方法并编程实现。
9. 简述十字形中值滤波器的实现方法并编程实现。

第 7 章

图像边缘锐化处理

7.1 概述

图像边缘对图像识别和计算分析十分有用。边缘能勾画出目标物体，使观察者一目了然；边缘蕴含了丰富的内在信息（如方向、阶跃性质、形状等），是图像识别中抽取图像特征的重要属性。从本质上说，图像边缘是图像局部特性不连续性（灰度突变、颜色突变等）的反映，它标志着一个区域的终结和另一个区域的开始。边缘提取首先检出图像局部特性的不连续性，然后再将这些不连续的边缘像素连成完整的边界。边缘的特性是沿边缘走向的像素变化平缓，而垂直于边缘方向的像素变化剧烈。

提取边缘的算法就是检出符合边缘特性的边缘检测算子，方法有图像微分边缘检测和其他常用的边缘检测算子（如 Roberts、Sobel、Scharr 等）。图像微分边缘检测用边缘邻近一阶或二阶方向导数变化规律来检测边缘。这种微分边缘检测算子运算简单易行，但有方向性。比如纵向微分边缘检测得到垂直边缘、横向微分边缘检测得到水平边缘，双向一次微分边缘检测垂直和水平方向的边缘。由于无法事先确定轮廓的取向，应该选择那些不具备空间方向性的或者具有旋转不变的线形微分算子，这类边缘检测算子有 Robert 算子、Sobel 算子、Prewitt 算子、Krisch 算子、Laplacian 算子、LoG 算子等。除了 Laplacian 算子和 LoG 算子，其他的算子均基于一阶方向导数求取边缘。Robert 采用的是对角方向相邻的两个像素之差。从图像处理的实际效果来看，用 Robert 梯度检测边缘较好。Sobel 算子和 Prewitt 算子有一定的噪声抑制能力，在检测阶跃边缘时得到的边缘宽度至少为二像素，它不依赖于边缘方向的二阶微分算子，是一个标量而不是向量，具有旋转不变即各向同性的性质，在图像处理中经常被用来提取图像的边缘。Laplacian 算子基于二阶导数的零交叉。这类算子对噪声是敏感的。对于有噪声的图像，LoG 算子对图像先进行高斯滤波，然后应用 Laplacian 算子来提高边缘提取的能力。Krisch 自适应边缘检测法采用 8 个卷积核，多个边缘检测算子，不同的检测算子模板采用不同的方向、不同的邻域导数。先将所有的边缘模板逐一作用于图像中的每一个像素，然后用求卷积的方法计算每个模板，再取最大输出值的边缘模板方向来表示该点边缘的方向。如果所有方向上的边缘模板接近于零，则认为该点处没有边缘；如果所有方向上的边缘模板输出值都近似相等，则没有可靠边缘方向。

图像平滑往往使图像中的边界、轮廓变得模糊，而且单纯的微分运算会使低频成分损失很多，为了减少这类不利效果的影响，不丢失低频信息，提升边缘强度，这就需要利用图像边缘锐化技术，使边缘变得清晰。图像锐化处理也称为高频提升滤波器。利用边缘检测方法求出边缘后，对边缘求梯度，将原图像和梯度图像叠加在一起，内容完整保留，而突出高频成分，同时，具有边缘锐化处理的效果。

7.2 图像微分边缘检测

边缘是由相邻域灰度级不同的像素点构成的，若想增强边缘，就应该突出相邻点间灰度级的变化。如下面的矩阵所示，对比左右两边不同物体的图像数据，不难发现原图中左边暗，右边亮，中间存在着一条明显的边界。

$$\begin{bmatrix} 0 & 0 & 1 & 255 & 255 & 255 & 255 \\ 1 & 1 & 1 & 254 & 253 & 254 & 254 \\ 0 & 0 & 0 & 255 & 255 & 253 & 253 \\ 1 & 1 & 0 & 254 & 254 & 254 & 254 \end{bmatrix}$$

如果用右列减去左列，结果如下：

$$\begin{bmatrix} 0 & 1 & 254 & 0 & 0 & 0 \\ 0 & 0 & 253 & -1 & 1 & 0 \\ 0 & 0 & 255 & 0 & -2 & 0 \\ 0 & -1 & 254 & 0 & 0 & 0 \end{bmatrix}$$

可以看出，第 3 列比其他列的灰度值高很多，在边界附近，灰度值有明显的跳变，人眼观察时，就能发现一条很明显的亮边；在灰度相近的区域内，这么做的结果使得该点的灰度值接近于 0，区域都很暗。

如对上面那幅图像进行转置，则得到如下所示上下两边不同物体的图像数据。

$$\begin{bmatrix} 0 & 1 & 0 & 1 \\ 0 & 1 & 0 & 1 \\ 1 & 1 & 0 & 0 \\ 255 & 254 & 255 & 254 \\ 255 & 253 & 255 & 254 \\ 255 & 254 & 253 & 254 \\ 255 & 254 & 253 & 254 \end{bmatrix}$$

该边缘是水平方向的，这时如果还用左列减去右列就得不到边界数据，必须是下一行减去上一行，同样图像上得到一条很明显的边界。这就是一种微分边缘检测器，它在数学上的含义是一种基于微分的边缘算子。

7.2.1 纵向微分边缘检测

1. 理论基础

对灰度图像 f 在纵向进行微分运算，在数字处理中，微分用差分表近似，并按式（7-1）求得：

$$G(i, j) = f(i, j) - f(i-1, j) \qquad (7\text{-}1)$$

这里 i 代表列，j 代表行。

该算法用如下卷积核：

$$\begin{bmatrix} 0 & 0 & 0 \\ -1 & 1 & 0 \\ 0 & 0 & 0 \end{bmatrix}$$

对灰度图像在纵向方向进行微分运算，结果反映了原图像亮度变化率的大小。原图像中像素值保持不变的区域，相减的结果为零，即像素为黑；原图像中像素灰度值变化剧烈的区域，相减后得到较大的变化率，对应的像素很亮，而且像素灰度值差别越大，则得到的像素就越亮，所以图像的纵向垂直边缘得以被检测到。

2. 编程代码

```
/************************************************************
*函数名称：zongxiangweifen()
*功能：对图像进行纵向微分运算。
*************************************************************/
import cv2
import numpy as np
def zongxiangweifen():
    global sFilePath
    if sFilePath != 'start':
        img = cv2.imread(sFilePath, cv2.IMREAD_GRAYSCALE)
    else:
        img = cv2.imread('sucai.jpg', cv2.IMREAD_GRAYSCALE)
    #获得高宽
    h, w = img.shape[:2]
    #创建新矩阵
    new_img = np.zeros((h, w), np.int64)
    #复制原图像第一列
    new_img[0:h, 0: 1] = img[0:h, 0:1]
    for i in range(0, h):
        for j in range(1, w):
            #G(i, j) = f(i, j) - f(i, j-1)
            new_img[i][j] = np.abs(int(img[i][j]) - int(img[i][j - 1]))
    cv2.imwrite('result.jpg', new_img)
```

7.2.2 横向微分边缘检测

1. 理论基础

对灰度图像 f 在横向进行微分运算，在数字处理中，微分用差分表近似，并按式（7-2）求得：

$$G(i, j) = f(i, j) - f(i, j-1) \qquad (7\text{-}2)$$

该算法用如下卷积核：

$$\begin{bmatrix} 0 & -1 & 0 \\ 0 & 1 & 0 \\ 0 & 0 & 0 \end{bmatrix}$$

对灰度图像在横向方向进行微分运算，图像的横向水平边缘得到检测。

2. 编程代码

```
/**********************************************************
*函数名称：hengxiangweifen()
*功能：对图像进行横向微分运算。
**********************************************************/
import cv2
import numpy as np
def hengxiangweifen():
    global sFilePath
    if sFilePath != 'start':
        img = cv2.imread(sFilePath, cv2.IMREAD_GRAYSCALE)
    else:
        img = cv2.imread('sucai.jpg', cv2.IMREAD_GRAYSCALE)
    h, w = img.shape[:2]
    new_img = np.zeros((h, w), np.int64)
    #复制第一行
    new_img[0:1, 0: w] = img[0:1, 0:w]
    for i in range(1, h):
        for j in range(0, w):
            #G(i, j) = f(i, j) - f(i-1, j)
            new_img[i][j] = np.abs(int(img[i][j]) - int(img[i - 1][j]))
    cv2.imwrite('result.jpg', new_img)
```

7.2.3 双向一次微分边缘检测

1. 理论基础

对灰度图像 f 在纵向和横向两个方向进行微分运算（双向一次微分运算）。该算法同时检测水平和垂直方向的边缘。该算法的数学表达式为：

$$G(i,j) = \text{sqrt}\{[f(i,j) - f(i,j-1)] \times [f(i,j) - f(i,j-1)] + [f(i,j) - f(i-1,j)] \times [f(i,j) - f(i-1,j)]\}$$

(7-3)

对于含小数的 $G(i,j)$ 结果可四舍五入。

该算法用如下卷积核：

$$\begin{bmatrix} 0 & -1 & 0 \\ 0 & 1 & 0 \\ 0 & 0 & 0 \end{bmatrix} \qquad \begin{bmatrix} 0 & 0 & 0 \\ -1 & 1 & 0 \\ 0 & 0 & 0 \end{bmatrix}$$

$$\text{水平（} i \text{ 方向）} \qquad \text{垂直（} j \text{ 方向）}$$

对灰度图像在纵向和横向进行微分运算，结果图像的纵向和横向的边缘得以被检测到。

2. 编程代码

```
/**********************************************************
*函数名称：shuangfangxiang_1()
*功能：对图像进行双向一次微分运算。
```

```
*****************************************************/
import cv2
import numpy as np
def shuangfangxiang_1():
    global sFilePath
    if sFilePath != 'start':
        img = cv2.imread(sFilePath, cv2.IMREAD_GRAYSCALE)
    else:
        img = cv2.imread('sucai.jpg', cv2.IMREAD_GRAYSCALE)
    #获得高宽
    h, w= img.shape[:2]
    #创建新矩阵
    new_img = np.zeros((h, w), np.int64)
    #复制原图像第一列第一行
    new_img[0:h, 0: 1] = img[0:h, 0:1]
    new_img[0:1, 0: w] = img[0:1, 0:w]
    for i in range(1, h):
        for j in range(1, w):
            num1 = np.abs(int(img[i][j]) - int(img[i][j - 1])) *
                        np.abs(int(img[i][j]) - int(img[i][j - 1]))
            num2 = np.abs(int(img[i][j]) - int(img[i - 1][j])) *
                        np.abs(int(img[i][j]) - int(img[i - 1][j]))
            new_img[i][j] = math.sqrt(num1 + num2)
    cv2.imwrite('result.jpg', new_img)
```

3. 效果展示

图像微分运算处理效果如图 7-1 所示，从图可见，微分运算的结果反映了图像亮度变化率的大小。像素值保持不变的区域，微分运算结果为零，即像素为黑；像素值变化剧烈的区域，微分运算后得到较大的变化率，像素灰度值差别越大，则得到的像素就越亮，图像的边缘得到检测。进行纵向微分运算，效果如图 7-1（b）所示，可以增强纵向边界。进行横向微分运算，如图 7-1（c）所示，可以增强横向边界。在纵向和横向两个方向进行微分运算，如图 7-1（d）所示，同时增强横向和纵向的边界。

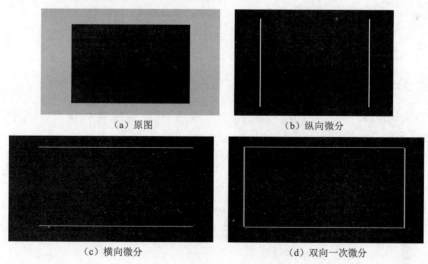

（a）原图　　　　　　　　　　　　（b）纵向微分

（c）横向微分　　　　　　　　　　（d）双向一次微分

图 7-1　图像微分运算处理效果

7.3 常用的边缘检测算子及方法

边缘模板用于沿着不同的方向检测边缘，如下面的矩阵所示，四种常用的模板为 3×3 的边缘模板，它们能够在 0°、45°、90° 和 135°四个方向上检测边缘，将所有的边缘模板逐一作用于图像中的每一个像素，产生最大输出值的边缘模板为候选模板，其方向表示了该点处边缘的方向，如果所有方向上的边缘模板接近于零，则在该像素点处没有边缘；如果所有方向上的边缘模板输出值都近似相等，则该像素点处没有可靠的边缘方向。

$$\begin{bmatrix} -1 & 0 & 1 \\ -1 & 0 & 1 \\ -1 & 0 & 1 \end{bmatrix} \qquad \begin{bmatrix} 1 & 1 & 1 \\ 0 & 0 & 0 \\ -1 & -1 & -1 \end{bmatrix} \qquad \begin{bmatrix} 0 & 1 & 1 \\ -1 & 0 & 1 \\ -1 & -1 & 0 \end{bmatrix} \qquad \begin{bmatrix} 1 & 1 & 0 \\ 1 & 0 & -1 \\ 0 & -1 & -1 \end{bmatrix}$$

（a）0°模板　　（b）90°模板　　（c）45°模板　　（d）135°模板

7.3.1 Roberts 边缘检测算子

1. 理论基础

Roberts 算子采用的是对角方向相邻的两个像素之差。从图像处理的实际效果来看，边缘定位准确，对噪声敏感。Roberts 边缘检测算子是一种利用局部差分算子寻找边缘的算子，它由式（7-4）、式（7-5）给出：

Roberts 算子：

$$G[i,j] = \left| f[i,j] - f[i+1,j+1] \right| + \left| f[i+1,j] - f[i,j+1] \right| \tag{7-4}$$

$$G[i,j] = [(f[i,j] - f[i+1,j+1])^2 + (f[i+1,j] - f[i,j+1])^2]^{1/2} \tag{7-5}$$

式中，$G[i,j]$ 表示处理后 (i,j) 点的灰度值；$f[i,j]$ 表示处理前该点的灰度值。$f(i,j)$ 是具有整数像素坐标的输入图像，平方根运算使该处理类似于在人类视觉系统中发生的过程。

该算法的算子如下：

$$\begin{bmatrix} 0 & 1 \\ -1 & 0 \end{bmatrix} \qquad \begin{bmatrix} 1 & 0 \\ 0 & -1 \end{bmatrix}$$

2. 函数说明

（1）在 OpenCV 中，允许用户使用自定义卷积核实现卷积操作，提供的函数是 cv2.filter2D()，其一般格式为：

```
retval = cv2. filter2D (src, d, kernel, anchor, delta, borderType)
```

retval：表示返回的双边滤波处理结果；

src：表示原始图像，该图像不限制通道数目；

d：表示处理结果图像的图像深度，一般使用-1 表示与原始图像使用相同的图像深度；

kernel：表示一个单通道的卷积核；

anchor：表示图像处理的锚点，其默认值为（-1,-1），表示位于卷积核中心点；

delta：表示修正值，可选。如果该值存在，则会在滤波的基础上加上该值作为最终的滤波处理结果；

borderType：表示以何种情况处理边界；

在一般情况下，使用 cv2.filter2D()函数时，参数 anchor、delta 和 borderType 采用默认值即可。

（2）retval=cv2.addWeighted(src1,alpha,src2,beta,gamma,dtype=-1))这个函数的作用是计算两个数组（图像阵列）的加权和，把两张图片叠加在一起。

retval：输出图像；

src1：第一个图片阵列；

alpha：第一个图片的权重值；

src2：第二个图片阵列；

beta：第二个图片的权重值；

gamma：偏移量；

dtype：输出阵列的可选深度。

数学表达式为：

$$retval = src1*alpha + src2*beta + gamma$$

3. 编程实现

```
/***********************************************************
*函数名称：robert()
*功能：用 Roberts 算子对图像进行边缘检测。
************************************************************/
import cv2
import numpy as np
def robert():
    global sFilePath
    if sFilePath != 'start':
        I = cv2.imread(sFilePath, cv2.IMREAD_GRAYSCALE)
    else:
        I = cv2.imread('sucai.jpg', cv2.IMREAD_GRAYSCALE)
    #Roberts 算子
    kernelx = np.array([[1, 0], [0, -1]], dtype=int)
    kernely = np.array([[0, 1], [-1, 0]], dtype=int)
    #实现卷积操作
    x = cv2.filter2D(I, cv2.CV_16S, kernelx)
    y = cv2.filter2D(I, cv2.CV_16S, kernely)
    #转 uint8 取绝对值
    absX = cv2.convertScaleAbs(x)
    absY = cv2.convertScaleAbs(y)
    #求两图像加权和
    Roberts = cv2.addWeighted(absX, 0.5, absY, 0.5, 0)
    cv2.imwrite("result.jpg",Roberts)
```

4. 效果展示

图像 Roberts 边缘检测处理效果如图 7-2 所示。左侧为原始图像，右侧为处理后的图像。

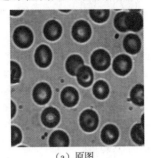

（a）原图 　　　　　　　　　　（b）处理后的图

图 7-2　Roberts 边缘检测处理效果图

7.3.2　Sobel 边缘检测算子

1. 理论基础

Sobel 边缘检测算子的流程是先完成加权平均，再进行微分运算，然后求梯度。以下两个卷积核形成了 Sobel 边缘检测算子，每个像素点都用这两个卷积核做卷积运算，其中一个对垂直边缘影响大，而另一个对水平边缘影响大。边缘检测算子的中心与中心像素相对应，进行卷积运算。两个卷积核的最大值作为该点的输出位。在边缘检测中，也可以分别进行水平边缘 Sobel 算子和垂直边缘 Sobel 算子卷积运算，之后将结果进行加权求和，效果更好。

$$\begin{bmatrix} -1 & -2 & -1 \\ 0 & 0 & 0 \\ 1 & 2 & 1 \end{bmatrix} \qquad \begin{bmatrix} 1 & 0 & -1 \\ 2 & 0 & -2 \\ 1 & 0 & -1 \end{bmatrix}$$

水平边缘 Sobel 算子 　　　　　　垂直边缘 Sobel 算子

有时为了检测特定方向上的边缘，也采用特殊的方向算子，如检测 45°或 135°边缘的 Sobel 方向算子。

$$\begin{bmatrix} 0 & -1 & -2 \\ 1 & 0 & -1 \\ 2 & 1 & 0 \end{bmatrix} \qquad \begin{bmatrix} 2 & 1 & 0 \\ 1 & 0 & -1 \\ 0 & -1 & -2 \end{bmatrix}$$

检测 45°边缘的 Sobel 方向算子 　　检测 135°边缘的 Sobel 方向算子

2. 函数说明

在 OpenCv 中提供了 cv2.Sobel()函数来实现 Sobel 算子的运算，其一般形式为：

```
retval = cv2. Sobel (src,ddepth,dx,dy[, ksize[, scale[, delta[, borderType]]]])
```

retval：表示计算得到目标函数图像；

src：表示原始图像；

ddepth：表示输出图像的深度，图像深度是指存储每个像素值所用的位数，例如 cv2.CV_8U，指的是 8 位无符号数，取值范围为 0～255，超出范围则会被截断；

dx：表示 x 方向上求导的阶数；

dy：表示 y 方向上求导的阶数；

ksize：表示 Sobel 核的大小；

scale：表示计算导数时的缩放因子，默认值是 1；

delta：表示在目标函数上所附加的值，默认为 0；

borderType：表示边界样式。

3. 编程实现

```
/**********************************************************
*函数名称：sobel()
*功能：用指定模板对图像进行操作。
**********************************************************/
import cv2
def sobel():
    global sFilePath
    if sFilePath != 'start':
        img = cv2.imread(sFilePath,cv2.IMREAD_GRAYSCALE)
    else:
        img = cv2.imread('sucai.jpg', cv2.IMREAD_GRAYSCALE)
    #Sobel 算子
    x = cv2.Sobel(img, cv2.CV_16S, 1, 0)   #对 x 求一阶导
    y = cv2.Sobel(img, cv2.CV_16S, 0, 1)   #对 y 求一阶导
    #转 uint8 取绝对值
    absX = cv2.convertScaleAbs(x)
    absY = cv2.convertScaleAbs(y)
    Sobel = cv2.addWeighted(absX, 0.5, absY, 0.5, 0)
    cv2.imwrite("result.jpg",Sobel)
```

4. 效果展示

图像 Sobel 边缘检测处理效果如图 7-3 所示。左侧为原始图像，右侧为处理后的图像。

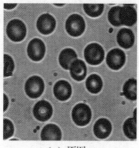
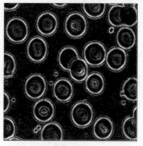

（a）原图　　　　　　　　（b）处理后的图

图 7-3　Sobel 边缘检测处理效果图

7.3.3 Prewitt 边缘检测算子

1. 理论基础

以下两个卷积核形成了 Prewitt 边缘检测算子。同使用 Sobel 算子的方法一样，图像中的每个点都用这两个核进行卷积运算，取最大值作为输出。Prewitt 边缘检测算子也产生一幅边缘强度图像。Prewitt 边缘检测算子为：

$$\begin{bmatrix} -1 & -1 & -1 \\ 0 & 0 & 0 \\ 1 & 1 & 1 \end{bmatrix} \qquad \begin{bmatrix} 1 & 0 & -1 \\ 1 & 0 & -1 \\ 1 & 0 & -1 \end{bmatrix}$$

水平边缘 Prewitt 算子　　　垂直边缘 Prewitt 算子

在边缘检测中，也可以分别进行水平边缘 Prewitt 算子和垂直边缘 Prewitt 算子卷积操作，之后将结果进行加权求和。

2. 编程代码

```
/***********************************************************
*函数名称：prewitt()
*功能：用 Prewitt 算子对图像进行边缘检测。
***********************************************************/
import cv2
import numpy as np
def prewitt():
    global sFilePath
    if sFilePath != 'start':
        I = cv2.imread(sFilePath, cv2.IMREAD_GRAYSCALE)
    else:
        I = cv2.imread('sucai.jpg', cv2.IMREAD_GRAYSCALE)
    kernelx = np.array([ [-1, -1, -1],[1, 1, 1], [0, 0, 0]], dtype=int)
    kernely = np.array([[1, 0, -1], [1, 0, -1], [1, 0, -1]], dtype=int)
    #实现卷积操作
    x = cv2.filter2D(I, cv2.CV_16S, kernelx)
    y = cv2.filter2D(I, cv2.CV_16S, kernely)
    #转 uint8, 取绝对值
    absX = cv2.convertScaleAbs(x)
    absY = cv2.convertScaleAbs(y)
    Prewitt = cv2.addWeighted(absX, 0.5, absY, 0.5, 0)
    cv2.imwrite("result.jpg", Prewitt)
```

3. 效果展示

图像 Prewitt 边缘检测处理效果如图 7-4 所示。左侧为原始图像，右侧为处理后的图像。

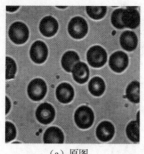　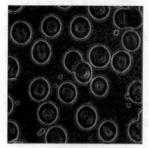

（a）原图　　　　　　　　　　（b）处理后的图

图 7-4　Prewitt 边缘检测处理效果图

7.3.4　Scharr 边缘检测算子

1. 理论基础

标准的 Scharr 边缘检测算子与 3 阶 Sobel 边缘检测算子类似，由以下两个卷积核组成。

$$\begin{bmatrix} 3 & 10 & 3 \\ 0 & 0 & 0 \\ -3 & -10 & -3 \end{bmatrix} \qquad \begin{bmatrix} 3 & 0 & -3 \\ 10 & 0 & -10 \\ 3 & 0 & -3 \end{bmatrix}$$

　　　　水平边缘 Scharr 算子　　　　　　　垂直边缘 Scharr 算子

图像与水平方向上的 Scharr 算子卷积运算结果反映的是垂直方向上的边缘强度，图像与垂直方向上的 Scharr 算子卷积运算结果反映的是水平方向上的边缘强度。在边缘检测中，可以分别进行卷积操作，之后将结果进行加权求和。

2. 函数说明

在 OpenCv 中提供了函数 cv2.Scharr()来实现 Scharr 算子的运算，其一般形式为：

dst = cv2. Scharr (src,ddepth,dx,dy[, scale[, delta[, borderType]]])

dst：表示计算得到目标函数图像；

src：表示原始图像；

ddepth：表示输出图像的深度；

dx：表示 x 方向上求导的阶数；

dy：表示 y 方向上求导的阶数；

scale：表示计算导数时的缩放因子，默认值是 1；

delta：表示在目标函数上所附加的值，默认值为 0；

borderType：表示边界样式。

3. 编程实现

```
/*************************************************************
*函数名称：Scharr()
```

```
*功能：用 Scharr 算子对图像进行边缘检测。
*************************************************************/
import cv2
def Scharr():
    global sFilePath
    if sFilePath != 'start':
        image = cv2.imread(sFilePath, cv2.IMREAD_GRAYSCALE)
    else:
        image = cv2.imread('sucai.jpg', cv2.IMREAD_GRAYSCALE)
    #设置参数 dx=1,dy=0，得到图像水平方向上的边缘信息
    Scharrx = cv2.Scharr(image, cv2.CV_64F, 1, 0)
    #对计算结果取绝对值
    Scharrx = cv2.convertScaleAbs(Scharrx)
    #设置参数 dx=0,dy=1，得到图像垂直方向上的边缘信息
    Scharry = cv2.Scharr(image, cv2.CV_64F, 0, 1)
    #对计算结果取绝对值
    Scharry = cv2.convertScaleAbs(Scharry)
    #利用加权检测完整的边缘信息
    Scharrxy = cv2.addWeighted(Scharrx, 0.5, Scharry, 0.5, 0)
    #显示图像
    cv2.imwrite("result.jpg", Scharrxy)
```

4. 效果展示

图像 Scharr 边缘检测处理效果如图 7-5 所示。左侧为原始图像，右侧为处理后的图像。

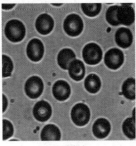
（a）原图

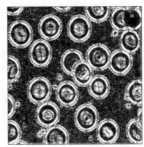
（b）处理后的图

图 7-5　Scharr 边缘检测处理效果

7.3.5　Krisch 自适应边缘检测

1. 理论基础

Kirsch 边缘检测算子由 8 个卷积核组成。图像中的每个点都用 8 个掩模进行卷积运算，每个掩模都对某个特定边缘方向做出最大响应，所有 8 个方向中的最大值作为边缘幅度图像输出。最大响应掩模的序号构成了边缘方向的编码。Kirsch 边缘检测算子的这 8 个卷积核为：

$$\begin{bmatrix} 5 & 5 & 5 \\ -3 & 0 & -3 \\ -3 & -3 & -3 \end{bmatrix} \quad \begin{bmatrix} -3 & 5 & 5 \\ -3 & 0 & 5 \\ -3 & -3 & -3 \end{bmatrix} \quad \begin{bmatrix} -3 & -3 & 5 \\ -3 & 0 & 5 \\ -3 & -3 & 5 \end{bmatrix} \quad \begin{bmatrix} -3 & -3 & -3 \\ -3 & 0 & 5 \\ -3 & 5 & 5 \end{bmatrix}$$

$$\begin{bmatrix} -3 & -3 & -3 \\ -3 & 0 & -3 \\ 5 & 5 & 5 \end{bmatrix} \quad \begin{bmatrix} -3 & -3 & -3 \\ 5 & 0 & -3 \\ 5 & 5 & -3 \end{bmatrix} \quad \begin{bmatrix} 5 & -3 & -3 \\ 5 & 0 & -3 \\ 5 & -3 & -3 \end{bmatrix} \quad \begin{bmatrix} 5 & 5 & -3 \\ 5 & 0 & -3 \\ -3 & -3 & -3 \end{bmatrix}$$

2．函数说明

（1）retval = scipy.signal.convolve2d(src,kernel,mode,boundary,fillvalue)用于实现二维离散卷积运算。

retval：返回的图像；

src：输入的二维图像；

kernel：输入的二维数组，代表卷积核；

mode：卷积类型，有"full"，"valid"以及"same"类型；

boundary：边界填充方式，有"fill"，"warp"以及"symm"方式；

fillvalue：当 boundary="fill"时，设置边界填充的方式，默认为0。

3．编程实现

```
/*******************************************************
*函数名称：kirsch()
*功能：用 Krisch 算子对图像进行边缘检测。
*******************************************************/
import cv2
import numpy as np
import scipy.signal as signal
def kirsch():
    global sFilePath
    if sFilePath != 'start':
        image = cv2.imread(sFilePath, cv2.IMREAD_GRAYSCALE)
    else:
        image = cv2.imread('sucai.jpg', cv2.IMREAD_GRAYSCALE)
    boundary = 'symm'
    #存储 8 个方向的边缘强度
    list_edge = []
    #对图像矩阵和 k1 进行卷积运算,然后取绝对值（即:得到边缘强度）
    k1 = np.array([[5, 5, 5], [-3, 0, -3], [-3, -3, -3]])
    image_k1 = signal.convolve2d(image, k1, mode='same', boundary=boundary, fillvalue=fillvalue)
    #取绝对值后添加进 list_edge
    list_edge.append(np.abs(image_k1))
    #对图像矩阵和 k2 进行卷积运算,然后取绝对值（即:得到边缘强度）
    k2 = np.array([[-3, -3, -3], [-3, 0, -3], [5, 5, 5]])
    image_k2 = signal.convolve2d(image, k2, mode='same', boundary=boundary, fillvalue=fillvalue)
```

```python
#取绝对值后添加进 list_edge
list_edge.append(np.abs(image_k2))
#对图像矩阵和 k3 进行卷积运算,然后取绝对值（即:得到边缘强度）
k3 = np.array([[-3, 5, 5], [-3, 0, 5], [-3, -3, -3]])
image_k3 = signal.convolve2d(image, k3, mode='same', boundary=boundary, fillvalue=fillvalue)
list_edge.append(np.abs(image_k3))
#对图像矩阵和 k4 进行卷积运算,然后取绝对值（即:得到边缘强度）
k4 = np.array([[-3, -3, -3], [5, 0, -3], [5, 5, -3]])
image_k4 = signal.convolve2d(image, k4, mode='same', boundary=boundary, fillvalue=fillvalue)
list_edge.append(np.abs(image_k4))
#对图像矩阵和 k5 进行卷积运算,然后取绝对值（即:得到边缘强度）
k5 = np.array([[-3, -3, 5], [-3, 0, 5], [-3, -3, 5]])
image_k5 = signal.convolve2d(image, k5, mode='same', boundary=boundary, fillvalue=fillvalue)
list_edge.append(np.abs(image_k5))
#对图像矩阵和 k6 进行卷积运算,然后取绝对值（即:得到边缘强度）
k6 = np.array([[5, -3, -3], [5, 0, -3], [5, -3, -3]])
image_k6 = signal.convolve2d(image, k6, mode='same', boundary=boundary, fillvalue=fillvalue)
list_edge.append(np.abs(image_k6))
#对图像矩阵和 k7 进行卷积运算,然后取绝对值（即:得到边缘强度）
k7 = np.array([[-3, -3, -3], [-3, 0, 5], [-3, 5, 5]])
image_k7 = signal.convolve2d(image, k7, mode='same', boundary=boundary, fillvalue=fillvalue)
list_edge.append(np.abs(image_k7))
#对图像矩阵和 k8 进行卷积运算,然后取绝对值（即:得到边缘强度）
k8 = np.array([[5, 5, -3], [5, 0, -3], [-3, -3, -3]])
image_k8 = signal.convolve2d(image, k8, mode='same', boundary=boundary, fillvalue=fillvalue)
list_edge.append(np.abs(image_k8))
#第二步:对上述 8 个方向的边缘强度对应位置取最大值,作为图像最后的边缘强度
#求最大值
edge = list_edge[0]
for i in range(len(list_edge)):
    edge = edge * (edge >= list_edge[i]) + list_edge[i] * (edge < list_edge[i])
#边缘强度的灰度级显示
h, w= edge.shape
for i in range(h):
    for j in range(w):
        if edge[i][j] > 255:
            edge[i][j] = 255
#类型转换
edge = edge.astype(np.uint8)
cv2.imwrite("result.jpg", edge)
```

4. 效果展示

图像 Krisch 边缘检测处理效果如图 7-6 所示。左侧为原始图像，右侧为处理后的图像。

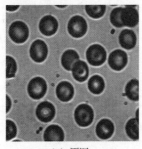

|（a）原图|（b）处理后的图|

图 7-6　Krisch 边缘检测处理效果图

7.3.6　Laplacian 算子

1. 理论基础

Laplacian（拉普拉斯）算子是不依赖于边缘方向的二阶微分算子，对阶跃型边缘点定位准确。对噪声敏感，噪声成分加强，抗噪声能力差，容易丢失一部分边缘的方向信息。该算子强调突变，弱化慢变。如图 7-7 所示，经 Laplacian 边缘检测产生了一幅把浅灰色边线和突变点叠加到暗背景中的图像。

（a）原图　　　　　　　　　　　　（b）处理后的图

图 7-7　Laplacian 边缘检测

Laplacian 算子属于二阶微分：

$$\nabla^2 f = \frac{\partial^2 f}{\partial x^2} + \frac{\partial^2 f}{\partial y^2} \tag{7-6}$$

x 方向：

$$\frac{\partial^2 f}{\partial x^2} = f(x+1) + f(x-1) - 2f(x) \tag{7-7}$$

y 方向：

$$\frac{\partial^2 f}{\partial y^2} = f(y+1) + f(y-1) - 2f(y) \tag{7-8}$$

由以上两个分量相加：

$$\nabla^2 f = [f(x+1,y) + f(x-1,y) + f(x,y+1) + f(x,y-1)] - 4f(x,y) \tag{7-9}$$

进一步扩展，转化为模板计算形式，常用的 Laplacian 边缘检测模板如图 7-8 所示。

0	1	0	1	1	1	0	-1	0	-1	-1	-1
1	-4	1	1	-8	1	-1	4	-1	-1	8	-1
0	1	0	1	1	1	0	-1	0	-1	-1	-1

图 7-8   Laplacian 边缘检测模板

因此，Laplacian 算子是线性二次微分算子，与梯度算子一样，具有旋转不变性，从而满足不同走向的图像边界的锐化要求。

对阶跃状边缘，二阶导数在边缘点出现零交叉，即边缘点两旁二阶导函数取异号，据此，对数字图像 $\{f(i,j)\}$ 的每个像素，Laplacian 算子取它关于 x 轴方向和 y 轴方向的二阶差分之和。

$$G(i,j) = \nabla^2 f(i,j) \approx \nabla_x^2 f(i,j) + \nabla_y^2 f(i,j)$$
$$= f(i+1,j) + f(i-1,j) + f(i,j+1) + f(i,j-1) - 4f(i,j)$$

（7-10）

这是一个与边缘方向无关的边缘检测算子。若 $\nabla^2 f(i,j)$ 在 (i,j) 点发生零交叉，则 (i,j) 为阶跃边缘点。

对屋顶状边缘，对边缘点的二阶导数取极小值。据此，对数字图像 $\{f(i,j)\}$ 的每个像素取它的关于 x 方向和 y 方向的二阶差分之和的相反数，即 Laplacian 算子的相反数：

$$G(i,j) = -\nabla^2 f(i,j) \approx -f(i+1,j) - f(i-1,j) - f(i,j+1) - f(i,j-1) + 4f(i,j)$$

$G(i,j)$ 称作边缘图像。

2．函数说明

（1）在 OpenCV 中提供了 cv2.Laplacian()函数来实现 Laplacian 算子的计算，其一般形式为：

```
retval = cv2. Laplacian (src,ddepth[,ksize [, scale[, delta[, borderType]]]])
```

retval：表示计算得到的目标函数图像；

src：表示原始图像；

ddepth：表示输出图像的深度；

ksize：表示二阶导数核的大小，必须是正奇数；

scale：表示计算导数时的缩放因子，默认值是 1；

delta：表示在目标函数上所附加的值，默认为 0；

borderType：表示边界样式。

3．编程实现

```
/************************************************************
*函数名称：Laplace()
*功能：用 Laplacian 算子对图像进行边缘检测。
************************************************************/
import cv2
def Laplace():
    global sFilePath
    if sFilePath != 'start':
        img = cv2.imread(sFilePath, cv2.IMREAD_GRAYSCALE)
```

```
    else:
        img = cv2.imread('sucai.jpg', cv2.IMREAD_GRAYSCALE)
#cv2.CV_64F:一个像素占 64 位浮点数
result = cv2.Laplacian(img, cv2.CV_64F)
cv2.imwrite("result.jpg", result)
```

4. 效果展示

图像 Laplacian 算子边缘检测处理效果如图 7-9 所示。左侧为原始图像，右侧为处理后的图像。

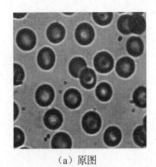

（a）原图　　　　　　　　　　（b）处理后的图

图 7-9　Laplacian 算子边缘检测处理效果图

7.3.7　LoG 算子

1. 理论基础

为了降低计算时的复杂度，并且在进行 Laplacian 边缘检测之前对图像去噪，可以利用二维高斯函数

$$\mathrm{gauss}(x,y,\sigma)=\frac{1}{2\pi\sigma^2}\exp\left(-\frac{x^2+y^2}{2\sigma^2}\right)$$

的 Laplacian 变换：

$$\nabla^2(\mathrm{gauss}(x,y,\sigma))=\frac{\nabla^2(\mathrm{gauss}(x,y,\sigma))}{\partial^2 x}+\frac{\nabla^2(\mathrm{gauss}(x,y,\sigma))}{\partial^2 y}$$

$$=\frac{1}{2\pi\sigma^2}\frac{\partial\left(-\frac{x}{\sigma^2}\exp\left(-\frac{x^2+y^2}{2\sigma^2}\right)\right)}{\partial x}+\frac{1}{2\pi\sigma^2}\frac{\partial\left(-\frac{y}{\sigma^2}\exp\left(-\frac{x^2+y^2}{2\sigma^2}\right)\right)}{\partial y} \quad (7\text{-}11)$$

$$=\frac{1}{2\pi\sigma^4}\left(\frac{x^2}{\sigma^2}-1\right)\exp\left(-\frac{x^2+y^2}{2\sigma^2}\right)+\frac{1}{2\pi\sigma^4}\left(\frac{y^2}{\sigma^2}-1\right)\exp\left(-\frac{x^2+y^2}{2\sigma^2}\right)$$

$$=\frac{1}{2\pi\sigma^4}\left(\frac{x^2+y^2}{\sigma^2}-2\right)\exp\left(-\frac{x^2+y^2}{2\sigma^2}\right)$$

式中，$\nabla^2\mathrm{gauss}(x,y,\sigma)$ 通常称为高斯-拉普拉斯（简称 LoG），这是 LoG 边缘检测的模板权值。

LoG 边缘检测的具体步骤如下。

① 构建模板大小为 $H×W$、标准差为 σ 的 LoG 卷积核

$$\text{LoG}_{H×W} = \left[\nabla^2\text{gauss}\left(w - \frac{W-1}{2}, h - \frac{H-1}{2}, \sigma\right)\right]_{0<w<W, 0<h<H}$$

H、W 均为奇数且一般 $H=W$，卷积核锚点的位置为 $\left(\dfrac{W-1}{2}, \dfrac{W-1}{2}\right)$

② 将图像矩阵与 $\text{LoG}_{H×W}$ 核进行卷积操作。

③ 将得到的边缘信息进行二值化，然后显示。

通常的 LoG 算子是一个 5×5 的模板，如图 7-10 所示。先用高斯函数做平滑滤波，后用 Laplacian 算子检测边缘，把高斯平滑器和 Laplacian 锐化结合起来，先平滑处理掉噪声，再进行边缘检测，克服了 Laplacian 算子抗噪声能力比较差的缺点，是效果更好的边缘检测器，在抑制噪声的同时平滑处理掉了比较尖锐的边缘。

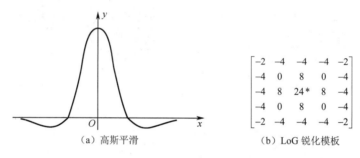

（a）高斯平滑　　　　　　　（b）LoG 锐化模板

图 7-10　LoG 边缘锐化模板

由于 Laplacian 算子是一个二阶导数，它将在边缘处产生一个陡峭的零交叉。由于噪声点对边缘检测有一定的影响，所以 LoG 算子是效果较好的边缘检测器。它把高斯平滑滤波器和 Laplacian 锐化滤波器结合了起来，先平滑处理掉噪声，再进行边缘检测，所以效果更好。

2. 编程实现

```
/************************************************************
*函数名称：log()
*功能：取 7×7 模板，用 LoG 算子对图像边缘检测。
************************************************************/
import cv2
import numpy as np
from math import pow
import scipy.signal as signal
#log 算子
def log():
    global sFilePath
    if sFilePath != 'start':
        I = cv2.imread(sFilePath, cv2.IMREAD_GRAYSCALE)
    else:
        I = cv2.imread('sucai.jpg', cv2.IMREAD_GRAYSCALE)
    sigma = 2
    kSize = (7, 7)
```

```
            boundary = 'symm'
            #构建 LoG 卷积核
            #LoG 算子的宽高，且两者均为奇数
            winH, winW = kSize
            logKernel = np.zeros(kSize, np.float32)
            #方差
            sigmaSquare = pow(sigma, 2.0)
            #LoG 算子的中心
            centerH = (winH - 1) / 2
            centerW = (winW - 1) / 2
            for i in range(winH):
                    for j in range(winW):
                            norm2 = pow(i - centerH, 2.0) + pow(j - centerW, 2.0)
                            logKernel[i][j] = 1.0 / (2* math.pi * pow(sigmaSquare, 2.0)) * (norm2 / sigmaSquare - 2) *
math.exp(-norm2 / (2 * sigmaSquare))
            #图像与 LoG 卷积核卷积
            print(logKernel)
            #显示 logKernel 数据
            logKernel_copy = np.zeros((7, 7), np.float32)
            #遍历矩阵中的每一个元素
            for i in range(winH):
                    for j in range(winW):
                            #对元素进行向下取整
                            logKernel_copy[i][j] = round(logKernel[i][j] * 1000)
            print(logKernel_copy)
            #输出结果
            img_conv_log = signal.convolve2d(I, logKernel, 'same', boundary=boundary)
            #边缘的二值化显示
            edge_binary = np.copy(img_conv_log)
            edge_binary = abs(edge_binary)
            edge_binary[edge_binary > 10] = 255
            edge_binary[edge_binary <= 10] = 0
            edge_binary = edge_binary.astype(np.uint8)
            cv2.imwrite("result.jpg", edge_binary)
```

3. 效果展示

图像 log 算子边缘检测处理效果如图 7-11 所示。左侧为原始图像，右侧为处理后的图像。

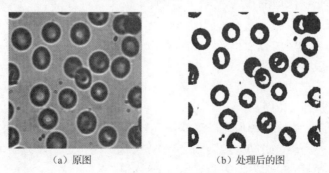

（a）原图　　　　　　　　（b）处理后的图

图 7-11　log 算子边缘检测处理效果图

7.3.8 Canny 边缘检测

1. 理论基础

Canny 边缘检测是一种十分流行的边缘检测算法，它使用了一种多级边缘检测算法，可以更好地检测出图像的边缘信息。

Canny 边缘检测近似算法的步骤如下。

（1）使用高斯滤波来平滑图像，目的是去除噪声。

噪声对图像的边缘信息影响比较大，边缘检测容易受到图像中噪声的影响，所以一般需要对图像非边缘区域的噪声进行平滑处理。因此第一步是使用 5×5 高斯滤波器消除图像中的噪声。

高斯滤波器是一种线性滤波器，能够有效地抑制噪声，平滑图像。高斯滤波器的模板系数随着模板中心的增大而减小。相对于均值滤波器，应用高斯滤波器去除图像的噪声对图像的模糊程度较小。

（2）计算每个像素点的梯度强度和方向。

采用 Sobel 算子计算图像边缘的幅度。图像矩阵 I 分别与水平方向上的卷积核 $sobel_x$ 和垂直方向上的卷积核 $sobel_y$ 进行卷积运算得到 dx 和 dy，然后利用平方和的开方 $magnitude = \sqrt{dx^2 + dy^2}$ 得到边缘强度。

之后利用计算出的 dx 和 dy，计算出梯度方向 $angle=\arctan2(dy,dx)$。

（3）应用非极大值抑制技术来消除边缘误检。

在获得梯度的幅度与方向后，对每一个位置进行非极大值抑制的处理。方法：逐一遍历像素点，判断当前像素点是否为周围像素点中具有相同梯度方向上的极大值（最大值）。如果该点是极大值，则保留该点；否则，将其归零。

（4）应用双阈值的方法来决定可能的（潜在的）边界。

双阈值的滞后阈值处理。对经过第三步非极大值抑制处理后的边缘强度图，一般需要进行阈值化处理，常用的方法是全局阈值分割和局部自适应阈值分割。这里介绍另一种方法滞后阈值处理，它使用高阈值和低阈值两个阈值，按照以下三个规则进行边缘的阈值化处理：

- 边缘强度大于高阈值的那些点作为确定边缘点；
- 边缘强度小于低阈值的那些点立即被剔除；
- 边缘强度在低阈值和高阈值之间的那些点，按照以下原则进行处理：只有这些点能按某一路径与确定边缘点相连时，才可以作为边缘点被接受。而组成这一路径的所有点的边缘强度都比低阈值要大。

换句话说就是首先选定边缘强度大于高阈值的所有确定边缘点，然后在边缘强度大于低阈值的情况下尽可能延长边缘。

基于三个规则进行边缘的阈值化处理如图 7-12 所示，A 大于最大阈值，为强边界，保留。B 和 C 位于最大、最小之间（成为弱边界），候选，等待进一步判断。

D 小于最小阈值，不是边界，丢弃。

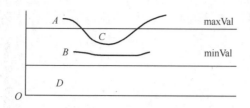

图 7-12　基于三个规则进行边缘的阈值化处理

（5）滞后边界跟踪

只有能按某一路径与确定边缘点相连时，才可以作为边缘点被接受。即与强边界相连的位于最大、最小阈值之间的弱边界被认为是边界，其他的弱边界则被抑制。

B 为弱边界，但它是孤立的弱边界，舍弃。

C 同样也是弱边界，与强边界 A 相连，故其也为边界，保留。而组成这一路径的所有点的边缘强度都比低阈值要大。

通过抑制孤立的弱化边缘最终完成边缘检测（滞后的边界跟踪）。

换句话说就是首先选定边缘强度大于高阈值的所有确定的边缘点，然后在边缘强度大于低阈值的情况下尽可能延长边缘。

2. 函数说明

在 OpenCV 中提供了 cv2.Canny()函数来实现对图像的 Canny 边缘检测，其一般格式为：

edg= cv2. Canny (src,threshould1, threshould2 [, apertureSize[, L2gradient]])

edg：表示计算得到的边缘信息；

src：表示输入的 8 位图像；

threshould1：表示第一个阈值；

threshould2：表示第二个阈值；

apertureSize：表示 Sobel 算子的大小；

L2gradient：表示计算图像梯度幅度的标识，默认为 False。

3. 编程实现

```
/**********************************************************
*函数名称：Canny()
*功能：用 Canny 算子对图像进行边缘检测。
**********************************************************/
import cv2 as cv
def canny():
    global sFilePath
    if sFilePath != 'start':
        img = cv2.imread(sFilePath, 0)
    else:
        img = cv2.imread('sucai.jpg', 0)
    #设置不同的阈值信息对图像进行 Canny 边缘检测
    edg1 = cv2.Canny(img, 30, 100)
```

```
edg2 = cv2.Canny(img, 100, 200)
edg3 = cv2.Canny(img, 200, 255)
#显示图像
cv2.imshow("edg1(30,100)", edg1)
cv2.imshow("edg2(100,200)", edg2)
cv2.imshow("edg3(200,255)", edg3)
```

4. 效果展示

图像 Canny 算子边缘检测处理效果如图 7-13 所示。

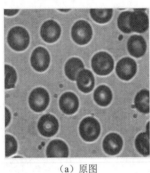

（a）原图

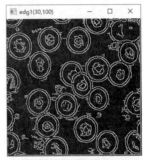

（b）Canny 边缘检测 1

（c）Canny 边缘检测 2

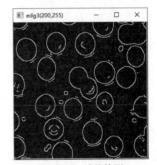

（d）Canny 边缘检测 3

图 7-13　Canny 算子边缘检测处理效果图

在图 7-13 中，图 7-13（a）是原始图像；图 7-13（b）是阈值组合为(30,100)的检测结果；图 7-13（c）是阈值组合为(100,200)的检测结果；图 7-13（d）是阈值组合为(200,255)的检测结果。对比图 7-13（b）、图 7-13（c）和图 7-13（d）可以看出，当阈值较大时可以获得更准确的边缘信息。

7.4　梯度锐化

对于图像 $f(i, j)$，它在点 (i, j) 处的梯度是一个矢量，定义为 $G[f(i, j)]$。

$$G[f(i, j)] = \left[\left(\frac{\partial f}{\partial i}\right)^2 + \left(\frac{\partial f}{\partial j}\right)^2\right]^{1/2} \tag{7-12}$$

对离散图像而言，可用差分法近似计算上述公式，得到：

$$G[f(i,j)] = \{[f(i,j) - f(i-1,j)]^2 + [f(i,j) - f(i,j-1)]^2\}^{1/2} \tag{7-13}$$

这正是双方向一次微分运算。为了便于编程和提高运算，在某些场合可进一步简化为：

$$G[f(i,j)] = |f(i,j) - f(i-1,j)| + |f(i,j) - f(i,j-1)| \tag{7-14}$$

对于图像 $f(i,j)$，它在点 (i,j) 处的梯度是一个矢量或者称为向量，各向同性。定义为：

$$g[f(i,j)] = \begin{pmatrix} \dfrac{\partial f}{\partial i} \\ \dfrac{\partial f}{\partial j} \end{pmatrix} \tag{7-15}$$

梯度是有方向的，和边缘的方向总是正交（垂直）的，其方向导数在边缘法线方向上取得局部最大值。怎样求 $f(i,j)$ 梯度的局部最大值和方向呢？$f(i,j)$ 沿方向 r 的梯度为：

$$\frac{\partial f}{\partial r} = \frac{\partial f}{\partial i} \cdot \frac{\partial i}{\partial r} + \frac{\partial f}{\partial j} \cdot \frac{\partial j}{\partial r} = f_i \cos\theta + f_j \sin\theta \tag{7-16}$$

$\dfrac{\partial f}{\partial r}$ 的最大值条件是 $\dfrac{\partial \left[\dfrac{\partial f}{\partial r}\right]}{\partial \theta} = 0$

即：

$$-f_i \sin\theta + f_j \cos\theta = 0 \tag{7-17}$$

梯度方向对应于 $f(i,j)$ 最大变化率方向，即

$$\theta_g = \tan^{-1} f_j / f_i$$

梯度的计算方法有：

$$\nabla f = \begin{bmatrix} G_x \\ G_y \end{bmatrix} = \begin{bmatrix} \dfrac{\partial f}{\partial x} \\ \dfrac{\partial f}{\partial y} \end{bmatrix} \tag{7-18}$$

$$\nabla f \approx |G_x| + |G_y| \tag{7-19}$$

$$|\nabla f(\infty)| = \max\left\{\left|\frac{\partial f}{\partial x}\right|, \left|\frac{\partial f}{\partial x}\right|\right\} \tag{7-20}$$

$$\nabla f = \mathrm{mag}(\nabla f) = [G_x^2 + G_y^2]^{1/2} = \left[\left(\frac{\partial f}{\partial x}\right)^2 + \left(\frac{\partial f}{\partial x}\right)^2\right]^{1/2} \tag{7-21}$$

7.4.1　提升边缘

1. 理论基础

利用微分运算或者边缘检测算子，算出梯度后让梯度值等于该点的灰度值，即：

$$f(i,j) = G[f(i,j)]$$

这种方法直截了当。但在均匀的区域，因梯度值 $G[f(i,j)]$ 很小，会表现出图像很暗的特性，这在某些场合是不适宜的。就像在前面看到的微分效果一样，除了黑色的背景，几乎看不出什么边界，为了减少这类不利效果的影响，不丢失低频信息，提升边缘强度，对边缘求梯度后，将图像和梯度图像叠加在一起，内容完整保留，而突出高频成分，同时，具有边缘

锐化处理的效果。

为了突出边缘显示，可以先找出边缘，在此基础上给边缘规定一个特定的灰度级，即：

$$g(i,j)=\begin{cases} G[f(i,j)]+100 & G[f(i,j)]\geq T \\ f(i,j) & \text{其他} \end{cases}$$ （7-22）

该方法基本上既不破坏图像的背景，又可增强边缘。这是因为 $G[f(i,j)]$ 表示的是两个像素点之间灰度差的大小，也就是梯度的大小。对于图像而言，物体和物体之间，背景和背景之间的梯度变化一般很小，灰度变化较大的地方一般集中在图像的边缘上，也就是物体和背景交接的地方。设定一个合适的阈值 T，$G[f(i,j)]$ 大于 T 就认为该像素点处于图像的边缘，对结果加 100，以使边缘变亮，而 $G[f(i,j)]$ 不大于 T 就认为该像素点是图像的同类像素（同是物体或同是背景）。这样既增亮了物体的边界，同时又保留了图像背景原来的状态。

更直接加亮边界的方法是边缘指定一个灰度级，即：

$$G(i,j)=\begin{cases} L_a & G[f(i,j)]\geq T \\ f(i,j) & \text{其他} \end{cases}$$ （7-23）

L_a 为一指定的灰度值。这种处理实际上是门限锐化的一种特殊形式，它将边界的灰度值统一化，这样可以使边界更加清晰明显。该方法基本上不破坏图像的背景，又可找到边缘，并根据需要增强边缘。

2. 函数说明

retval=getpixel((x,y))函数用来获取图像中某一点的像素的 RGB 颜色值，getpixel 的参数是一个像素点的坐标。

retval：像素值；

（x,y）：像素点坐标。

3. 编程代码

```
/********************************************************
*函数名称：gudingruihua()
*功能：给边缘规定一个特定的灰度级。
********************************************************/
import math
from PIL import Image,ImageEnhance
import numpy as np
def gudingruihua():
    global sFilePath
    if sFilePath != 'start':
        img = Image.open(sFilePath)
    else:
        img = Image.open('sucai.jpg')
    img = img.convert('L')    #转换为灰度图
    data = img.getdata()
```

```
w, h = img.size
p_temp = np.full(w * h, 255)
for i in range(1, w - 1):
    for j in range(1, h - 1):
        temp = int(
            math.sqrt((data[w * j + i] - data[w * j + (i - 1)]) * (data[w * j + i] - data[w * j +
            (i - 1)]) + (data[w * j + i] - data[w * (j - 1) + i]) * (data[w * j + i] - data[w * (j
            - 1) + i])))
        if (temp > 20):
            p_temp[w * j + i] = 255
        else:
            p_temp[w * j + i] = img.getpixel((i, j))
narray = p_temp.reshape([h, w])    #转化为 h*w 型的数组
img = Image.fromarray(narray)    #32 位整型像素图
img = img.convert('L')
img.save('result.jpg')
```

4. 效果展示

图像梯度锐化处理效果如图 7-14 所示。左侧为原始图像，右侧为处理后的图像。

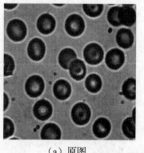
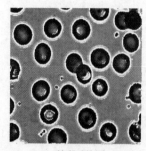

（a）原图　　　　　　　　　　　（b）处理后的图

图 7-14　梯度锐化处理效果图

7.4.2　根据梯度二值化图像

1. 理论基础

对阶跃边缘，在边缘点求一阶导数并取极值。由此，效果展示对数字图像 $f(i, j)$ 的每个像素取它的梯度值 $G(i, j)$，适当取门限 T 做如下判断：若 $G(i, j) > T$ 则 (i, j) 点为阶跃边缘点，$G(i, j)$ 称为梯度算子的边缘图像。

$$G(i, j) = \begin{cases} L_a & G[f(i, j)] \geqslant T \\ L_b & \text{其他} \end{cases} \tag{7-24}$$

L_a 和 L_b 为指定的灰度值。

梯度是向量，各向同性。梯度方向对应于 $F(i, j)$ 最大变化率方向上，即

$$Q = \arctan\left[\frac{\partial f(i,j)}{\partial j} \Big/ \frac{\partial f(i,j)}{\partial i}\right] \qquad （7-25）$$

梯度幅度与相邻像素的灰度级成比例，在灰度陡变区域，梯度值大，在灰度相似区域，梯度值小，在灰度级为常数区域，梯度为零。这样处理可以使图像锐化的结果更加清晰，把图像中效果展示感兴趣的部分突显出来，去除了效果展示不感兴趣的部分。

2. 编程代码

```
/**********************************************************
*函数名称：tiduerzhihua()
*功能：根据梯度对图像进行二值化处理。
**********************************************************/
import math
from PIL import Image,ImageEnhance
import numpy as np
import cv2
def tiduerzhihua():
    global sFilePath
    if sFilePath != 'start':
        img = cv2.imread(sFilePath, cv2.IMREAD_GRAYSCALE)
    else:
        img = cv2.imread('sucai.jpg', cv2.IMREAD_GRAYSCALE)
    h, w = img.shape[:2]
    data = img.reshape(-1)
    p_temp = np.full(h * w, 255)
    for i in range(1, h - 1):
        for j in range(1, w - 1):
            temp = int(
                math.sqrt((int(data[w * i + j]) - int(data[w * (i + 1) + (j + 1)])) *
                        (int(data[w * i + j]) - int(data[w * (i + 1) + (j + 1)]))
                        + (int(data[w * i + j + 1]) - int(data[w * (i + 1) + j])) *
                        (int(data[w * i + j + 1]) - int(data[w * (i + 1) + j]))))
            if (temp > 30):
                p_temp[w * i + j] = 255
            else:
                p_temp[w * i + j] = 0
    narray = p_temp.reshape([h, w])    #转化为 h*w 型的数组
    img = Image.fromarray(narray)    #32 位整型像素图  'I'
    img = img.convert('L')
    img.save('result.jpg')
```

3. 效果展示

图像根据梯度二值化处理效果如图 7-15 所示。左侧为原始图像，右侧为处理后的图像。

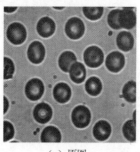
（a）原图

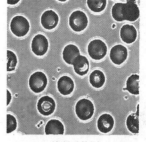
（b）处理后的图

图 7-15　根据梯度二值化处理效果图

小结

　　图像边缘信息在图像分析和人的视觉中都是十分重要的，是图像识别中提取图像特征的一个重要特性。微分运算是图像边缘锐化的基本方法，基于微分运算的图像微分边缘检测包括纵向微分边缘检测（纵向微分运算）、横向微分边缘检测（横向微分运算）及双向一次微分边缘检测（双向一次微分运算）。利用计算机进行图像边缘锐化处理有两个目的，一是增强图像边缘，使图像的质量有所改善，本章的梯度锐化就是介绍这方面的内容；二是希望经过锐化处理后目标物体的边缘鲜明，以便于计算机提取目标物体的边界，为图像理解和分析打下基础。

　　本章的边缘检测算子包括 Roberts 算子、Sobel 算子、Prewitt 算子、Krisch 算子、LoG 算子。

　　Roberts 算子利用局部差分算子寻找边缘，边缘定位精度较高，但容易丢失一部分边缘，同时由于图像没经过平滑处理，因此不具备能抑制噪声能力。对陡峭边缘且含噪声少的图像处理效果较好。Sobel 算子和 Prewitt 算子先做加权平滑处理，再做微分运算，平滑部分的权值有些差异，对噪声具有一定的抑制能力，但不能完全排除虚假边缘。虽然这两个算子边缘定位效果不错，但检测出的边缘容易出现多像素宽度。Laplacian 算子是不依赖于边缘方向的二阶微分算子，对阶跃型边缘点定位准确，对噪声非常敏感，抗噪声能力差，容易丢失一部分边缘的方向信息，造成边缘不连续。LoG 算子先用高斯函数平滑处理滤波，后用 Laplacian 算子检测边缘，克服其抗噪声能力差的缺点，但同时也平滑掉比较尖锐的边缘，尖锐边缘无法被检测到。该算子为低通滤波器，通频带越窄，对高频噪声的抑制作用越大，避免了虚假边缘的检出，同时信号的边缘也被平滑处理掉了，造成某些边缘点的丢失。反之，通频带越宽，越可以检测到更高频率的细节，但对噪声的抑制能力下降，容易出现虚假边缘。高斯函数中方差参数的选择很关键，对图像边缘检测效果有很大的影响。

习题

1. 分析比较平滑处理与锐化处理在原理、处理方式及处理效果上的异同点。
2. 对于如下数字图像，应用何种方法，能够检测出物体的边缘。写出检测公式。

$$\begin{bmatrix} 0 & 0 & 1 & 255 & 255 & 255 & 255 \\ 1 & 1 & 1 & 254 & 253 & 254 & 254 \\ 0 & 0 & 0 & 255 & 255 & 253 & 253 \\ 1 & 1 & 0 & 254 & 254 & 254 & 254 \end{bmatrix}$$

3．写出双向一次微分运算的数学表达式。

4．简述梯度锐化的目的，比较用纵向微分运算、横向微分运算、双向一次微分运算作为梯度哪一种效果更好。

5．最基本的一类边缘检测算子是微分算子类。包括哪些？

6．简述 Sobel 边缘检测算子的实现方法。

7．一阶微分算子与二阶微分算子在提取图像的细节信息时，有什么异同？

第 8 章

图像形态学处理

8.1 概述

数学形态学以图像的形态特征为研究对象，描述图像的基本特征和基本结构，也就是描述图像中元素与元素、部分与部分间的关系。目标和结构元素是形态学的基本术语。将被考察或者被处理的图像称为目标图像（X），在考察目标图像各部分之间的关系时，需要设计一种收集信息的"探针"，称为"结构元素"（S），在图像中不断移动结构元素，就可以考察图像之间各部分的关系。设有两幅图像 B、X。若 X 是被处理的对象，而 B 是用来处理 X 的，则 B 为结构元素，又被形象地称作刷子。结构元素通常都是一些比较小的图像。

通常形态学图像处理表现为一种邻域运算形式，在每个像素位置上邻域结构元素与二值图像对应的区域进行特定的逻辑运算，逻辑运算的结果为输出图像的相应像素。为了确定目标图像的结构，必须逐个考察各部分之间的关系，并且进行检验，最后得到一个各部分之间关系的集合。一般来说，结构元素的尺寸要明显小于目标图像的尺寸。

数学形态学的运算以腐蚀和膨胀这两种基本运算为基础，引出了其他几个常用的数学形态运算，最常见的基本运算有七种，分别为：腐蚀、膨胀、开运算、闭运算、细化等，它们是全部形态学的基础。用这些运算及其组合可以进行图像形状和结构的分析及处理，包括图像分割、特征抽取、边缘检测、图像滤波、图像增强和恢复等方面的工作。

8.2 图像腐蚀

1. 理论基础

腐蚀是数学形态学的最为基本的运算之一，腐蚀在数学形态学中的作用是消除物体边界点，是使边界向内部收缩的过程，可以把小于结构元素的物体去除。这样选取不同大小的结构元素，就可以去除不同大小的物体。如两个物体间有细小的连通，通过腐蚀可将两个物体分开。腐蚀的数学表达式是：

$$S = X \otimes B = \{x, y \mid B_{xy} \subseteq X\} \tag{8-1}$$

式中，S 表示腐蚀后的二值图像集合，B 表示用来进行腐蚀的结构元素，结构元素内的每个元素取值为 0 或 1，它可以组成任何一种形状的图形，在 *B* 图形中有一个中心点；*X* 表示原图像经过二值化后的像素集合。此公式的含义是用 *B* 来腐蚀 *X* 得到的集合 *S*，*S* 是 *B* 完全包括在 *X* 中时 *B* 的当前位置的集合。通常拖动结构元素在 *X* 图像域移动，横向移动间隔取 1 个像素，纵向移动间隔取 1 个扫描行。在每一个位置上，当结构元素 *B* 的中心点平移到 *X* 图像上的某一点(x,y)时，如果结构元素内的每一个像素都与以(x,y)为中心的相同邻域中对应像素完全相同，那么就保留(x,y)像素点；对于原图中不满足条件的像素点则全部删除，从而达到使物体边界向内收缩的效果。为了进一步明确腐蚀的原理，下面通过图 8-1 来说明。

图 8-1　$X \otimes B$ 示意图

左边是被处理图像的二值图像，针对的是黑点，中间是结构元素 *B*，标有 1 的点是中心点，即当前处理元素的位置，用 *B* 的中心点和 *X* 上的点一个一个地对比，如果 *B* 上的所有对应的点都在 *X* 的范围内，则该点保留，否则将该点去掉；右边是腐蚀后的结果。可以看出，它仍在原来 *X* 的范围内，且比 *X* 包含的点要少，就像 *X* 被腐蚀掉了一层。

腐蚀示意图如图 8-2 所示，可见用结构元素 *B*（图 8-2（b））对目标图像 *X*（图 8-2（a））进行腐蚀运算并得到运算结果（图 8-2（c））的过程。图 8-2（a）中白色的部分代表背景，灰色的部分代表目标图像 *X*。图 8-2（b）中黑色的方格代表结构元素的中心点，灰色的方格代表邻域。图 8-2（c）中黑色的部分表示腐蚀后的结果，灰色的部分表示目标图像被腐蚀掉的部分。在腐蚀处理过程中，将结构元素在图像中移动，如果结构元素完全包含在目标图像 *X* 中，则保留目标图像中对应于中心点的像素点，否则删除像素点。

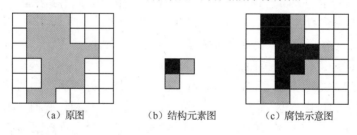

（a）原图　　　　　　　（b）结构元素图　　　　　　（c）腐蚀示意图

图 8-2　腐蚀示意图

通过这个例子可以看出，腐蚀实际上是把图像的外围去掉，同时保留图像内部的部分。

8.2.1　水平腐蚀

1. 理论基础

水平腐蚀的原理同上面介绍的相同，只是使用的结构元素不同，水平腐蚀所用的结构元素[0 0 0]如图 8-3 所示。

图 8-3　结构元素[0 0 0]示意图

2. 函数说明

（1）OpenCV 中提供了 cv2.getStructuringElement()函数来实现构造腐蚀、膨胀所采取的结构，其一般格式为：

```
retval = cv2.getStructuringElement(shape, ksize,anchor = None)
```

retval：返回构造的特定结构；

shape：代表形状类型，其中类型有以下三种：

- cv2. MORPH_RECT，矩形结构元素，所有元素值都是 1；
- cv2. MORPH_CROSS，十字形结构元素，对角线元素值都是 1；
- cv2. MORPH_ELLIPSE，椭圆形结构元素；

ksize：代表形状元素的大小，写法为元组(width,height)；

anchor：坐标(x,y)，元素内的锚点位置。默认值为(-1,-1)即结构化元素的中心。

（2）OpenCV 中提供了 cv2.erode()函数来实现图像的腐蚀操作，其一般格式为：

```
retval = cv2. erode (src,k[, anchor[, iterations[, boderType[, boderValue]]]])
```

retval：表示返回的腐蚀处理结果；

src：表示原始图像，即需要被腐蚀的图像；

k：表示腐蚀操作时所要采取的结构类型；

anchor：表示锚点的位置，默认为（-1,-1），表示在结构元素的中心；

iterations：表示腐蚀操作的迭代次数；

boderType：表示边界样式，一般默认使用 BORDER_CONSTANT；

boderValue：表示边界值，一般使用默认值。

3. 编程代码

```
/*************************************************************
*函数名称：shuipingfushi()
*功能：对图像进行水平腐蚀。
*************************************************************/
import cv2
def shuipingfushi():
    global sFilePath
    if sFilePath != 'start':
        img = cv2.imread(sFilePath)
    else:
        img = cv2.imread('sucai.jpg')
    # 创建结构元素
    s = cv2.getStructuringElement(cv2.MORPH_RECT, (3, 1))
    # 腐蚀图像
    r = cv2.erode(img, s, iterations=3)
    cv2.imwrite("result.jpg", r)
```

4. 效果展示

图像水平腐蚀处理效果如图 8-4 所示。左侧为原始图像，右侧为处理后的图像。

（a）原图　　　　　　　　　（b）处理后的图

图 8-4　水平腐蚀处理效果图

8.2.2　垂直腐蚀

1. 理论基础

垂直腐蚀所用的结构元素为 $\begin{bmatrix} 0 \\ 0 \\ 0 \end{bmatrix}$，如图 8-5 所示。

图 8-5　结构元素示意图

2. 编程代码

```
/*********************************************************
*函数名称：chuizhifushi()
*功能：对图像进行垂直腐蚀。
*********************************************************/
import cv2
def chuizhifushi():
    global sFilePath
    if sFilePath != 'start':
        img = cv2.imread(sFilePath)
    else:
        img = cv2.imread('sucai.jpg')
    # 创建结构元素
    s = cv2.getStructuringElement(cv2.MORPH_RECT, (1, 3))
    # 腐蚀图像
    r = cv2.erode(img, s, iterations=3)
    cv2.imwrite("result.jpg", r)
```

3. 效果展示

图像垂直腐蚀处理效果如图 8-6 所示。左侧为原始图像，右侧为处理后的图像。

（a）原图　　　　　　　　　　（b）处理后的图

图 8-6　垂直腐蚀处理效果图

8.2.3　全方向腐蚀

1．理论基础

全方向腐蚀所用的结构元素如图 8-7 所示。

图 8-7　全方向腐蚀结构元素示意图

2．编程代码

```
/***********************************************************
*函数名称：quanfangxiangfushi()
*功能：对图像进行全方向腐蚀。
***********************************************************/
import cv2
def quanfangxiangfushi():
    global sFilePath
    if sFilePath != 'start':
        img = cv2.imread(sFilePath)
    else:
        img = cv2.imread('sucai.jpg')
    # 创建结构元素
    s = cv2.getStructuringElement(cv2.MORPH_RECT, (3, 3))
    # 腐蚀图像
    r = cv2.erode(img, s, iterations=3)
    cv2.imwrite("result.jpg", r)
```

3．效果展示

图像全方向腐蚀处理效果如图 8-8 所示。左侧为原始图像，右侧为处理后的图像。

通过对比可以看出，水平腐蚀后的图像在水平方向变窄，垂直腐蚀后的图像在垂直方向变窄，全方位腐蚀后的图像无论在水平方向还是在垂直方向都收缩变窄。

 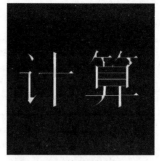

（a）原图　　　　　　　　（b）处理后的图

图8-8　全方向腐蚀处理效果图

8.3　图像膨胀

1. 理论基础

　　膨胀是数学形态学中除腐蚀之外的另一种基本运算。膨胀在数学形态学中的作用与腐蚀的作用正好相反，它是对二值化物体边界点进行扩充，将与物体边界点接触的所有背景点合并到该物体中，从而使边界向外部扩张的过程。如果两个物体之间的距离比较近，则膨胀运算可能会把两个物体连通到一起，膨胀对填补图像分割后物体中的空洞很有用。膨胀的数学表达式是：

$$S = X \oplus B = \{x, y \mid B_{xy} \cap X \neq \varphi\} \tag{8-2}$$

式中，S 表示膨胀后的二值图像集合；B 表示用来进行膨胀的结构元素，结构元素内的每一个元素取值为 0 或 1，它可以组成任何一种形状的图形，在图形中有一个中心点；X 表示原图像经过二值化后的像素集合。

　　此公式的含义是用 B 来膨胀 X 而得到的集合 S，S 是由 B 映像的位移与 X 至少有一个像素相同时 B 的中心点位置的集合。通常是拖动结构元素在 X 图像域移动，横向移动间隔取 1个像素，纵向移动间隔取 1 个扫描行。在每一个位置上，当结构元素 B 的中心点平移到 X 图像上的某一点(x,y)时，如果结构元素的像素与目标物体至少有一个像素相交，那么就保留(x,y)像素点，从而达到使物体边界向外扩张的效果。为了进一步明确说明膨胀的原理，通过图 8-9来说明。

图8-9　$X \oplus B$ 示意图

　　如图 8-9 所示，左边是被处理的二值图像，针对的是黑点，中间是结构元素 B。膨胀的方法是，拿 B 的中心点和 X 上的点及 X 周围的点一个一个地对比，如果 B 上有一个点落在 X 的范围内，则该点就为黑；右边是膨胀后的结果。可以看出，它包括 X 的所有范围，就像 X 膨胀了一圈似的。

　　膨胀示意图如图 8-10 所示，可见用结构元素 B（图 8-10（b））对目标图像 X（图 8-10（a））进行膨胀运算并得到运算结果（图 8-10（c））的过程。图 8-10（a）中白色的部分代表背景，灰色的部分代表目标图像 X。图 8-10（b）中黑色的方格代表结构元素的中心点，灰色的方格代表邻域。图 8-10（c）中灰色的部分表示原目标图像，黑色的部分表示膨胀出来的结果。在膨胀处理过程中，将结构元素在图像中移动，如果结构元素的邻域与目标图像 X 有部分重合，则保留图像中对应于中心点的像素点。

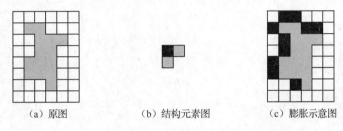

（a）原图　　　　　　　（b）结构元素图　　　　　　　（c）膨胀示意图

图 8-10　膨胀示意图

　　通过这个例子可以看出，膨胀实际上是把图像的外围扩充了一圈，同时保留图像内部的部分。

8.3.1　水平膨胀

1. 理论基础

水平膨胀所用的结构元素如图 8-11 所示。

图 8-11　水平膨胀结构元素示意图

2. 实现步骤

（1）OpenCV 中提供了 cv2.dilate() 函数来实现图像的膨胀操作，其一般格式为：

```
retval = cv2. dilate (src,k[, anchor[, iterations[, boderType[, boderValue]]]])
```

retval：表示返回的膨胀处理结果；

src：表示原始图像，即需要被膨胀的图像；

k：表示膨胀操作时所要采取的结构类型；

anchor：表示锚点的位置，默认为（−1,−1），表示在结构元素的中心；

iterations：表示膨胀操作的迭代次数；

boderType：表示边界样式，一般默认使用 BORDER_CONSTANT；

boderValue：表示边界值，一般使用默认值。

3. 编程代码

```
/************************************************************
*函数名称：shuipingpengzhang()
*功能：对图像进行水平膨胀处理。
************************************************************/
import cv2
def shuipingpengzhang():
    global sFilePath
    if sFilePath != 'start':
        img = cv2.imread(sFilePath)
    else:
        img = cv2.imread('sucai.jpg')
    # 创建结构元素
    s = cv2.getStructuringElement(cv2.MORPH_RECT, (3,1))
    # 膨胀图像
    d = cv2.dilate(img, s, iterations=3)
    cv2.imwrite("result.jpg", d)
```

4. 效果展示

图像水平膨胀处理效果如图 8-12 所示。左侧为原始图像，右侧为处理后的图像。

(a) 原图   (b) 处理后的图

图 8-12　水平膨胀处理效果图

8.3.2　垂直膨胀

1. 理论基础

垂直膨胀所用的结构元素如图 8-13 所示。

图 8-13　垂直膨胀结构元素示意图

2. 编程代码

```
/*************************************************************
*函数名称：chuizhipengzhang()
*功能：对图像进行垂直膨胀处理。
*************************************************************/
import cv2
def chuizhipengzhang():
    global sFilePath
    if sFilePath != 'start':
        img = cv2.imread(sFilePath)
    else:
        img = cv2.imread('sucai.jpg')
    # 创建结构元素
    s = cv2.getStructuringElement(cv2.MORPH_RECT, (1,3))
    # 膨胀图像
    d = cv2.dilate(img, s, iterations=3)
    cv2.imwrite("result.jpg", d)
```

3. 效果展示

图像垂直膨胀处理效果如图 8-14 所示。左侧为原始图像，右侧为处理后的图像。

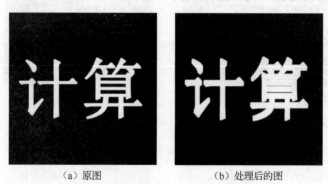

（a）原图　　　　　　　　（b）处理后的图

图 8-14　垂直膨胀处理效果图

8.3.3　全方向膨胀

1. 理论基础

全方向膨胀所用的结构元素如图 8-15 所示。

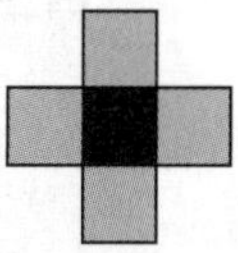

图 8-15　全方向膨胀结构元素示意图

2. 编程代码

```
/*************************************************************
*函数名称：quanfangxiangpengzhang()
*功能：对图像进行全方向膨胀处理。
```

```
**********************************************************/
import cv2
def quanfangxiangpengzhang():
    global sFilePath
    if sFilePath != 'start':
        img = cv2.imread(sFilePath)
    else:
        img = cv2.imread('sucai.jpg')
    # 创建结构元素
    s = cv2.getStructuringElement(cv2.MORPH_RECT, (3,3))
    # 膨胀图像
    d = cv2.dilate(img, s, iterations=3)
    cv2.imwrite("result.jpg", d)
```

3. 效果展示

图像全方向膨胀处理效果如图 8-16 所示。左侧为原始图像，右侧为处理后的图像。

（a）原图　　　　　　　　　　（b）处理后的图

图 8-16　全方向膨胀处理效果图

通过对比可以看出，水平膨胀后的图像在水平方向变粗，垂直膨胀后的图像在垂直方向上变粗，全方向膨胀后的图像无论是水平方向还是垂直方向都膨胀变粗。

8.4　图像开运算与闭运算

8.4.1　图像开运算

1. 理论基础

在上两节中介绍的腐蚀和膨胀，看上去好像是一对互逆的操作，实际上，这两种操作不具有互逆的关系。开运算和闭运算正是依据腐蚀和膨胀的不可逆性演变而来的。先腐蚀后膨胀的过程就称为开运算。原始图像经过开运算后，能够去除孤立的小点、毛刺和小桥（即连通两块区域的小点），平滑处理较大物体的边界，同时并不明显改变其面积。

开运算的数学表达式是：

$$S = X \circ B = (X \otimes B) \oplus B \tag{8-3}$$

式中 S 表示进行开运算后的二值图像集合；B 表示用来进行开运算的结构元素，结构元素内的每一个元素取值为 0 或 1，它可以组成任何一种形状的图形，在图形中有一个中心点；X 表示原图像经过二值化后的像素集合。

此公式的含义是用 B 来开启 X 得到的集合 S，S 是所有在集合结构上不小于结构元素 B 的部分的集合，也就是选出了 X 中的某些与 B 相匹配的点，而这些点则可以通过完全包含在 X 中的结构元素 B 的平移来得到。

运算示意图如图 8-17 所示，左边是被处理的二值图像，针对的是黑点，中间是结构元素 B，那个标有 1 的点是中心点，即当前处理元素的位置，在介绍模板操作时也有过类似的概念。拿 B 的中心点和 X 上的点一个一个地对比。对于腐蚀运算：如果 B 上的所有点都在 X 的范围内，则该点保留，否则将该点去掉。对于膨胀运算：如果 B 上有一个点落在 X 的范围内，则该点就为黑。

```
0000000000      0000000000      0000000000
0000000100  00000  0000000000  0000000000
0111011110  01110  0000000000  0111011110
0111011110  01110  0010001100  0111011110
0111111110  01110  0000000000  0111011110
0000000000  00000  0000000000  0000000000
    X         B       X⊗B       (X⊗B)⊕B
```

图 8-17 $(X \otimes B) \oplus B$ 示意图

经过开运算后，能够去除孤立的小点、毛刺和小桥（即连通两块区域的小点），平滑处理较大物体的边界，同时并不明显改变其面积。

2. 函数说明

（1）在 OpenCV 中提供了 cv2.morphologyEx() 函数实现图像的梯度运算，其一般格式为：

```
retval = cv2. morphologyEx (src,op, k[,anchor[,iterations[,boderType[,boderValue]]]])
```

retval：表示返回运算的结果；

src：表示原始图像；

op：表示操作类型，当设置为 cv2.MORPH_GRADIENT 时，表示对图像进行梯度运算，当设置为 cv2.MORPH_OPEN 和 cv2.MORPH_CLOSE 时，可以对图像实现开运算与闭运算的操作；

参数 k、anchor、iterations、boderType 和 boderValue 与 cv2.dilate() 函数的参数用法一致。

3. 编程代码

```
/*******************************************************
*函数名称：kaiyunsuan()
*功能：对图像进行开运算处理。
*******************************************************/
import cv2
```

```
def kaiyunsuan():
    global sFilePath
    if sFilePath != 'start':
        img = cv2.imread(sFilePath)
    else:
        img = cv2.imread('sucai.jpg')
    s = cv2.getStructuringElement(cv2.MORPH_RECT, (3, 3))
    d = cv2.morphologyEx(img, cv2.MORPH_OPEN, s, iterations=2)
    cv2.imwrite("result.jpg", d)
```

4. 效果展示

图像开运算处理效果如图 8-18 所示。左侧为原始图像，右侧为处理后的图像。

（a）原图　　　　　　　　　　（b）处理后的图

图 8-18　开运算处理效果图

8.4.2　图像闭运算

1. 理论基础

闭运算是一种图像处理操作，它通过先执行膨胀再进行腐蚀的顺序来实现，与开运算的执行次序相反。其功能是用来填充物体内细小空洞、连接邻近物体、平滑其边界，断裂的地方被弥合了，而总的位置和形状不变。

闭运算的数学表达式是

$$S = X \cdot B = (X \oplus B) \otimes B \tag{8-4}$$

式中，S 表示进行闭运算后的二值图像集合，B 表示用来进行闭运算的结构元素，结构元素内的每一个元素取值为 0 或 1，它可以组成任何一种形状的图形，在图形中有一个中心点；X 表示原图像经过二值化后的像素集合。

此公式的含义是用 B 来闭合 X 得到的集合 S，就是图像 X 与经过映射和平移的结构元素 B 的交集不为空的点的集合。

运算示意图如图 8-19 所示，左边是被处理的二值图像，针对的是黑点，中间是结构元素 B，那个标有 1 的点是中心点，即当前处理元素的位置，在介绍模板操作时也有过类似的概念。拿 B 的中心点和 X 上的点一个一个地对比。对于膨胀运算：如果 B 上有一个点落在 X

的范围内，则该点就为黑。对于腐蚀运算：如果 B 上的所有点都在 X 的范围内，则该点保留，否则，将该点去掉。

```
0000000000                 0000001110        0000000000
00000001100   00000        1111111111        0000000000
0111011110    0110         1111111111        0111111110
0111011110    0110         1111111111        0111111110
0111111110    0110         1111111111        0111111110
0000000000    00000        1111111111        0000000000
     X          B             X⊕B            (X⊕B)⊗B
```

图 8-19　$(X \oplus B) \otimes B$ 示意图

左边是被处理的二值图像，针对的是黑点，右边是结构元素 B，随后的两幅图像中左边是膨胀后的结果，右边是在此基础上腐蚀的结果。可以看到，原图经过闭运算后，断裂的地方被弥合了，而总的位置和形状不变。这就是闭运算的作用。

2．编程代码

```
/*************************************************************
*函数名称：biyunsuan()
*功能：对图像进行闭运算处理。
*************************************************************/
import cv2
def biyunsuan():
    global sFilePath
    if sFilePath != 'start':
        img = cv2.imread(sFilePath)
    else:
        img = cv2.imread('sucai.jpg')
    s = cv2.getStructuringElement(cv2.MORPH_RECT, (3, 3))
    d = cv2.morphologyEx(img, cv2.MORPH_CLOSE, s, iterations=2)
    cv2.imwrite("result.jpg", d)
```

4．效果展示

图像闭运算处理效果如图 8-20 所示。左侧为原始图像，右侧为处理后的图像。

（a）原图

（b）处理后的图

图 8-20　闭运算处理效果图

8.5　形态学梯度运算

1. 理论基础

形态学梯度运算是利用图像的膨胀图像减去腐蚀图像的一种形态学操作，这种操作可以获得图像的边缘信息。

形态学梯度的定义：

$$S = X \oplus B - X \otimes B$$

式中，S 为输出的图像；X 为输入原始图像；B 为结构元。梯度运算的过程就是膨胀结果减去腐蚀结果。

2. 函数说明

在 OpenCV 中提供了 cv2.morphologyEx()函数实现图像的梯度运算，其一般格式为：

dst = cv2. morphologyEx (src,op, k[,anchor[,iterations[,boderType[,boderValue]]]])

dst：表示返回梯度运算的结果；

src：表示原始图像；

op：表示操作类型，当设置为 cv2.MORPH_GRADIENT 时，表示对图像进行梯度运算。

参数 k、anchor、iterations、boderType 和 boderValue 与 cv2.dilate()函数的参数用法一致。

3. 编程代码

```
/*******************************************************
*函数名称：tiduyunsuan()
*功能：对图像进行形态学梯度运算处理。
*******************************************************/
import cv2 as cv
import numpy as np
def tiduyunsuan():
    global sFilePath
    if sFilePath != 'start':
        img = cv2.imread(sFilePath)
    else:
        img = cv2.imread('sucai.jpg')
    title = '结构元素'
    msg = '请输入结构元素大小'
    k = int(easygui.enterbox(msg, title))
    # 构建 k*k 的结构元素
    k3 = np.ones((k,k), np.uint8)
    r3 = cv2.morphologyEx(img, cv2.MORPH_GRADIENT, k3)
    cv2.imwrite("result.jpg", r3)
```

4. 效果展示

图像的形态学梯度运算处理效果如图 8-21 所示。其中，图 8-21（a）是原始图像；图 8-21（b）是结构元 k=2×2 的梯度运算结果；图 8-21（c）是结构元 k=5×5 的梯度运算结果。从图 8-21（b）和图 8-21（c）中可以看出，随着结构元 k 的增大，扫描到的边缘会越来越粗，以至于无法分辨出边缘。

（a）原图　　　　　　　　　（b）k=2×2　　　　　　　　（c）k=5×5

图 8-21　形态学梯度运算处理效果

8.6　黑帽与礼帽运算

1. 理论基础

黑帽与礼帽运算建立在开运算与闭运算的基础上。

（1）黑帽运算

黑帽运算是用原始图像减去闭运算的结果，即

$$S = X - X \cdot B = X - (X \oplus B) \otimes B$$

它可以获得比原始图像边缘更加黑暗的边缘部分，或者获得图像内部的小孔。

（2）礼帽运算

礼帽运算是用原始图像减去开运算的结果，即

$$S = X - X \circ B = X - (X \otimes B) \oplus B$$

它可以获得图像的噪声信息或者比原始图像边缘更亮的边缘部分。

2. 函数说明

在 OpenCV 中提供了比较方便的函数 cv2.morphologyEx() 来直接实现图像的黑帽运算与礼帽运算。当将 op 参数设置为 cv2.MORPH_BLACKHAT 和 cv2.MORPH_TOPHAT 时，可以对图像进行黑帽与礼帽运算的操作。

3. 编程代码

```
/*************************************************************
*函数名称：heimaoyunsuan()
```

```
*功能：图像的黑帽运算。
**************************************************/
import cv2 as cv
import numpy as np
def heimaoyunsuan():
    global sFilePath
    if sFilePath != 'start':
        img = cv2.imread(sFilePath)
    else:
        img = cv2.imread('sucai.jpg')
    # 构建 5*5 的结构元素
    k = np.ones((5, 5), np.uint8)
    r = cv2.morphologyEx(img, cv2.MORPH_BLACKHAT, k)
    cv2.imwrite("result.jpg", r)


/**************************************************
*函数名称：limaoyunsuan()
*功能：图像的礼帽运算。
**************************************************/
import cv2 as cv
import numpy as np
def limaoyunsuan():
    global sFilePath
    if sFilePath != 'start':
        img = cv2.imread(sFilePath)
    else:
        img = cv2.imread('sucai.jpg')
    # 构建 5*5 的结构元素
    k = np.ones((5, 5), np.uint8)
    r = cv2.morphologyEx(img, cv2.MORPH_TOPHAT, k)
    cv2.imwrite("result.jpg", r)
```

4. 效果展示

图像的黑帽运算处理效果如图 8-22 所示，礼帽运算处理效果图如 8-23 所示。

（a）原图　　　　　　　　　　（b）处理后的图

图 8-22　黑帽运算处理效果

其中，图 8-22（a）为原始图像；图 8-22（b）为对图 8-22（a）进行黑帽运算的结果。可以看出，黑帽运算可以将目标内部暗的部分提取出来。

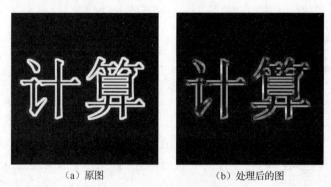

（a）原图　　　　　　　　　　　（b）处理后的图

图 8-23　礼帽运算处理效果

图 8-23（a）为原始图像；图 8-23（b）为对图 8-23（a）进行礼帽运算的结果。可以看出，礼帽运算可以将目标边缘部分提取出来。

8.7　图像细化

1. 理论基础

对图像细化的过程实际上是求图像骨架的过程。图像骨架是二维二值目标的重要拓扑描述，它指的是图像中央的骨骼部分，是描述图像几何及拓扑性质的重要特征之一。例如一个长方形的骨架是其长方向上的中轴线，正方形的骨架是它的中心点，圆的骨架是它的圆心，直线的骨架是它自身，孤立点的骨架也是它自身。细化的目的就是在将图像的骨架提取出来的同时保持图像细小部分的连通性。对图像进行细化处理有助于突出形状特点和减少冗余信息量。

细化的数学表达式为：

$$S = X - X \uparrow B \tag{8-5}$$

式中，↑表示的是击中、不击中变换；S 是二值图像进行细化后的像素集合；B 表示用来进行细化运算的结构元素，结构元素内的每一个元素取值为 0 或 1，它可以组成任何一种形状的图形，在图形中有一个中心点；X 表示原图像经过二值化后的像素集合。

此公式的含义是用 B 来细化 X 得到集合 S，S 是 X 的全部像素点除去击中、不击中变换结果后的集合。

击中、不击中与包含的关系如图 8-24 所示

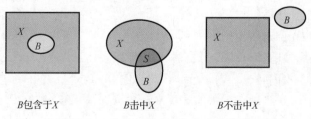

B 包含于 X　　　　　B 击中 X　　　　　B 不击中 X

图 8-24　击中、不击中与包含的关系

在细化一幅图像 X 的过程中应满足两个条件：第一，在细化的过程中，X 应该有规律地缩小；第二，在 X 逐步缩小的过程中，应当使 X 的连通性质保持不变。下面举图 8-25 中的例子来说明如何判断细化处理过程中是否满足以上两个条件。

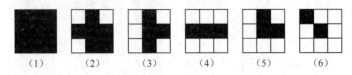

图 8-25　中心点的连接方式

在图 8-25 中，每幅小图的中心点即要判断的是否满足条件的像素点，如满足条件则删除。图（1）不能删，因为它是个内部点，要求的是骨架，如果连内部点也删了，骨架也会被掏空的；图（2）不能删，和图（1）是同样的道理；图（3）可以删，这样的点不是骨架；图（4）不能删，因为删掉后，原来相连的部分也断开了；图（5）可以删，这样的点不是骨架；图（6）不能删，因为它是直线的端点，如果这样的点删了，那么最后整个直线也被删了。

从上例中可以看出，判断一个像素点在细化过程中是否是可以删除，应该和该点周围 8 点邻域内的其他 8 个点综合来判断。设置一个 5×5 的邻域 S 模板，如图 8-26 所示，S 模板中各个位置上的取值取决于模板所对应图像中不同像素的位置，如果 S 模板某一个位置上所对应的像素值为白，模板上该位置赋为 0，否则赋为 1。总结出了 4 个条件来判断像素点是否可以删除，当像素点同时满足这 4 个条件时，这个点就可以删除。这 4 个条件是：

s[0][0]	s[0][1]	s[0][2]	s[0][3]	s[0][4]
s[1][0]	s[1][1]	s[1][2]	s[1][3]	s[1][4]
s[2][0]	s[2][1]	s[2][2]	s[2][3]	s[2][4]
s[3][0]	s[3][1]	s[3][2]	s[3][3]	s[3][4]
s[4][0]	s[4][1]	s[4][2]	s[4][3]	s[4][4]

图 8-26　5×5 的邻域 S 模板

N（s[2][2]）表示以 s[2][2] 为中心的 3×3 邻域内目标像素点（即黑点）的个数，
取其中的 3×3 邻域以 s[2][2] 为中心点，则 T(s[2][2]) 表示序列：
s[1][2], s[1][1], s[2][1], s[3][1], s[3][2], s[3][3], s[2][3], s[1][3], s[1][2] 中 0→1 的变化次数。
取其中的 3×3 邻域以 s[1][2] 为中心点，则 T(s[1][2]) 表示序列：
s[0][2], s[0][1], s[1][1], s[2][1], s[2][2], s[2][3], s[1][3], s[0][3], s[0][2] 中 0→1 的变化次数。
取其中的 3×3 邻域以 s[2][1] 为中心点，则 T(s[2][1]) 表示序列：
s[1][1], s[1][0], s[2][0], s[3][0], s[3][1], s[3][2], s[2][2], s[1][2], s[1][1] 中 0→1 的变化次数。
条件 1：2≤N(s[2][2])≤6；
条件 2：T(s[2][2]))=1；
条件 3：s[1][2]* s[2][1]* s[2][3]=0 同时 T(s[1][2])!=1；
条件 4：s[1][2]* s[2][1]* s[3][2] =0 同时 T(s[2][1])!=1。

如果同时满足以上 4 个条件，则删除该点，否则保留该像素点，重复判断其他像素点直至没有像素点可以删除。

　　细化处理过程就是判断每一个二值化的图像像素点是否满足以上4个条件的过程,满足则删除该点,重复判断直至所有点都不能被删除为止。

2.　编程代码

```
/*************************************************************
*函数名称：xihua()
*功能：对图像进行细化处理。
*************************************************************/
import cv2
import numpy as pp
def xihua():
    global sFilePath
    if sFilePath != 'start':
        image = cv2.imread(sFilePath, 0)
    else:
        image = cv2.imread('sucai.jpg', 0)
    h, w = image.shape[:2]
    for i in range(7):
        temp = np.full_like(image, 255)
        for i in range(2, h - 2):
            for j in range(2, w - 2):
                src_pixel = image[i, j]
                if src_pixel > 127:
                    continue
                S = np.zeros((5, 5), dtype=np.uint8)
                for m in range(5):
                    for n in range(5):
                        if image[i - (2 - m), j - (2 - n)] > 127:
                            S[m, n] = 0
                        else:
                            S[m, n] = 1
                Num = np.sum(S[1:4, 1:4])
                if Num < 2 or Num > 6:
                    temp[i, j] = 0
                    continue
                Num = 0
                if S[1, 2] == 0 and S[1, 1] == 1:
                    Num += 1
                if S[1, 1] == 0 and S[2, 1] == 1:
                    Num += 1
                if S[2, 1] == 0 and S[3, 1] == 1:
                    Num += 1
                if S[3, 1] == 0 and S[3, 2] == 1:
                    Num += 1
                if S[3, 2] == 0 and S[3, 3] == 1:
                    Num += 1
```

```
if S[3, 3] == 0 and S[2, 3] == 1:
    Num += 1
if S[2, 3] == 0 and S[1, 3] == 1:
    Num += 1
if S[1, 3] == 0 and S[1, 2] == 1:
    Num += 1
if Num != 1:
    temp[i, j] = 0
    continue
if S[1, 2] * S[2, 1] * S[2, 3] != 0:
    Num = 0
    if S[0, 2] == 0 and S[0, 1] == 1:
        Num += 1
    if S[0, 1] == 0 and S[1, 1] == 1:
        Num += 1
    if S[1, 1] == 0 and S[2, 1] == 1:
        Num += 1
    if S[2, 1] == 0 and S[2, 2] == 1:
        Num += 1
    if S[2, 2] == 0 and S[2, 3] == 1:
        Num += 1
    if S[2, 3] == 0 and S[1, 3] == 1:
        Num += 1
    if S[1, 3] == 0 and S[0, 3] == 1:
        Num += 1
    if S[0, 3] == 0 and S[0, 2] == 1:
        Num += 1
    if Num == 1:
        temp[i, j] = 0
        continue
if S[1, 2] * S[2, 1] * S[3, 2] != 0:
    Num = 0
    if S[1, 1] == 0 and S[1, 0] == 1:
        Num += 1
    if S[1, 0] == 0 and S[2, 0] == 1:
        Num += 1
    if S[2, 0] == 0 and S[3, 0] == 1:
        Num += 1
    if S[3, 0] == 0 and S[3, 1] == 1:
        Num += 1
    if S[3, 1] == 0 and S[3, 2] == 1:
        Num += 1
    if S[3, 2] == 0 and S[2, 2] == 1:
        Num += 1
    if S[2, 2] == 0 and S[1, 2] == 1:
        Num += 1
    if S[1, 2] == 0 and S[1, 1] == 1:
```

```
                    Num += 1
            if Num == 1:
                    temp[i, j] = 0
                    continue
            temp[i, j] = 255
        image = np.copy(temp)
        cv2.imwrite('result.jpg', image)
)
```

3. 效果展示

图像细化处理效果如图 8-27 所示。左侧为原始图像，右侧为处理后的图像。

（a）原图　　　　　　　　　　　　　（b）处理后的图

图 8-27　图像细化处理效果图

小结

　　形态学运算是针对二值图像依据数学形态学的集合论方法发展起来的图像处理方法，不同于常用的频域或空间域的方法，它是分析几何状况和结构的数学方法，用以描述图像的基本特征。数学形态学的运算以腐蚀和膨胀这两种基本运算为基础，引出了其他几个常用的数学形态学运算。最常见的基本运算有腐蚀、膨胀、开运算、闭运算、细化等。用这些运算及其组合可以进行图像形状和结构的分析及处理，包括图像分割、特征抽取、边缘检测、图像滤波、图像增强和恢复等方面的工作。本章介绍了形态学的基本概念、图像腐蚀、图像膨胀、图像开运算与闭运算、形态学梯度运算、黑帽与礼帽运算、图像细化。

习题

1. 对下图进行先腐蚀、后膨胀处理，请画出处理之后的图（1）。

```
          0000000000
          0000000100      00000
          0111011110      01110
          0111011110      01110
          0111111110      01110
          0000000000      00000
              X              B
```

2．对下图进行先膨胀、后腐蚀处理，请画出处理之后的图（2）。

```
          0000000000
          0000000100      00000
          0111011110      01110
          0111011110      01110
          0111111110      01110
          0000000000      00000
```

3．数学形态学的基本运算有哪些？

4．理解图像腐蚀的实现过程，根据结构 $\begin{bmatrix} 010 \\ 110 \\ 000 \end{bmatrix}$ 编程实现。

5．理解图像膨胀的实现过程，根据结构 $\begin{bmatrix} 010 \\ 110 \\ 000 \end{bmatrix}$ 编程实现。

6．写出腐蚀运算的处理过程。

7．写出膨胀运算的处理过程。

第 9 章

图像分割与测量

概述

图像分割与测量是图像识别工作的基础，分割的目的是将图像分为一些有意义的区域，如目标区域或前景区域，然后可以对这些区域进行描述，相当于提取出某些目标区域图像的特征。

图像分割的基础是像素间的相似性和跳变性。所谓"相似性"是指在某个区域内像素具有某种相似的特性，如灰度一样、纹理相同；所谓"跳变性"是指特性不连续，如灰度值突变等。从总体上说，图像分割就是把图像分成若干各具特性的、有意义的区域的处理技术。这些区域互不交叠，每一个区域内部的某种特性或特征相同或接近，而不同区域间的图像特征则有明显差别，即同一区域内部特性变化平缓、相对一致，而区域边界处则特性变化比较剧烈。区域内是一个所有像素都有相邻或相接触像素的集合，是像素的连通集。在一个连通集中任意两个像素之间，都存在一条完全由这个集合的元素构成的连通路径。连通路径是一条可在相邻像素间移动的路径。所以，在一个连通集中，可以跟踪在任意两个像素间的连通路径而不离开这个集合。

图像分割的基本思路：从简到难，逐级分割；控制背景环境，降低分割难度，把焦点放在增强目标对象，而缩小不相干图像成分的干扰。图像分割的度量准则不是唯一的，它与应用场景图像及应用目的有关，用于图像分割的场景图像特征信息有亮度、色彩、纹理、结构、温度、频谱、运动、形状、位置、梯度和模型等。由于图像的多义性和复杂性，许多分割的工作无法依靠计算机自动完成，而手工分割又存在工作量大、定位不准确的难题，因此，人们提出了一些人工交互和计算机自动定位相结合的方法，利用各自的优势，实现目标轮廓的快速定位。

图像分割的方法有多种，依据工作对象来分，可分为点相关分割和区域相关分割；按算法分类，可分为阈值法、界限检测法、匹配法、跟踪法等。近年来出现了一些新的算法和设想。如先使用经典的边缘检测算子对图像做初步的边缘检测，找出目标物体的轮廓，进行目标物体的分析、识别、测量等。这些内容在数字图像处理应用中，如跟踪、制导等方面扮演重要角色，有着广泛的用途。本章介绍图像分割的基本方法、轮廓提取的方法、目标区域的标识、面积测量和周长测量。

9.2   **阈值法分割**

　　阈值处理是利用图像中要提取的目标物体和背景在灰度上的差异，选择一个合适的阈值，通过判断图像中的每一个像素点的特征属性是否满足阈值的要求来确定图像中该像素点属于目标区域还是属于背景区域，从而产生二值图像，它对物体与背景有较强对比的图像的分割特别有用。

　　在使用阈值法进行图像分割时，阈值的选取成为能否正确分割的关键，若将所有灰度值大于或等于某阈值的像素都判定为属于物体（目标区域），则将所有灰度值小于该阈值的像素被排除在物体之外，如果阈值选取得过高，则过多的目标区域将被划分为背景，相反如果阈值选取得过低，则过多的背景将被划分到目标区域。

　　由于物体和背景以及不同物体之间的灰度级有明显的差别，因此，在图像的灰度级直方图中会呈现明显的峰值。当图像灰度直方图峰型分布明显时，常以谷底作为门限候选值。所以只要适当地选择阈值即可对图像进行分割，因而阈值法成为一种简单而且被广泛应用的方法。

9.2.1   直方图门限选择法

1. 理论基础

　　假设，一幅图像由物体和背景两部分组成，其灰度级直方图成明显的双峰值，如图 9-1 所示。在此情况下，选取双峰间的谷底处的灰度值 T 作为阈值，即可将物体和背景很好地分割开。阈值分割法可用数学表达式来描述。设图像为 $f(i,j)$，其灰度级范围为 $[z_1, z_2]$，设 T 为阈值，是 z_1 和 z_2 中任一值，可得一幅二值图像，其数学表达式为

$$f(i,j) = \begin{cases} 255 & \text{如果} f(i,j) \geq T \\ 0 & \text{如果} f(i,j) < T \end{cases} \tag{9-1}$$

或者，也可以

$$f(i,j) = \begin{cases} 0 & \text{如果} f(i,j) \geq T \\ 255 & \text{如果} f(i,j) < T \end{cases} \tag{9-2}$$

　　以上是一种比较理想的情况，实际中很难找到这样的图像。一幅图像通常由多个物体和背景组成，假如，其灰度级直方图能呈现多个明显的峰值，则仍可取峰值间峰谷处的灰度值作为阈值，此时有多个阈值将图像进行分割，这就是多峰值阈值选择。比如有三个峰值，可取两个峰谷处的灰度值 T_1，T_2 作为阈值，如图 9-2 所示。

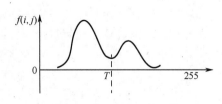

图 9-1　双峰灰度级直方图

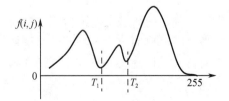

图 9-2　多峰值灰度级直方图

同样，可将阈值化处理后的图像变成二值化图像，其数学表达式为：

$$f(i,j) = \begin{cases} 0 & \text{如果} T_1 \leqslant f(i,j) \leqslant T_2 \\ 255 & \text{其他} \end{cases} \tag{9-3}$$

或者，同样也可以

$$f(i,j) = \begin{cases} 255 & \text{如果} T_1 \leqslant f(i,j) \leqslant T_2 \\ 0 & \text{其他} \end{cases} \tag{9-4}$$

将上述情况推广，描述成：如果 z 是一个任意的灰度级集合，$z \in [z_1, z_2]$ 就可以定义广义"阈值"运算，即把在 z 中的灰度级变为 0，把不在 z 中的灰度级变为 255，其数学表达式为

$$f(i,j) = \begin{cases} 0 & \text{如果} f(i,j) \in Z \\ 255 & \text{其他} \end{cases} \tag{9-5}$$

实际情况是复杂的，简单套用上述方式，有时不能得到满意的结果。如照明度不均匀时，在暗光照区域内白字的灰度值可能和亮光照区域内黑字的灰度值相差不多，甚至更暗。在此情况下，直方图不会呈现明显的双峰，而是将连成一片，因此，很难找到最佳阈值。解决这些问题有许多办法，如上述情况，可用先将光照不均匀度减小后再取阈值；也可以用变阈值的方法来解决这一问题，即在亮光照区域用高阈值，在暗光照区域用低阈值。所述的这些方法都有自己的适应范围，亦即都有一定的局限性。因此，要根据所解决的具体的实际问题，采用恰当的方法或综合各种方法，才能求得满意的结果。

2. 编程代码

```
/*****************************************************
*函数名称：zhifangtumenxianxuanze()
*功能：直方图门限选择图像分割处理，将小于阈值的像素置黑，将大于阈值的像素置白
*****************************************************/
import cv2
from matplotlib import pyplot as plt
from PIL import Image,ImageEnhance
import easygui
import numpy as np
def zhifangtumenxianxuanze():
    global sFilePath
    if sFilePath != 'start':
        image = cv2.imread(sFilePath, 0)
    else:
        image = cv2.imread('sucai.jpg', 0)
    h, w= image.shape
    #绘制直方图
    hist = cv2.calcHist([image], [0], None, [256], [0, 256])
    plt.rcParams['font.family'] = 'SimHei'
    plt.figure(figsize=(5, 4), dpi=100)
    plt.subplot(111), plt.plot(hist), plt.title('直方图')
    plt.grid()
    plt.show()
    title = "直方图门限选择分割"
```

```
msg = '请根据直方图选择阈值'
k = float(easygui.enterbox(msg, title))
p_temp = np.full(h* w, 255)
for x in range(1, h):
    for y in range(1, w):
                lpsrc = image[x, y]
        if lpsrc > k:
            p_temp[w * x + y] = 255
        else:
            p_temp[w * x + y] = 0
narray = p_temp.reshape([h, w])     #转化为 h*w 型的数组
img = Image.fromarray(narray)       #32 位整型像素图'I'
img = img.convert('L')
img.save('result.jpg')
```

3. 效果展示

根据直方图 9-3 所示，将两峰之间的谷底 140 作为阈值。直方图门限选择图像分割处理效果如图 9-4 所示。左侧为原始图像，右侧为处理后的图像。

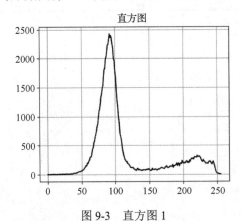

图 9-3　直方图 1

（a）原图　　　　　　　　（b）处理后的图

图 9-4　直方图门限选择图像分割处理效果图

9.2.2　半阈值选择法

1. 理论基础

上述方法，不论图像的直方图具有双峰值还是多峰值，经过阈值化后均会将原始灰度级多值图像变成二值图像，假如希望阈值化处理后只把图像的背景表示成二值图像（即背景不是最白（用 1 表示）就是最黑（用 0 表示））而图像中的物体仍为多值图像，此时，可采用半阈值化技术即半阈值选择法，把物体从背景中分离出来。半阈值化后的图像可表示为：

$$f(i,j) = \begin{cases} f(i,j) & \text{如果} f(i,j) \geqslant T \\ 0\text{或者}255 & \text{如果} f(i,j) < T \end{cases} \tag{9-6}$$

或者

$$f(i,j) = \begin{cases} f(i,j) & \text{如果} f(i,j) \leqslant T \\ 0\text{或者}255 & \text{其他} \end{cases} \tag{9-7}$$

2. 函数说明

在 OpenCV 中，通常使用其提供的 cv2.calcHist()函数来计算图像的统计直方图，该函数可以统计各个灰度级的像素点个数。为了更加直观地观察出图像的直方图，可以利用 matplotlib.pyplot 模块中的 plot()函数将函数 cv2.calcHist()的统计结果绘制成直方图。

cv2.calcHist()函数用于统计图像直方图信息，其一般格式为：

```
hist=cv2.calcHist(image,channel,mask,histSize,range, accumulate)
```

hist：表示返回的统计直方图，数组内的元素是各个灰度级的像素个数；

image：表示原始图像，该图像需要用"[]"括起来；

channel：表示指定通道编号，通道编号需要用"[]"括起来；

mask：表示掩模图像，当统计整幅图像的直方图时，将这个值设为 None；当统计图像某一部分的直方图时，需要用到掩模图像；

histSize：表示 BINS 的值，该值需要用"[]"括起来；

range：表示像素值范围；

accumulate：表示累计标识，默认值为 False。如果被设置为 True，则直方图在开始计算时不会被清零，计算的是多个直方图的累计结果，用于对一组图像计算直方图。该参数是可选的，一般情况下不需要设置。

3. 编程代码

```
/***********************************************
*函数名称：banyuzhixuanzefenge()
*功能：对图像进行半阈值分割。将小于阈值的像素保留，将大于阈值的像素置白
***********************************************/
import cv2
from matplotlib import pyplot as plt
from PIL import Image,ImageEnhance
```

```
import easygui
import numpy as np
def banyuzhixuanzefenge():
    global sFilePath
    if sFilePath != 'start':
        image = cv2.imread(sFilePath, 0)
    else:
        image = cv2.imread('sucai.jpg', 0)
    h, w = image.shape
    #绘制直方图
    hist = cv2.calcHist([image], [0], None, [256], [0, 256])
    plt.rcParams['font.family'] = 'SimHei'
    plt.figure(figsize=(5, 4), dpi=100)
    plt.subplot(111), plt.plot(hist), plt.title('直方图')
    plt.grid()
    plt.show()
    title = "半阈值选择图像分割"
    msg = '请根据直方图选择阈值'
    k = float(easygui.enterbox(msg, title))
    p_temp = np.full(h * w, 255)
    for x in range(1, h):
        for y in range(1, w):
            lpsrc = image[x, y]
            if lpsrc < k:
                p_temp[w * x + y] = image[x, y]
    narray = p_temp.reshape([h, w])      #转化为 h*w 型的数组
    img = Image.fromarray(narray)        #32 位整型像素图'I'
    img = img.convert('L')
    img.save('result.jpg')
```

4. 效果展示

根据直方图（见图 9-5），将两峰之间的谷底 140 作为阈值。半阈值选择法图像分割处理效果如图 9-6 所示。左侧为原始图像，右侧为处理后的图像。

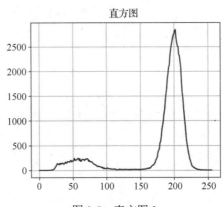

图 9-5　直方图 2

（a）原图　　　　　　　　　　（b）处理后的图

图 9-6　半阈值选择法图像分割处理效果图

9.2.3　迭代阈值法

1. 理论基础

迭代的方法可以通过程序自动计算出比较合适的分割阈值。实现步骤如下：

（1）选择阈值 T_1，可选择平均灰度值来作为初始阈值，或者指定一个阈值；

（2）通过阈值 T_1，把图像的像素按照数值大小分成两组 R_1 和 R_2，其中，像素值小于 T_1 的归为 R_1，像素值大于 T_1 的归为 R_2；

（3）计算这两组平均灰度值 μ_1 和 μ_2；

（4）计算新的阈值 T_2：$T_2=(\mu_1+\mu_2)/2$；

（5）判断 T_2 是否等于 T_1，如果不相等，则令 $T_1=T_2$，转步骤（2）；否则，就获得了所需要的阈值，执行步骤（6）；

（6）根据最终阈值 T_1 进行二值化。

2. 函数说明

在 OpenCV 中提供了一个 matplotlib 模块，该模块类似于 Matlab 中的绘图模块，可以使用其中的 hist() 函数来直接绘制图像的直方图。hist() 函数根据图像数据和灰度级分组来绘制直方图，由于 Hist() 函数的参数非常多，这里只介绍常用的几个参数。

其一般格式如下：

```
n,bins,patches=matplotlib.pyplot.hist(src,bins=10,normed=False,histtype=u'bar', **kwargs)
```

返回值：

- n：直方图向量，是否归一化由参数 normed 设定。当 normed 取默认值时，n 即为直方图各组内元素的数量（各组频数）；
- bins：返回各个 bin 的区间范围；
- patches：返回每个 bin 里面包含的数据，是一个 list；

参数：

- src：表示原始图像数据，必须将其转换为一维数据；
- bins：直方图的柱数，可选项，默认为 10；

- normed：是否将得到的直方图向量归一化。默认为 0；
- histtype：直方图类型，这些类型有：'bar', 'barstacked', 'step', 'stepfilled'。

3. 编程代码

```
/*********************************************************
*函数名称：diedaixuanzefenge()
*功能：对图像进行迭代阈值法分割。
*********************************************************/
import cv2
from matplotlib import pyplot as plt
from PIL import Image,ImageEnhance
import numpy as np
def diedaixuanzefenge():
    global sFilePath
    if sFilePath != 'start':
        image = cv2.imread(sFilePath, 0)
    else:
        image = cv2.imread('sucai.jpg', 0)
    h, w = image.shape[:2]
    histEqualResultSeq = image.reshape([h * w, ])
    #绘制直方图
    histogram, bins, patch_image = plt.hist(histEqualResultSeq, 256, facecolor='black', histtype='bar')
    tongji = bins

    T1 = 127
    p_temp = np.full(h * w, 0)
    temp0 = temp1 = temp2 = temp3 = 0
    while (True):
        for i in range(1, T1 + 1):
            temp0 = int(temp0 + tongji[i] * i)
            temp1 = int(temp1 + tongji[i])
        for j in range(T1 + 1, 256):
            temp2 = int(temp0 + tongji[i] * i)
            temp3 = int(temp1 + tongji[i])
        T2 = int((temp0 / temp1 + temp2 / temp3) / 2)
        if (T1 == T2):
            break
        else:
            T1 = T2
        #对像素进行灰度转换
    for x in range(1, h):
        for y in range(1, w):
            if image[x, y] < T1:
                p_temp[w * x + y] = 0
            else:
                p_temp[w * x + y] = 255
```

```
narray = p_temp.reshape([h, w])      #转化为 h*w 型的数组
img = Image.fromarray(narray)        #32 位整型像素图
img = img.convert('L')
img.save('result.jpg')
```

4. 效果展示

迭代阈值法图像分割处理效果如图 9-7 所示。左侧为原始图像，右侧为处理后的图像。

（a）原图 　　　　　　　　 （b）处理后的图

图 9-7　迭代阈值图像分割处理效果图

9.2.4　Otsu 阈值法

1. 理论基础

Otsu 阈值法即 Otsu 算法阈值处理。Otsu 算法主要采用最大类间方差法，它按照图像的灰度特性利用阈值进行前后背景分割，将图像分成背景和前景两部分，要求这两个部分的类内离散度最小、类间离散度最大，它会遍历当前图像的所有阈值，使两类间方差最大从而确定最佳阈值。

以灰度图像为例，对于图像，可以将其看作一个 $M \times N$ 大小的矩阵，像素值在（0～255）范围。设前景（即目标）和背景的分割阈值记作 T；灰度值小于阈值 T 的个数为 N_0，占整幅图像的比例为 ω_0，平均灰度为 μ_0；灰度值大于阈值 T 的个数为 N_1，占整幅图像的比例为 ω_1，平均灰度为 μ_1；总平均灰度为 μ，类间方差为 g。根据阈值 T 将图像中的像素点分为 C_1 和 C_2 两类，则：

$$\omega_0 = N_0 / M \times N \tag{9-8}$$

$$\omega_1 = N_1 / M \times N \tag{9-9}$$

$$N_0 + N_1 = M \times N \tag{9-10}$$

$$\omega_0 + \omega_1 = 1 \tag{9-11}$$

$$\mu = \omega_0 * \mu_0 + \omega_1 * \mu_1 \tag{9-12}$$

$$g = \omega_0 (\mu_0 - \mu)^{\wedge 2} + \omega_1 (\mu_1 - \mu)^{\wedge 2} \tag{9-13}$$

将式（9-12）代入式（9-13），得到等价公式：

$$g = \omega_0 \omega_1 (\mu_0 - \mu_1)^{\wedge 2} \tag{9-14}$$

在从 0 到 255 的范围内，不断调整阈值 T；分别计算式（9-14），找到上述最大的 $g(T)$，则对应的 T 即为 Otsu 算法自动选取的阈值。此时两类之间存在最大的类间方差，此阈值即是最佳阈值。

上述分析了 Otsu 算法最大方差法的基本运算流程，但是在 OpenCV 中提供了更加简单的处理方式，即在 threshold()函数传递 type 参数时，多传递一个参数 cv2.THRESH_OTSU 即可。但是，在使用 Ostu 算法时，必须把阈值设置为 0。

2. 函数说明

在 OpenCV 3.x 版本中提供了 cv2.threshold()函数进行阈值化处理，其一般格式为：

```
retval, dst = cv2. threshold (src, thresh, maxval, type)
```

retval：表示返回的阈值；

dst：表示输出的图像；

src：表示要进行阈值分割的图像，可以是多通道的图像；

thresh：表示设定的阈值；

maxval：表示 type 参数为 THRESH_BINARY 或 THRESH_BINARY_INV 类型时所设定的最大值。在显示二值化图像时，一般设置为 255；

二值化阈值处理：cv.THRESH_BINARY，处理方式为：

$$dst = \begin{cases} maxval & src > thresh \\ 0 & 其他 \end{cases} \tag{9-15}$$

反二值化阈值处理：cv.THRESH_BINARY_INV

$$dst = \begin{cases} 0 & src > thresh \\ maxval & 其他 \end{cases} \tag{9-16}$$

截断阈值处理：cv.THRESH_TRUNC

$$dst = \begin{cases} thresh & src > thresh \\ src & 其他 \end{cases} \tag{9-17}$$

超阈值零处理：cv.THRESH_TOZERO_INV

$$dst = \begin{cases} 0 & src > thresh \\ src & 其他 \end{cases} \tag{9-18}$$

低阈值零处理：cv.THRESH_TOZERO

$$dst = \begin{cases} src & src > thresh \\ 0 & 其他 \end{cases} \tag{9-19}$$

type：表示阈值分割的类型。

3. 编程代码

```
/*********************************************************
*函数名称：Otsufenge()
*功能：对图像进行 Ostu 算法阈值处理。
*********************************************************/
import cv2
```

```
def Otsufenge():
    global sFilePath
    if sFilePath != 'start':
        image = cv2.imread(sFilePath, 0)
    else:
        image = cv2.imread('sucai.jpg', 0)
    #对灰度图进行 Otsu 算法阈值处理
    ret, ostu = cv2.threshold(image,0,255, cv2.THRESH_BINARY_INV + cv2.THRESH_OTSU)
    cv2.imwrite('result.jpg', ostu)
```

4. 效果展示

图像 Ostu 算法阈值处理效果如图 9-8 所示。左侧为原始图像，右侧为处理后的图像。

　　（a）原图　　　　　　　　　　　（b）处理后的图

图 9-8　Ostu 算法阈值处理效果图

9.2.5　自适应阈值法

1. 理论基础

自适应阈值可以看成一种局部性的阈值，通过规定一个区域大小，比较处理像素点与区域大小里面像素点的平均值——阈值（或者其他特征）的大小关系从而确定这个像素点是黑还是白。

理想的情况下，色彩均衡的图像，对整个图像使用单个阈值进行阈值化就会成功。但是，受到多种因素的影响，图像的色彩并不会很均衡，在这种情况下，使用局部值（又称自适应值）进行分割可以产生好的结果。

2. 函数说明

在 OpenCV 中提供函数 cv2.adaptiveThreshold()来实现自适应阈值法处理，其一般格式为：

dst = cv2.adaptiveThreshold(src, maxValue, adaptiveMethod, thresholdType,blockSize,c)

dst：输出的图像；

src：输入图，只能输入单通道图像，通常来说为灰度图；

maxValue：当像素值超过了阈值（或者小于阈值，根据 type 来决定）时，所赋予的值。

adaptiveMethod：阈值的计算方法，包含 2 种类型（cv2.ADAPTIVE_THRESH_MEAN_C，

区域内均值；cv2.ADAPTIVE_THRESH_GAUSSIAN_C：区域内像素点加权和，权重为一个高斯窗口）；

thresholdType：二值化操作的类型，与固定阈值函数相同，用于控制参数 2maxValue，包含以下 5 种类型：

- 二值化阈值处理：cv2.THRESH_BINARY
- 反二值化阈值处理：cv2.THRESH_BINARY_INV
- 截断阈值处理：cv2.THRESH_TRUNC
- 超阈值零处理：cv2.THRESH_TOZERO_INV
- 低阈值零处理：cv2.THRESH_TOZERO

Block Size：图片中区域的大小；

C：阈值计算方法中的常数项。

3. 编程代码

```
/**********************************************************
*函数名称：zishiyingzefenge()
*功能：对图像进行自适应阈值法处理。
**********************************************************/
import cv2
def zishiyingzefenge():
    global sFilePath
    if sFilePath != 'start':
        image = cv2.imread(sFilePath, 0)
    else:
        image = cv2.imread('sucai.jpg', 0)
    admean = cv2.adaptiveThreshold(image,255,cv2.ADAPTIVE_THRESH_MEAN_C, cv2.THRESH_
BINARY, 5,3)
    adguass = cv2.adaptiveThreshold(image, 255, cv2.ADAPTIVE_THRESH_GAUSSIAN_C, cv2.THRESH_
BINARY, 5, 3)
    cv2.imshow('admean', admean)        #显示局部阈值处理——邻域权重相同方式处理图像
    cv2.imshow('adguass', adguass)      #显示局部阈值处理——高斯方程式处理图像
```

4. 效果展示

图像自适应阈值法处理效果如图 9-9 所示。图 9-9（a）为原始图像，图 9-9（b）为采用权重相等方式的局部阈值处理；图 9-9（c）为采用权重为高斯分布的局部阈值处理。可以看出图 9-9（c）相对于图 9-9（b）保留了大量的细节信息。

（a）原图　　　　　　　　（b）权重相等的局部阈值处理　　　（c）权重为高斯分布的局部阈值处理

图 9-9　自适应阈值法处理效果图

9.2.6　分水岭算法

1.　理论基础

分水岭分割是基于自然的启发——模拟水流通过地形起伏的现象，从而研究总结出来的一种分割方法。其基本原理是将图像特征看作地理上的地貌特征，在分割中，它会把与邻近像素间的相似性作为重要的参考依据，从而将在空间位置上相近和灰度值相近的像素点互相连接起来构成一个封闭的轮廓。利用像素的"灰度值分布"特征，对每个符合特征的区域进行划分，形成边界以构成"分水岭"。

分水岭算法主要包括六个部分：增强目标前景去除无用背景、找到确定背景、找到确定前景、找到边缘未知区域（轮廓区域）、构建标记图像（marker）、实现分水岭分割。

具体实现方案如下：

（1）对灰度图进行二值化处理，增强目标前景，去除无用背景。

一般使用 Otsu 算法、迭代阈值法等方法进行二值化操作。

（2）利用形态学函数，找到背景并标记背景；确定背景信息 B。

对图像进行开运算，即先腐蚀后膨胀的运算，去掉毛刺和细微的连接，所以得到的背景信息小于实际的确定背景信息，再使用形态学的膨胀操作，能够将图像内的前景"膨胀放大"，同时使背景缩小，确保这些区域被准确识别为背景。这一步骤有助于减少噪声对图像分割结果的潜在干扰。

（3）利用距离变换函数 cv2.distanceTransform()函数，确定前景信息 F。

借助距离变换函数 cv2.distanceTransform()得到了图像前景的"中心信息"，即确定前景，对计算结果进行阈值化处理，得到图像内子图的一些形状信息，确保不会跟边界混淆。

cv2.distanceTransform()函数计算前景点到最近背景点的距离，完成图像距离变换操作，得到每个目标像素到背景的距离。一般计算非零值像素点到最近的零值像素点的距离，其计算结果反映了各个像素与背景（值为 0 的像素点）的距离关系。距离变换的结果不是二值图像，而是一幅灰度级图像，即距离的图像，图像中每个像素的灰度值为该像素（1）与距其最近的背景（0）像素间的距离。

如果前景对象的中心（质心）距离值为 0 的像素点较远，会得到一个较大的值；如果前景对象的边缘距离值为 0 的像素点较近，会得到一个较小的值。根据距离结果进行阈值化处理，即超过阈值才算得到目标物体信息。

距离变换函数实现步骤：

① 将输入图片转换为二值图像，前景设置为 1，背景设置为 0。

② 为了减少计算量，采用了 Chamfer 倒角距离变换法来遍历图像。Chamfer 倒角距离变换模板遍历像素顺序如图 9-10 所示，需要对图像进行两次扫描。

先依据图 9-10（a）所示的前向模板 maskL来遍历图像，依次选取左、左上、上、右下，等

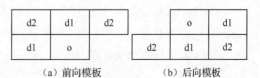

（a）前向模板　　　　　（b）后向模板

图 9-10　Chamfer 倒角距离变换模板

像素计算见式（9-20），实现距离变换。

公式计算：

$$f(p) = \min[f(p), D(p,q) + f(p)] \qquad q \in \text{maskL} \tag{9-20}$$

式中，$D(p,q)$ 表示距离，包括欧式距离、棋盘距离和麦哈顿距离；

maskL 为掩模模板；$f(p)$ 为像素点 p 的像素值。

③ 依据图 9-10（b）所示的后向模板 maskR 再次遍历图像，依次选取右、右下、下、左下等像素计算式（9-20），实现距离变换。

④ 根据模板 maskL 和 maskR 的扫描，得到最终的距离变换图像。

（4）获取边缘，确定未知区域 UN。

图像中有了确定前景 F 和确定背景 B，剩下的区域就是未知区域 UN 了。部分区域正是分水岭算法要进一步明确的区域。对于一幅图像来说，对背景和前景求差就得到了边缘图像，这就是未知区域。

通过以下关系能够得到未知区域 UN：

未知区域 UN = 图像 O – 确定背景 B – 确定前景 F

对上述表达式进行整理，可以得到：

未知区域 UN =（图像 O – 确定背景 B）– 确定前景 F

式中的"图像 O – 确定背景 B"，可以通过对图像进行形态学的开运算操作得到。

（5）利用函数 cv2.connectedComponent()，构建标记图像（marker），对目标进行标注。

一旦确定了前景，就可以对这些确定的前景区域进行标注。在 OpenCV 中，可以使用函数 cv2.connectedComponents()进行标注，该函数会将背景标注为 0，将其他的对象使用从 1 开始的正整数标注。

分水岭法最关键的就是构建好 marker，marker 将背景设置为 0。但是如果把背景设置为 0，分水岭函数会把 0 当成未知区域，因此再把整体加 1，保证背景不是 0，然后把未知区域设为 0 即可。

一般按照如下代码进行处理：

```
#计算连通域，构造 marker
ret, marker = cv2.connectedComponents(fg)    #marker 的像素点都加 1
marker = marker + 1                          #只把未知区域标记为 0
marker[unknow==255] = 0
```

（6）使用 cv2.watershed()函数对图像进行分割，实现分水岭算法。使用不同的颜色特征来渲染不同的对象。

2. 函数说明

在 OpenCV 中，可以使用 cv2.watershed()函数实现分水岭算法，在具体的实现过程中，还需要借助于形态学函数、距离变换函数 cv2.distanceTransform() 和图像标注函数 cv2.connectedComponent()来完成图像的分水岭分割。下面对分水岭算法中用到的函数进行简单说明。

（1）距离变换函数 distanceTransform

距离变换函数 cv2.distanceTransform()计算二值图像内任意点到最近背景点的距离。一般情况下，该函数计算的是图像内非零值像素点到最近的零值像素点的距离。其计算结果反映了各个像素与背景（值为 0 的像素点）的距离关系。如果对上述计算结果进行阈值化处理，就可以得到图像内子图的一些形状信息。

距离变换函数 cv2.distanceTransform() 的一般格式为：

dst = cv2. distanceTransform (src,distanceType,maskSize[, dstType])

dst：表示计算得到目标函数图像。可以是 8 位或 32 位浮点数，尺寸和 src 相同；

src：表示原始图像，必须是 8 通道的二值图像；

distanceType：表示距离类型。常用距离类型标识符和含义如表 9-1 所示。

表 9-1　距离类型标识符和含义

距离类型标识符	含　义
DIST_USER	User defined distance
DIST_L1	$dis \tan ce = |x1 - x2| + |y1 - y2|$
DIST_L2	The simple educlidean distance
DIST_C	$dis \tan ce = \max(|x1 - x2|, |y1 - y2|)$

maskSize：表示掩模的尺寸大小。

需要注意的是，当 distanceType=cv2.DIST_L1 或 cv2.DIST_C 时，maskSize 强制为 3（因为设置为 3 和设置为 5 以及更大值没什么区别）

dstType：表示目标函数的类型，默认为 CV_F。

（2）图像的标注

在确定了前景图像后，可以通过 OpenCV 提供的 cv2.connectedComponents() 函数对图像进行标注。该函数会将背景图像标记为 0，对其他的图像使用从 1 开始的整数来标记。其一般格式为：

ret,markers = cv2. connectedComponents (image)

ret：连通域的数目，表示标注的数量；

markers：表示标注的结果图像，图像上每一个像素的标记，用数字 1、2、3、…表示（不同的数字表示不同的连通域），0 表示背景；

image：表示原始图像，必须是 8 通道的图像。

（3）分水岭分割

在经过上述操作后，可以利用 OpenCV 提供的 cv2.watershed() 函数实现图像的分水岭操作。其一般格式为：

img= cv2. watershed (image,markers)

img：表示分水岭操作的结果；

image：表示输入图像；

markers：表示 32 位单通道标注结果。

3. 函数功能展示

```
/************************************************************
*功能：通过对图像数组操作了解分水岭算法过程
************************************************************/
import cv2
import numpy as np
#创建图像数组
img = np.array([[0, 0, 0, 0, 0, 0, 0, 0, 0, 0, 0, 0],
        [0, 255, 255, 255, 255, 0, 0, 255, 255, 255, 255, 0],
        [0, 255, 255, 255, 255, 0, 0, 255, 255, 255, 255, 0],
        [0, 255, 255, 255, 255, 0, 0, 255, 255, 255, 255, 0],
        [0, 255, 255, 255, 255, 0, 0, 255, 255, 255, 255, 0],
        [0, 0, 0, 0, 0, 0, 0, 0, 0, 0, 0, 0]], dtype=np.uint8)
image_test = cv2.cvtColor(img, cv2.COLOR_BGR2RGB)
ret, thresh = cv2.threshold(img, 0, 255, cv2.THRESH_BINARY + cv2.THRESH_OTSU)
print(thresh)
```

输出结果如图 9-11 所示。

图 9-11　前景与背景分开

```
kernel = np.ones((3, 3), np.uint8)
#对二值图像进行开运算，确定背景
imageOpen = cv2.morphologyEx(thresh, cv2.MORPH_OPEN, kernel, iterations=1)
print(imageOpen)
```

输出结果如图 9-12 所示。

图 9-12　确定背景

```
#计算欧式距离
distTransform = cv2.distanceTransform(imageOpen, cv2.DIST_L2, 5)
print(distTransform)
```

输出结果如图 9-13 所示。

图 9-13　计算欧式距离

```
#对距离图像进行阈值处理
ret, fore = cv2.threshold(distTransform, 0.5* distTransform.max(), 255, 0)
print(fore)
#输出结果，确定前景
```

输出结果如图 9-14 所示。

图 9-14　对距离图像进行阈值处理

```
fore = np.uint8(fore)
un = cv2.subtract(imageOpen, fore)        #确定未知区域
print(un)
#输出结果，未知区域（目标边界）
```

输出结果如图 9-15 所示。

图 9-15　确定未知区域

```
ret, markers = cv2.connectedComponents(fore)        #对阈值处理结果进行标注
print(ret)
print(markers)
#标注的物体个数，输出结果
```

输出结果如图 9-16 所示。

图 9-16　标注的物体个数

```
markers = markers + 1
Print(markers)
#背景与前景加 1，输出结果
```

输出结果如图 9-17 所示。

图 9-17　背景与前景加 1 结果示意图

```
markers[un == 255] = 0
print(markers)
#确定未知区域，输出结果
```

输出结果如图 9-18 所示。

图 9-18　确定未知区域

```
img_1 = cv2.watershed(image_test, markers)
print(img_1)
#输出结果，其中，-1 是分割的边界，1 是背景，2 与 3 是物体，不同的物体有不同的标号
```

输出结果如图 9-19 所示。

图 9-19　输出不同标号的物体

4. 编程代码

```
/*********************************************************
*函数名称：fenshuilingyunsuan()
*功能：对图像进行分水岭算法处理。
*********************************************************/
import cv2 as cv
import numpy as np
import    matplotlib .pyplot as plt
def fenshuilingyunsuan():
    global sFilePath
    if sFilePath != 'start':
        image = cv2.imread(sFilePath)
    else:
        image = cv2.imread('sucai.jpg')
    gray = cv2.cvtColor(image, cv2.COLOR_BGR2GRAY)          #将图像转为灰度图
    imagergb = cv2.cvtColor(image, cv2.COLOR_BGR2RGB)       #将图像转为 RGB 图像
    #对灰度图进行 Otsu 算法阈值处理
    ret, thresh = cv2.threshold(gray, 0, 255, cv2.THRESH_BINARY + cv2.THRESH_OTSU)
    kernel = np.ones((3, 3), np.uint8)                     #设定开运算的卷积核
    #对二值图像进行开运算
    opening = cv2.morphologyEx(thresh, cv2.MORPH_OPEN, kernel, iterations=2)
    #对开运算后的图像进行膨胀操作，得到确定背景
    sure_bg = cv2.dilate(opening, kernel, iterations=3)
    #计算欧氏距离
    dist_transform = cv2.distanceTransform(opening, cv2.DIST_L2, 5)
    #对距离图像进行阈值处理
    ret, sure_fg = cv2.threshold(dist_transform, 0.5 * dist_transform.max(), 255, 0)   #0.4
    sure_fg = np.uint8(sure_fg)                             #调整对距离图像阈值处理的结果
    unknown = cv2.subtract(sure_bg, sure_fg)               #确定未知区域
    ret, markers = cv2.connectedComponents(sure_fg)        #对阈值处理结果进行标注
    markers = markers + 1
    markers[unknown == 255] = 0
    img = cv2.watershed(image, markers)                    #对图像进行分水岭处理
    image[img == -1] = [0, 0, 255]
    cv2.imshow('image', image)
    plt.subplot(121)
    plt.imshow(imagergb)                                   #显示原始灰度图
    plt.axis('off')
    plt.subplot(122)
    plt.imshow(img)                                        #显示分水岭处理结果
    plt.axis('off')
    plt.show()
```

5. 效果展示

图像分水岭算法处理效果如图 9-20 所示，左面的图像是原始的灰度图，右边的图像是对其进行分水岭处理后的图像。

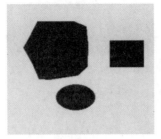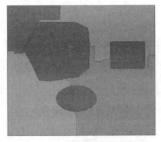

（a）原图 （b）分水岭操作效果

图 9-20 分水岭算法处理效果图

9.3 **投影法分割**

投影法分割是一种基于图像灰度值分布的图像处理技术，它通过在特定方向上对图像的像素值进行累加生成投影轮廓，以此来分割图像中的不同区域。本章将详细介绍垂直和水平方向的投影法分割技术。

9.3.1 水平投影分割

1. 理论基础

水平投影分割是沿着图像水平方向，统计水平方向像素的累加计算量的集合，通过水平投影可以取得目标物体所在的行数。

实现步骤：

① 将图像二值化，使物体为黑，背景为白。

② 循环各行，依次判断每一列的像素值是否为黑，统计该行所有黑像素的个数。设该行共有 M 个黑像素，则把该行从第一列到第 M 列置为黑。

③ 显示该图。

2. 编程代码

```
/***********************************************************
*函数名称：Shuipingtouying()
*功能：对图像进行水平投影分割。
************************************************************/
import cv2
from matplotlib import pyplot as plt
def shuipingtouying():
    global sFilePath
    if sFilePath != 'start':
        img = cv2.imread(sFilePath, 0)
    else:
        img = cv2.imread('sucai.jpg', 0)
```

```
ret, thresh1 = cv2.threshold(img, 0, 255, cv2.THRESH_BINARY + cv2.THRESH_OTSU)
(h, w) = thresh1.shape    #返回高和宽
a = [0 for z in range(0, h)]
for i in range(0, h):
    for j in range(0, w):
        if thresh1[i, j] == 0:
            a[i] += 1
            thresh1[i, j] = 255
for i in range(0, h):
    for j in range(0, a[i]):
        thresh1[i, j] = 0
plt.imshow(thresh1, cmap=plt.gray())
plt.axis('off')    #去掉坐标轴
fig2 = plt.gcf()
fig2.set_size_inches(3, 3)
fig2.savefig('result.jpg')
```

3. 效果展示

通过水平投影可以取得汉字所在的行数，图像投影处理效果如图 9-21 所示。

图 9-21　水平投影可分割汉字所在的行数

9.3.2 垂直投影分割

1. 理论基础

垂直投影分割是沿着图像垂直方向，统计垂直方向像素的累加计算量的集合。通过垂直投影分割可以取得目标物体所在的列数。

实现步骤：

① 将图像二值化，使物体为黑，背景为白。

② 循环各列，依次判断每一行的像素值是否为黑，统计该列所有黑像素的个数。设该列共有 M 个黑像素，则把该列从第一行到第 M 行置为黑。

③ 显示该图。

2. 编程代码

```
/************************************************************
*函数名称：chuizhitouying()
*功能：对图像进行垂直投影分割。
************************************************************/
import cv2
from matplotlib import pyplot as plt
def chuizhitouying():
    global sFilePath, zhongzi
    if sFilePath != 'start':
        img = cv2.imread(sFilePath, 0)
    else:
        img = cv2.imread('sucai.jpg', 0)
    ret, thresh1 = cv2.threshold(img, 0, 255, cv2.THRESH_BINARY + cv2.THRESH_OTSU)
    (h, w) = thresh1.shape              #返回高和宽
    a = [0 for z in range(0, w)]
    for i in range(0, h):               #遍历一行
        for j in range(0, w):           #遍历一列
            if thresh1[i, j] == 0:      #如果该点为黑点
                a[j] += 1               #该列的计数器加一计数
                thresh1[i, j] = 255     #记录完后将其变为白色

    for j in range(0, w):               #遍历每一列
        for i in range((h - a[j]), h):  #从该列应该变黑的最顶部的点开始向最底部涂黑
            thresh1[i, j] = 0           #涂黑

    plt.imshow(thresh1, cmap=plt.gray())
    plt.axis('off')                     #去掉坐标轴
    fig3 = plt.gcf()
    fig3.set_size_inches(3, 3)
    fig3.savefig('result.jpg')
```

3. 效果展示

图像垂直投影处理效果如图 9-22 所示，垂直投影可获得汉字所在的列数，因此，垂直投影可以分割每个汉字。

图 9-22　垂直投影可以分割每个汉字

9.4 轮廓检测

9.4.1 邻域判断法

1. 理论基础

轮廓提取是边界分割中非常重要的一种处理，同时也是图像处理的经典难题，轮廓提取和轮廓跟踪的目的都是获得图像的外部轮廓特征。邻域判断轮廓检测方法是判断某一个物体的像素点，如果围绕该像素点的 8 点邻域的灰度值和中心像素点的灰度值相同，就认为该点是物体内部，可以删除；否则，认为该点是物体的边缘，需要保留。依次处理物体中的每一个像素点，最后剩下的就是物体的轮廓。

二值图像的邻域判断轮廓检测方法（即邻域判断法）非常简单，如果原图中物体为黑色，背景为白色，有一个像素点为黑，且它的 8 点邻域皆为黑，则将该点删除。对于非二值图像，要先进行二值化处理。

2. 编程代码

```
/********************************************************
*函数名称：Lunkuotiqu()
*功能：用邻域判断法对图像进行轮廓提取。
********************************************************/
import cv2
from PIL import Image,ImageEnhance
import numpy as np
def lunkuotiqufa():
    global sFilePath
    if sFilePath != 'start':
        image = cv2.imread(sFilePath, 0)
    else:
        image = cv2.imread('sucai.jpg', 0)
    ret, ee = cv2.threshold(image, 95, 255, cv2.THRESH_BINARY)
    h, w = ee.shape
    p_temp = np.full(h * w, 255)
    for i in range(1, h - 1):
        for j in range(1, w - 1):
            if (ee[i, j] == 0):
                p_temp[w * i + j] = 0
                n1 = ee[i - 1, j + 1]
                n2 = ee[i, j + 1]
                n3 = ee[i + 1, j + 1]
                n4 = ee[i - 1, j]
                n5 = ee[i + 1, j]
```

```
                    n6 = ee[i - 1, j - 1]
                    n7 = ee[i, j - 1]
                    n8 = ee[i + 1, j - 1]
                    #相邻点的 8 个像素点都为 0
                    if int(n1) + int(n2) + int(n3) + int(n4) + int(n5) + int(n6) + int(n7) + int(n8) == 0:
                        p_temp[i * w + j] = 255
        narray = p_temp.reshape([h, w])      #转化为 h*w 型的数组
        img = Image.fromarray(narray)        #32 位整型像素图
        img = img.convert('L')
        img.save('result.jpg')
```

3. 效果展示

图像轮廓提取处理效果如图 9-23 所示。左侧为原始图像，右侧为处理后的图像。

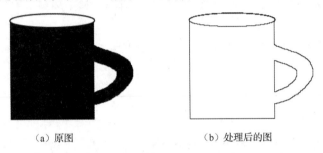

（a）原图　　　　　　　　　　　　（b）处理后的图

图 9-23　轮廓提取处理效果图

9.4.2　边界跟踪法

1. 理论基础

一般如果图像是非二值化图像，可以先转化为二值化图像。

边界跟踪效果的好坏主要取决于两个因素，第一个因素是跟踪的起始点的选取，起始点的选取直接影响到跟踪的精确度，同时如果起始点选得不好，还会给算法的设计增加难度。第二个因素是跟踪准则的选取，准则既要便于理解和分析，又要便于程序的设计。边界跟踪的基本方法是：先根据某些严格的"探测准则"找出目标物体轮廓上的像素，再根据这些像素的某些特征用一定的"跟踪准则"找出目标物体上的其他像素。一般的跟踪准则是：边缘跟踪从图像左上角开始逐像点扫描，当遇到边缘点时则开始顺序跟踪，直至跟踪的后续点回到起始点（对于闭合线）或其后续点再没有新的后续点（对于非闭合线）为止。如果为非闭合线，则跟踪一侧后需从起始点开始朝相反的方向跟踪到另一尾点。如果不止一个后续点，则按上述连接准则选择加权平均最大的点为后续点，另一次要的后续点作为新的边缘跟踪起点另行跟踪。一条线跟踪完后，接着扫描下一个未跟踪点，直至图像内的所有边缘都跟踪完毕。

这种边界跟踪在处理图像的时候，执行先后是有次序的，每一个像素的处理都是顺序执行的，也就是后面的处理要用到前面的处理结果，前面的处理没有进行完，后面的处理就不

能进行。因此该算法的处理速度比轮廓提取算法慢，但同时也是因为这个原因，使得该分割对于边界点的判断更为精确，而且整个边界连续无中断。对于边界跟踪来说，跟踪后产生的轮廓边缘宽度只有一个像素。

从图 9-24（a）中可以看出，中心像素可以跟踪的方向有 8 个，对每个方向制订了方向编号及偏移量，由于图像文件的读取按照从左向右、从下向上的顺序，因此选取图像最左下方的像素点作为起始点（即顺序读取像素时的第一个黑点）。当找到起始点，把该点记录下来，定义初始的跟踪方向是左上方 0 方向，判断该点是否为目标点。若是，则把该目标点作为跟踪的起始点，逆时针旋转 90° 作为新的跟踪方向，继续检测该新的跟踪方向上的点；若不是，则沿顺时针旋转 45°，直至找到目标点。找到目标点后，在当前跟踪方向的基础上，逆时针旋转 90° 作为新的跟踪方向，用同样的方法跟踪下一个边界点，直到回到起始点为止。

由图 9-24（b）可见边界跟踪的过程，图中黑点表示边界点，白点为图像的内部点。跟踪的初始点是最右下方的黑点（即最下一行的最右的黑点），跟踪的初始方向设定为左上方 45°。跟踪开始后，初始点沿初始跟踪方向检测该方向是否有黑点（检测距离为一个像素点）。因为该方向有边界点，保存初始点，将检测到的点作为新的初始点。在原来检测方向的基础上，逆时针旋转 90° 作为新的跟踪方向。不是目标点则沿顺时针旋转 45°，沿新跟踪方向继续检测，直至找到黑像素目标点，然后将跟踪方向逆时针旋转 90° 作为新的跟踪方向。重复上面的方法，不断改变跟踪方向，直至找到新的边界点。找到新的边界点后，将旧边界点保存，将新检测到的点作为初始点，这样不断重复上述过程，直至检测点回到最开始的位置为止。

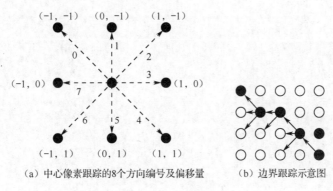

（a）中心像素跟踪的8个方向编号及偏移量　　　（b）边界跟踪示意图

图 9-24　边界跟踪法

2．编程代码

```
/********************************************************
*函数名称：bianjiegenzongfa()
*功能：对图像进行边界跟踪。
********************************************************/
import cv2
from PIL import Image,ImageEnhance
import numpy as np
def bianjiegenzongfa():
    global sFilePath
```

```
if sFilePath != 'start':
        img = cv2.imread(sFilePath)
else:
        img = cv2.imread('sucai.jpg')
[h, w, c] = img.shape
trace = []
start_x = 0
start_y = 0
#二值化
gray = img[:, :, 1]
for i in range(h):
        for j in range(w):
                if (gray[i, j] > 128):
                        gray[i, j] = 255
                else:
                        gray[i, j] = 0
#找初始点
for i in range(h - 2):
        for j in range(w - 2):
                if gray[i, j] == 0:
                        start_x = j
                        start_y = i
trace.append([start_x, start_y])


#8 点邻域，顺时针方向搜索
neighbor = [[-1, -1], [0, -1], [1, -1], [1, 0], [1, 1], [0, 1], [-1, 1], [-1, 0]]
neighbor_len = len(neighbor)
n = 0
cur_x = start_x + neighbor[n][0]
cur_y = start_y + neighbor[n][1]
while not ((cur_x == start_x) and (cur_y == start_y)):          #没有闭合
    is_contour_point = 0
    while is_contour_point == 0:
            if gray[cur_y, cur_x] == 0:           #如果下一个点是边界点
                    is_contour_point = 1          #找到一个边界点
                    trace.append([cur_x, cur_y])  #当前点方向后移 2 次，移到下一个边界点
                    n -= 2   #方向减 2
                    if n < 0:
                            n += neighbor_len
            else:                                 #如果下一个点不是边界点
                    n += 1                        #当前点方向前进 1 次
                    if n == neighbor_len:
                            n = 0
            cur_x = cur_x + neighbor[n][0]        #移动当前点
            cur_y = cur_y + neighbor[n][1]
p_temp = np.full(h * w, 255)
for m in range(len(trace)):
```

```
        p_temp[w * trace[m][1] + trace[m][0]] = 0
narray = p_temp.reshape([h, w])              #转化为 h*w 型的数组
img = Image.fromarray(narray)                #32 位整型像素图'I'
img = img.convert('L')
img.save('result.jpg')
```

3. 效果展示

图像外边界跟踪处理效果如图 9-25 所示。左侧为原始图像，右侧为处理后的图像。

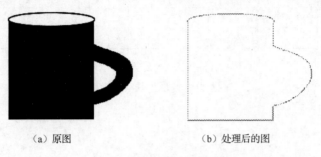

(a) 原图   (b) 处理后的图

图 9-25　外边界跟踪处理效果

9.4.3　区域生长法

1. 理论基础

区域生长的基本思想是将具有相似性质的像素集合起来构成区域。具体流程是先对每个需要分割的区域找一个种子像素作为生长起点，然后将种子像素和周围邻域中与种子像素有相同或相似性质的像素（根据某种事先确定的生长准则或相似准则来判定）合并到种子像素所在的区域中。将这些新像素当作新的种子继续上面的过程，直到没有满足条件的像素可被包括进来。这样一个区域就生长成了。该方法是指从某个像素出发，按照一定的准则，逐步加入邻近像素，当满足一定的条件时，区域生长终止。区域生长的好坏取决于初始点（种子点）的选取、生长准则和终止条件。

基于区域的分割方法的关键在于定义一个一致性准则，用来判断两个邻接的区域是否可以合并，若一致则将两区域合并，直到不能合并为止。算法的主要过程是在图像上选定一个种子点，记录下该点的灰度值，作为一致性判断的标准阈值，此外还需要定义一个标准差，依次用图像的每一个像素的灰度值和标准阈值相减，判断结果是否小于标准差，若是则将该点和种子点合并，若不是则保持像素点的灰度值不变。这样处理后的图像就是用区域分割法处理后的边缘分割图像。

下面通过一个图例来详细解释一下，如图 9-26 所示。

由图 9-26 的三幅图可见区域生长的过程，图中的方格表示图像的像素点，方格中的数值表示像素点的灰度值。图 9-26（a）中表示开始选取的生长点，在生长过程中，每个生长点都对本身上、下、左、右四个像素点和初始选取的生长点进行灰度值比较，如果灰度值的差的绝对值在设定阈值内，则认为这些点属于相同区域并将其合并；否则，将灰度差大于设定

阈值的点删除。重复检查区域内的像素点，直到没有像素点可以合并为止。图 9-26 设定的阈值是 2，图 9-26（b）中四个点和初始点的灰度差都不大于 2，所以合并，图 9-26（c）中只有部分满足条件，所以只合并满足条件的像素点，并且图 9-26（c）区域周围邻域中没有像素点再满足条件，因此生长结束。

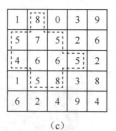

（a）　　　　　　　　　（b）　　　　　　　　　（c）

图 9-26　区域生长法示意图

2. 函数说明

（1）None = cv2.namedWindow(winname[, flags])

该函数是 OpenCV 中用于创建窗口的函数，窗口通常用来显示图像。

winname：窗口名称；

flags：可选参数，例如有 cv2.WINDOW_NORMAL、cv.WINDOW_AUTOSIZE 等。

（2）None = cv2.setMouseCallback(winname,onMouse,userdata)该函数是 OpenCV 中常需要用到的鼠标回调函数，以此实现人机交互。

winname：绑定的窗口名称；

onMouse：鼠标的回调函数；

userdata：可选参数。

（3）在 OpenCV 中提供了 cv2.circle()函数来绘制圆，其一般格式为：

image = cv2. circle (image, center,radius,color[,thickness[, lineType]])

image：表示绘制的载体图像；

center：表示圆心；

radius：表示圆的半径；

color：表示绘制圆的线条的颜色；

thickness：表示绘制圆的线条的粗细；

lineType：表示绘制圆的线条的类型。

（4）在 OpenCV 中提供了 cv2.putText()函数，用于在图形上绘制文字，其一般格式为：

image=cv2.putText(image,text,org,fontFace,fontScale, color[,thickness[,lineType[,bottomLeftOrigin]]])

image：表示绘制的载体图像；

text：表示要绘制的字体；

org：表示绘制字体的位置；

fontFace：表示字体类型；

fontScale：表示字体大小；

color：表示绘制文字的线条的颜色；

thickness：表示绘制文字的线条的粗细；

lineType：表示绘制文字的线条的类型；

bottomLeftOrigin：表示绘制文字的方向。

3. 编程代码

```
/*************************************************
*函数名称：quyuzengzhangfa()
*功能：对图像进行区域生长。
*************************************************/
import cv2
from PIL import Image,ImageEnhance
import numpy as np
def quyuzengzhangfa():
    global sFilePath, zhongzi
    if sFilePath != 'start':
        img = cv2.imread(sFilePath, 0)
    else:
        img = cv2.imread('sucai.jpg', 0)
    h, w = img.shape                    #获得高度、宽度
    p_temp = np.full(w * h, 255)
    cv2.namedWindow("image")
    cv2.setMouseCallback("image", on_EVENT_LBUTTONDOWN)
    cv2.imshow("image", img)
    for i in range(1, h):
        for j in range(1, w):
            temp = img[i, j]
            if (abs(temp - zhongzi) <= 50):
                # print(zhongzi)
                p_temp[w * i+ j] = temp
            else:
                p_temp[w * i + j] = 255
    narray = p_temp.reshape([h, w])            #转化为 w*h 型的数组
    img = Image.fromarray(narray)
    img = img.convert('L')
    img.save('result.jpg')
/*************************************************
*函数名称：on_EVENT_LBUTTONDOWN(event, x, y,flags, param)
*参数说明：event：鼠标事件
*          x：单击点的横坐标
*          y：单击点的纵坐标
*          flags：表示鼠标状态
*          param：表示用户定义的传递到 setMouseCallback 函数调用的参数
*功能：实现鼠标回调函数
```

```
**************************************************************/
import cv2
from tkinter import messagebox
def on_EVENT_LBUTTONDOWN(event, x, y,flags, param):
    global sFilePath,zhongzi
    if sFilePath != 'start':
        img = cv2.imread(sFilePath, 0)
    else:
        img = cv2.imread('sucai.jpg', 0)
    if event == cv2.EVENT_LBUTTONDOWN:
        xy = "%d,%d" % (x, y)
        zhongzi = img[x, y]#列，行
        cv2.circle(img, (x, y), 1, (255, 0, 0), thickness=-1)
        cv2.putText(img, xy, (x, y), cv2.FONT_HERSHEY_PLAIN,1.0, (0, 0, 0), thickness=1)
        cv2.imshow("image", img)
        string = str("您选择的坐标为：%d,%d" % (x, y))
        #显示点击点的坐标
        messagebox.showinfo(message=string)
        #销毁窗口
        cv2.destroyAllWindows()
```

4. 效果展示

图 9-27 为鼠标单击时间的效果图。图像区域生长法处理效果如图 9-28 所示。左侧为原始图像，右侧为处理后的图像。

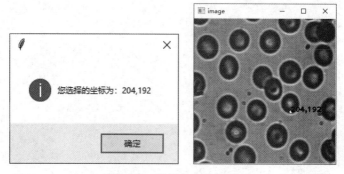

图 9-27　鼠标单击效果图

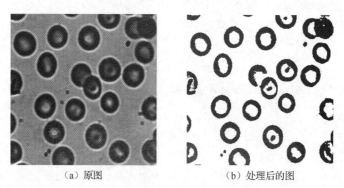

（a）原图　　　　　　　　（b）处理后的图

图 9-28　区域生长法处理效果图

　轮廓检测与拟合

图像轮廓是指将边缘信息连接起来形成的一个整体。图像轮廓是图像中非常重要的一个特征，通过对图像轮廓进行操作，能够获取目标图像的大小、位置和方向等信息。

图像的轮廓由一系列的点组成，这些点以某种方式表示图像中的一条曲线。所以，图像轮廓的绘制就是将检测到的边缘信息和图像的前景信息进行拟合，从而得到图像的轮廓。

1. 函数说明

在 OpenCV 中提供了 cv2.findContours()函数和 cv2.drawContours()函数来实现对图像轮廓的查找与绘制。在使用函数 cv2.findContours()查找图像轮廓时，需要注意以下问题：

待处理的原始图像必须是灰度图。因此，在通常情况下，都要预先对图像进行阈值分割或者边缘检测处理，得到满意的二值图像后再将其作为参数使用。

（1）cv2.findContours()函数

一般格式为：

image,contours,hierarchy = cv2. findContours (image, mode, method)

image：表示 8 位单通道原始图像。

mode：表示轮廓检索模式。参数 mode 决定了轮廓的提取方式，具体有如下 4 种：

● cv2.RETR_EXTERNAL：只检测外轮廓，如图 9-29 所示。

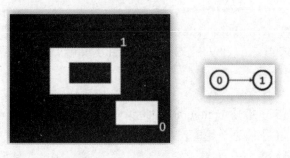

图 9-29　只检测外轮廓示意图

● cv2.RETR_LIST：对检测到的轮廓不建立等级关系，如图 9-30 所示。

图 9-30　对检测到的轮廓不建立等级关系

- cv2.RETR_CCOMP：检索所有轮廓并将它们组织成两级层次结构，如图 9-31 所示。上面的一层为外边界，下面的一层为内孔的边界。如果内孔内还有一个连通物体，那么这个物体的边界仍然位于顶层。

图 9-31　两级层次结构示意图

- cv2.RETR_TREE：建立一个等级树结构的轮廓。

对于两层轮廓，使用参数 cv2.RETR_CCOMP 和 cv2.RETR_TREE 得到的层次结构是一致的。

method：表示轮廓的近似方法。参数 method 决定了如何表达轮廓，可以为如下值：

- cv2.CHAIN_APPROX_NONE：存储所有的轮廓点，相邻两个点的像素位置差不超过 1，即 max(abs(x1−x2),abs(y2−y1))=1。
- cv2.CHAIN_APPROX_SIMPLE：压缩水平方向、垂直方向、对角线方向的元素，只保留该方向的终点坐标。例如，在极端的情况下，一个矩形只需要用 4 个点来保存轮廓信息。
- cv2.CHAIN_APPROX_TC89_L1：使用 teh-Chinl chain 近似算法的一种风格。
- cv2.CHAIN_APPROX_TC89_KCOS：使用 teh-Chinl chain 近似算法的一种风格。

输出参数含义：

contours：返回是一组轮廓信息，每个轮廓都是由若干个点所构成的。例如，contours[i] 是第 i 个轮廓（下标从 0 开始），contours[i][j] 是第 i 个轮廓内的第 j 个点。

hierarchy：图像的拓扑信息（轮廓层次）。

图像中所有轮廓之间就建立了父子关系，如一个轮廓在另一个轮廓的内部。将外部的轮廓称为父轮廓，内部的轮廓称为子轮廓。根据轮廓之间的关系，就能够确定一个轮廓与其他轮廓是如何连接的。比如，确定一个轮廓是某个轮廓的子轮廓，或者是某个轮廓的父轮廓。上述关系被称为层次（组织结构），返回值 hierarchy 就包含上述层次关系。

每个轮廓 contours[i] 对应 4 个元素来说明当前轮廓的层次关系。其形式为：
[Next,Previous,First_Child,Parent]，各元素的含义如下。

- Next：后一个轮廓的索引编号。
- Previous：前一个轮廓的索引编号。
- First_Child：第 1 个子轮廓的索引编号。
- Parent：父轮廓的索引编号。

如果上述各个参数所对应的关系为空，也就是没有对应的关系时，则将该参数所对应的值设为 "−1"。使用 print 语句可以查看 hierarchy 的值：print（hierarchy）。

需要注意，轮廓的层次结构是由参数 mode 决定的。也就是说，使用不同的 mode，得到轮廓的编号是不一样的，得到的 hierarchy 也不一样。

（2）cv2.drawContours()函数

一般格式为：

> image = cv2. drawContours (image, contours, contourIdx,color[,thickness[,lineType hierarchy[,maxLevel [,offset]]]]])

image：表示待绘制轮廓的图像；

contours：表示需要绘制的轮廓；

contourIdx：表示需要绘制的边缘索引。告诉函数 cv2.drawContours()要绘制某一条轮廓还是全部轮廓。如果该参数是一个整数或者为零，则表示绘制对应索引号的轮廓；如果该值为负数（通常为"–1"），则表示绘制全部轮廓；

color：表示绘制的轮廓颜色。绘制的颜色用 BGR 格式表示；

thickness：表示绘制轮廓的粗细。如将该值设置为"–1"，则表示要绘制实心轮廓；

lineType：表示绘制轮廓所选用的线型；

hierarchy：对应函数 cv2.findContours()所输出的层次信息；

maxLevel：控制所绘制轮廓层次的深度。如果值为 0，表示仅仅绘制第 0 层的轮廓；如果值为其他的非零正数，则表示绘制最高层及以下的相同数量层级的轮廓。

offset：表示轮廓的偏移程度。该参数使轮廓偏移到不同的位置展示出来。

2．编程代码

```
/***********************************************************
*函数名称：tiquxinxi()
*功能：提取图像的轮廓、前景、边缘轮廓信息。
***********************************************************/
import cv2
    def tiquxinxi():
    global sFilePath
    if sFilePath != 'start':
        img = cv2.imread(sFilePath, 1)
    else:
        img = cv2.imread('sucai.jpg', 1)
    gray = cv2.cvtColor(img, cv2.COLOR_BGR2GRAY)    #转为灰度图
    ret, binary = cv2.threshold(gray, 0, 255, cv2.THRESH_BINARY + cv2.THRESH_OTSU)
    #对灰度图进行二值化阈值处理
    contours, hierarchy = cv2.findContours(binary, cv2.RETR_EXTERNAL,
        cv2.CHAIN_APPROX_SIMPLE)                #查找图像中的轮廓信息
    #绘制轮廓
    image = cv2.drawContours(img, contours, -1, (0, 0, 255), 3)
    cv2.imshow('contour', image)
    #提取前景
    mask = np.zeros(img.shape, np.uint8)                #制作掩模
    mask = cv2.drawContours(mask, contours, -1, (0, 0, 255), -1)
    cv2.imshow('mask', mask)
    result = cv2.bitwise_and(img, mask)                #通过按位与，提取前景
    cv2.imshow("fg", result)
    #提取边缘信息
```

```
binaryImg = cv2.Canny(img, 50, 200)
contours, hierarchy = cv2.findContours(binaryImg, cv2.RETR_TREE,
                cv2.CHAIN_APPROX_NONE)
temp = np.ones(binaryImg.shape, np.uint8) * 255     #创建白色幕布
cv2.drawContours(temp, contours, -1, (0, 255, 0), 1)
cv2.imshow("canny", binaryImg)
cv2.imshow("contours", temp)
```

3. 效果展示

程序运行结果如图 9-32 所示。图 9-32（a）为原图像；图 9-32（b）为提取的图像轮廓；图 9-32（c）为 Mask 图；图 9-32（d）为提取的图像前景；图 9-32（e）是 Canny 边缘检测得到的边缘信息，将其作为查找函数的输入图像；图 9-32（e）是经 Canny 得到的图像边缘，图 9-32（f）是绘制的边缘信息。

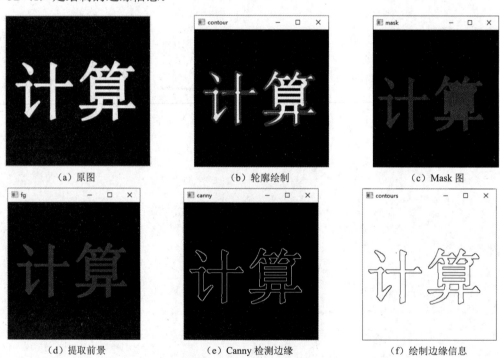

（a）原图　　　　　　　　（b）轮廓绘制　　　　　　　　（c）Mask 图

（d）提取前景　　　　　　（e）Canny 检测边缘　　　　　　（f）绘制边缘信息

图 9-32　提取图像的轮廓、前景、边缘信息

9.5　目标物体测量

9.5.1　区域标记

1. 函数说明

（1）在 OpenCV 中可以通过 cv2.moments()函数来获取图像的轮廓特征，cv2.moments()

函数的一般格式为:

```
moments = cv2.moments(img, binaryImage=False)
```

img:可以是灰度图像或者二值图像;

binaryImage:表示输入的二值图像是否已经是经过二值化处理的。如果是,则传入 True,否则传入 False。

moments:返回的矩特征。

cv2.moments 函数的返回值为一个字典,包含了图像矩及其他信息。字典的键与矩的特征有关,例如中心矩、二阶矩等。

```
m00 = moments['m00']              #面积
cx = moments['m10'] / moments['m00']  #x 坐标
cy = moments['m01'] / moments['m00']  #y 坐标
```

其中,m00 表示图像的面积,cx 和 cy 分别表示图像的重心。

2. 编程代码

```
/***********************************************************
*函数名称:biaoji()
*功能:对图像进行标记,划分成不同的连通区域
***********************************************************/
import cv2
def biaoji():
    global sFilePath
    if sFilePath != 'start':
        img = cv2.imread(sFilePath)
    else:
        img = cv2.imread('sucai.jpg')
    ret, thresh = cv2.threshold(cv2.cvtColor(img, cv2.COLOR_BGR2GRAY), 0, 255, cv2.THRESH_
BINARY + cv2.THRESH_OTSU)
        #得到轮廓信息,建立一个等级树结构的轮廓,存储所有点
    contours, hierarchy =
            cv2.findContours(thresh, cv2.RETR_TREE, cv2.CHAIN_APPROX_NONE)
        for i in range(len(contours) - 1):
            a = contours[i + 1]
            #计算第一条轮廓的矩函数 cv2.moments() 会将计算得到的矩以字典形式返回
            M = cv2.moments(a)
            #这两行是计算中心点坐标
            x = int(M['m10'] / M['m00'])
            y = int(M['m01'] / M['m00'])
            cv2.circle(img, (x, y), 1, (0,255,0), thickness=5)#画出中心点
            #将标记显示在图片上
            cv2.putText(img, str(i), (x, y), cv2.FONT_HERSHEY_PLAIN, 1.2, (0, 0, 255), thickness=2)
            cv2.drawContours(img, contours[i+1], -1, (0, 255, 0), 2)
        cv2.imwrite('result.jpg', img)
```

3. 效果图

图像二值图像区域标记处理效果如图 9-33 所示。左侧为原始图像，右侧为处理后的图像。

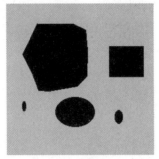 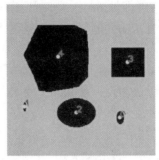

（a）原图　　　　　　　　　　　（b）处理后的图

图 9-33　二值图像区域标记处理效果图

从图 9-33 可知，不同的物体标记不同，由于在判断连通性时，对已标记的物体标号进行了改动，导致物体的标号不连续。当然可以想办法使标号连续，但这不是本书的重点，不做介绍，以免算法混淆。在图 9-33（b）上，每一个物体的像素值就是该物体的标号，为计算物体面积和周长打下基础。

9.5.2　面积测量

1. 函数说明

在 OpenCV 中，cv2.contourArea()函数可以用于计算轮廓的面积，其一般格式为：

retval = cv2. contourArea (contour[, booled])

retval：表示返回的轮廓面积；
contour：表示输入的轮廓；
booled：表示轮廓的封闭性。

2. 编程代码

```
/***************************************************
*函数名称：mianji()
*功能：输出每个连通区的面积。
***************************************************/
import cv2
def mianji():
    global sFilePath
    if sFilePath != 'start':
        img = cv2.imread(sFilePath)
    else:
        img = cv2.imread('sucai.jpg')
    ret, thresh = cv2.threshold(cv2.cvtColor(img, cv2.COLOR_BGR2GRAY), 0, 255, cv2.THRESH_
```

```
BINARY + cv2.THRESH_OTSU)
        #得到轮廓信息
    contours, hierarchy =
    cv2.findContours(thresh, cv2.RETR_TREE, cv2.CHAIN_APPROX_NONE)

    for i in range(len(contours) - 1):
        a = contours[i + 1]
        M = cv2.moments(a)   #计算第一条轮廓的矩函数 cv2.moments()会将计算得到的矩以字典形式返回
        area = cv2.contourArea(a)#计算轮廓所包含的面积
        #这两行是计算中心点坐标
        x = int(M['m10'] / M['m00'])
        y = int(M['m01'] / M['m00'])
        cv2.circle(img, (x, y), 1, ( 0,255, 0), thickness=5)#画出中心点
        #将面积显示在图片上
        cv2.drawContours(img, contours[i + 1], -1, (0, 255, 0), 2)
        cv2.putText(img, str(area), (x, y), cv2.FONT_HERSHEY_PLAIN, 1.2, (0, 0, 255), thickness=2)

    cv2.imwrite('result.jpg', img)
```

3. 效果图

图像面积测量效果如图 9-34 所示。左侧为原始图像，右侧为处理后的图像。

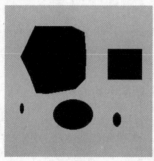

（a）原图　　　　　　　（b）处理后的图

图 9-34　面积测量效果图

9.5.3　周长测量

1. 函数说明

在 OpenCV 中，函数 cv2.arcLength()可以用于计算轮廓的长度，其一般格式为：

retval = cv2. arcLength (contour, booled)

其中：

retval：表示返回的轮廓周长；

contour：表示输入的轮廓；

booled：表示轮廓的封闭性。

2. 编程代码

```
/*************************************************************
*函数名称：zhouchang()
*功能：输出物体周长。
*************************************************************/
import cv2
def zhouchang():
    global sFilePath
    if sFilePath != 'start':
        img = cv2.imread(sFilePath)
    else:
        img = cv2.imread('sucai.jpg')
    ret, thresh = cv2.threshold(cv2.cvtColor(img, cv2.COLOR_BGR2GRAY), 0, 255, cv2.THRESH_
BINARY + cv2.THRESH_OTSU)
    #得到轮廓信息
    contours, hierarchy =
    cv2.findContours(thresh, cv2.RETR_TREE, cv2.CHAIN_APPROX_NONE)
    for i in range(len(contours) - 1):
        a = contours[i + 1]
        #计算第一条轮廓的矩函数 cv2.moments() 会将计算得到的矩以字典形式返回。
        M = cv2.moments(a)
        perimeter = cv2.arcLength(a, True)#计算轮廓所包含的周长
        c = round(perimeter,2)
        #这两行是计算中心点坐标
        x = int(M['m10'] / M['m00'])
        y = int(M['m01'] / M['m00'])
        cv2.circle(img, (x, y), 1, (0, 255, 0), thickness=5)#画出中心点
        #将周长显示在图片上
        cv2.drawContours(img, contours[i + 1], -1, (0, 255, 0), 2)
        cv2.putText(img, str(c), (x, y), cv2.FONT_HERSHEY_PLAIN, 1.2, (0, 0, 255), thickness=2)
    cv2.imwrite('result.jpg', img)
```

3. 效果展示

图像周长计算效果如图 9-35 所示。左侧为原始图像，右侧为处理后的图像。

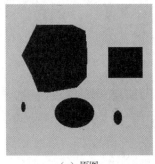 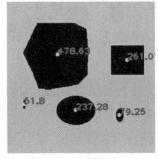

（a）原图　　　　　　　　　　（b）处理后的图

图 9-35　周长计算效果图

9.6　最小外包形状检测

在通过之前的阈值分割和边缘检测后，可以获得一幅图像的前景或边缘。接下来，一般是通过拟合的方式获取可以近似这些图像轮廓的多边形或者最小外包，可以检测这些外包形状是否全部包含了目标物体的像素点，分析观察，为之后的模板匹配打下一定的基础。

9.6.1　最小外包矩形

1. 函数说明

在 OpenCV 中提供了 cv2.minAreaRect()函数用来绘制轮廓的最小外包矩形框，其一般格式为：

```
ret = cv2. minAreaRect (points)
```

ret：表示返回的矩形特征信息；

points：表示输入的轮廓。

返回值 ret 的结构不符合 cv2.drawContours()函数的参数结构要求。因此，必须使用 cv2.boxPoints()函数将上述返回值 ret 转换为符合要求的结构。

cv2.boxPoints()函数的一般格式是：

```
points= cv2. boxPoints (box)
```

box：表示 cv2.minAreaRect()函数返回值类型的值；

points：表示返回的符合结构的矩形特征信息。

2. 编程代码

```
/*********************************************************
*函数名称：waibaojuxing()
*功能：输出图像的最小外包矩形。
*********************************************************/
import cv2
import numpy as np
def waibaojuxing():
    global sFilePath
    if sFilePath != 'start':
        img = cv2.imread(sFilePath)
    else:
        img = cv2.imread('sucai.jpg')
    gray = cv2.cvtColor(img, cv2.COLOR_BGR2GRAY)      #转换为灰度图
    ret, binary = cv2.threshold(gray, 0, 255, cv2.THRESH_BINARY_INV + cv2.THRESH_OTSU)
                                                      #二值化阈值处理
    #查找轮廓
    contours, hierarchy = cv2.findContours(binary, cv2.RETR_LIST,cv2.CHAIN_APPROX_SIMPLE)
```

```
rect = cv2.minAreaRect(contours[0])          #构建轮廓的最小外包矩形
points = cv2.boxPoints(rect)                 #调整矩形返回值的类型
points = np.int0(points)                     #取整
img = cv2.drawContours(img, [points], 0, (0, 0, 0), 1)   #画出矩形框
cv2.imwrite("result.jpg", img)               #显示绘制图像
```

3. 效果展示

程序运行结果如图 9-36 所示，其中图 9-36（a）是原始图像，图 9-36（b）是在原始图像上绘制的最小外包矩形的图像。

（a）原图 （b）处理后的图

图 9-36 最小外包矩形示意图

9.6.2 最小外包圆形

1. 函数说明

在 OpenCV 中提供了 cv2.minEnclosingCircle()函数来绘制轮廓的最小外包圆形，其一般格式为：

```
center,radius = cv2.minEnclosingCircle (points)
```

center：表示最小外包圆形的中心；
radius：表示最小外包圆形的半径；
points：表示输入的轮廓。

2. 编程代码

```
/*********************************************************
*函数名称：waibaoyuan()
*功能：输出图像的最小外包圆形。
*********************************************************/
import cv2
import numpy as np
def waibaoyuan():
    global sFilePath
    if sFilePath != 'start':
        img = cv2.imread(sFilePath, 1)
    else:
        img = cv2.imread('sucai.jpg', 1)
    gray = cv2.cvtColor(img, cv2.COLOR_BGR2GRAY)      #转换为灰度图
```

```
ret, binary = cv2.threshold(gray, 0, 255, cv2.THRESH_BINARY_INV + cv2.THRESH_OTSU)
                                                    #二值化阈值处理
#查找轮廓
contours, hierarchy = cv2.findContours(binary, cv2.RETR_LIST,cv2.CHAIN_APPROX_SIMPLE)
(x, y), rad = cv2.minEnclosingCircle(contours[0])      #构建轮廓的最小外包圆形
#取整
center = (int(x), int(y))
rad = int(rad)
cv2.circle(img, center, rad, (0, 0, 0), 1)              #绘制圆形
cv2.imwrite("result.jpg", img)                         #显示绘制图像
```

3. 效果展示

程序运行结果如图 9-37 所示，其中图 9-37（a）是原始图像，图 9-37（b）是在原始图像上绘制的最小外包圆形的图像。

（a）原图　　　　　（b）处理后的图

图 9-37　最小外包圆形示意图

9.6.3　最小外包三角形

1. 函数说明

在 OpenCV 中提供了 cv2.minEnclosingTriangle()函数来绘制轮廓的最小外包三角形，其一般格式为：

```
ret , triangle = cv2. minEnclosingTriangle (points)
```

ret：表示最小外包三角形的面积；
triangle：表示最小外包三角形的三个顶点集；
points：表示输入的轮廓。

2. 编程代码

```
/************************************************************
*函数名称：waibaosanjiaoxing()
*功能：输出图像的最小外包三角形。
*************************************************************/
import cv2 as cv
def waibaosanjiaoxing():
    global sFilePath
    if sFilePath != 'start':
        img = cv2.imread(sFilePath, 1)
```

```
        else:
            img = cv2.imread('sucai.jpg', 1)
        gray = cv2.cvtColor(img, cv2.COLOR_BGR2GRAY)        #转换为灰度图
        ret, binary = cv2.threshold(gray, 0, 255, cv2.THRESH_BINARY_INV + cv2.THRESH_OTSU)
                                                            #二值化阈值处理

        #查找轮廓
        contours, hierarchy = cv2.findContours(binary, cv2.RETR_LIST,
                                        cv2.CHAIN_APPROX_SIMPLE)
        #绘制外接三角形
        area, trl = cv2.minEnclosingTriangle(contours[0])
        for i in range(0, 3):
            p0 = trl[i, 0]                        #点(i,0)
            p1 = [int(j) for j in p0]             #由 float 转为 int
            p3 = trl[(i + 1) % 3, 0]              #点
            p4 = [int(j) for j in p3]             #转为 int
            cv2.line(img, tuple(p1), tuple(p4), (0, 0, 0), 2)
        cv2.imwrite("result.jpg", img)            #显示绘制图像
```

3. 效果展示

程序运行结果如图 9-38 所示，其中图 9-38（a）是原始图像，图 9-38（b）是在原始图像上绘制的最小外包三角形的图像。

 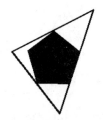

（a）原图   （b）处理后的图

图 9-38　最小外包三角形示意图

9.6.4　最小外包椭圆形

1. 函数说明

在 OpenCV 中提供了 cv2.fitEllipse()函数来绘制轮廓的最小外包椭圆，其一般格式为：

```
ret = cv2. fitEllipse (points)
```

其中：
ret：表示返回的椭圆特征信息，包括中心点、轴长度和旋转角等。
points：表示输入的轮廓。

2. 编程代码

```
/*************************************************************
*函数名称：  waibaotuoyuan()
*功能：  输出图像的最小外包椭圆。
*************************************************************/
import cv2
def waibaotuoyuan():
    global sFilePath
    if sFilePath != 'start':
        img = cv2.imread(sFilePath, 1)
    else:
        img = cv2.imread('sucai.jpg', 1)
    gray = cv2.cvtColor(img, cv2.COLOR_BGR2GRAY)        #转换为灰度图
    ret, binary = cv2.threshold(gray, 0, 255, cv2.THRESH_BINARY_INV + cv2.THRESH_OTSU)
                                                #二值化阈值处理
    #查找轮廓
    contours, hierarchy = cv2.findContours(binary, cv2.RETR_LIST,
                                    cv2.CHAIN_APPROX_SIMPLE)
    ellipse = cv2.fitEllipse(contours[0])        #构建最小外包椭圆
    cv2.ellipse(img, ellipse, (0, 0, 0), 1)        #绘制最小外包椭圆
    cv2.imwrite("result.jpg", img)        #显示绘制图像
```

3. 效果展示

程序运行结果如图 9-39 所示，其中，图 9-39（a）是原始图像，图 9-39（b）是在原始图像上绘制的最小外包椭圆的图像。

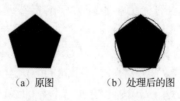

（a）原图　　　　（b）处理后的图

图 9-39　最小外包椭圆示意图

9.7　霍夫检测

9.7.1　霍夫直线检测

1. 理论基础

霍夫变换（Hough Transform）的原理是将特定图形上的点变换到一组参数空间上，根据参数空间点的累计结果找到一个极大值对应的解，那么这个解就对应着要寻找的几何形状的参数（比如说直线，那么就会对应得到直线的斜率 k 与常数 b，圆就会对应得到圆心与半径，

等等）。

霍夫直线检测将笛卡儿坐标系中的判断多点是否共线问题转为极坐标下的多个曲线是否有相同的交点的问题。选择尽可能多条线汇成的点。通常情况下，设置一个阈值，当霍夫坐标系内交于某点的曲线达到了阈值，就认为在对应的极坐标系内存在（检测到）一条直线。直线上的所有点都必然是在极坐标为(ρ,θ)所表示的直线上的。在霍夫坐标系内，经过一个点的线越多，说明其映射在极坐标系内的直线是由越多的点所构成（穿过）的。

由于垂直x轴直线的斜率k为无穷大，直线方程无法表示，因此，将直线用极坐标来表示更方便，下面观察极坐标空间中的一条直线在霍夫空间(θ,ρ)内的映射情况。

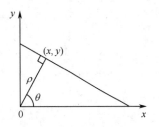

图 9-40　极坐标系下的直线方程

（1）极坐标系下的直线方程。

极坐标系下，原点到该直线的垂直距离为ρ，垂线与x轴夹角为θ，如图 9-40 所示，极坐标系下的直线方程为

$$\rho = x\cos\theta + y\sin\theta \qquad (9\text{-}21)$$

（2）极坐标系中的一点对应θ从 0～2π 变化的直线。

极坐标系中的一点(x_1,y_1)，有无穷多不同方向的直线通过该点，每一条直线有一个(ρ,θ)与之对应，每个点在参数空间上都对应一系列的(θ,ρ)。可以看到θ无非是从 0～360°（0～2π）变化，假设每 1 度取一个直线，并保证(x,y)在这个直线上，那么(x,y)会在 360 条直线上出现。

（3）θ角度由 1°逐渐递增可获取对应的直线参数ρ。

假设直线以 1°为划分，可以有 360 条不同方向的直线通过该点，θ角度由 1°逐渐递增，将像素的坐标点代入极坐标系下的直线方程，可获取对应的直线参数ρ。

（4）同一条直线上的点，对应相同的(ρ,θ)。

同一条直线上的点(x_2,y_2)，也有无穷多不同方向的直线通过，每一条直线有一个(θ,ρ)与之对应。假设直线以 1°为划分，可以有 360 条不同方向的直线通过该点，θ角度由 1°逐渐递增，将像素的坐标点代入极坐标系下直线的方程，可获取对应的直线参数ρ。

由于点(x_1,y_1)与点(x_2,y_2)共线，必将有 2 次相同的(θ,ρ)出现。同理，n 点共线，必将有 n 次相同的(θ,ρ)出现。在霍夫坐标系(θ,ρ)内，经过一个点的线越多，说明其映射在极坐标系内的直线，是由越多的点所构成的。

（5）参数空间(θ,ρ)量化，构建累加器矩阵，统计相同(θ,ρ)的出现次数。

霍夫直线检测，就是将参数空间(θ,ρ)量化成 $m\times n$（m 为 θ 的等份数，n 为 ρ 的等份数）个单元。

设置累加器矩阵 $Q[m\times n]$；给参数空间中的每个单元分配一个累加器 $Q(\theta_i,\rho_j)$（$0<i<m\text{-}1$，$0<j<n\text{-}1$），并把累加器的初始值置为零，如图 9-41 所示。

将直角坐标系中的各像素点(x_k,y_k)（$k=1,2,\cdots,s,s$ 为直角坐标系中的点数）代入式$\rho=x\cos\theta+y\sin\theta$，然后将$\theta_0\sim\theta_{m-1}$也都代入其中，分别计算出相应的值$\rho_j$；在参数空间中，找到每一个$(\theta_i,\rho_j)$所对应的单元，并将该单元的累加器加 1，即 $Q(\theta_i,\rho_j)=Q(\theta_i,\rho_j)+1$，对该单元进行一次投票。

$$\rho=x\cos\theta+y\sin\theta$$

ρ	$\theta=0°\sim90°$	$\theta=90°\sim180°$	$\theta=180°\sim270°$	$\theta=270°\sim360°$
1~2	0	0	0	0
2~3	0	0	0	0
3~4	0	0	0	0
4~5	0	0	0	0
5~6	0	0	0	0
6~7	0	0	0	0
7~8	0	0	0	0
...	0	0	0	0

图 9-41　参数空间的累加器初始值

算法流程：

可以看到霍夫变换就是参数映射变换。对每一个点都进行映射，并且映射还不止一次。(θ,ρ)是存在步长的，当 θ 步长取得比较大时，还想有很多交点是不可能的，所以说 θ 步长不能太大，理论上是越小效果越好，因为越小，越接近于连续曲线，也就越容易相交。但是越小带来的问题就是计算量越大。

① 首先就是对图像进行一个边缘提取，一般使用 Canny 算子就可以，生成黑白二值图像，白的是边缘，那么在映射时，只需要把边缘上的点进行参数空间变换就可以；

② 将参数空间(θ,ρ)量化成 $m\times n$ 个单元，并设置累加器矩阵 $Q[m\times n]$，把累加器的初始值置为零；

③ 将每一个边缘点的直角坐标系代入式 $\rho=x\cos\theta+y\sin\theta$，然后将 $\theta_0\sim\theta_{m-1}$ 也都代入其中，分别计算出相应的值 ρ_j；

④ 在参数空间中，找到每一个 $Q(\theta_i,\rho_j)$ 所对应的单元，并将该单元的累加器加 1，即 $Q(\theta_i,\rho_j)+1$，对该单元进行一次投票；

⑤ 待图像 xy 坐标系中的所有点都进行运算之后，检查参数空间的累加器，指定一个阈值（就是投票数达到多少时就可以认定为一条直线），这样就可以一次性输出多条直线。

2. 函数说明

（1）在 OpenCV 中提供了 cv2.HoughLines()函数来实现标准霍夫直线检测，该函数要求所操作的原始图像是一个二值图像，所以在进行霍夫变换之前要先将原图像进行 Otsu 二值化，或者进行 Canny 边缘检测。

其一般格式为：

```
lines= cv2.HoughLines (image,rho,theta,threshold)
```

lines：表示函数的返回值，是检测到的直线参数；

image：表示输入的 8 位单通道二值图像；

rho：表示距离的精度，一般为 1；

theta：表示角度的精度，一般为 π/180；

threshold：表示判断阈值。

3. 编程代码

```
import cv2
import numpy as np
def huofuzhixian():
    def HoughLine_s(img):
        #进行标准霍夫直线检测
        lines = cv2.HoughLines(edges, 1, np.pi / 180, 100)
        #绘制检测结果
        for line in lines:
            rho, theta = line[0]
            a = np.cos(theta)
            b = np.sin(theta)
            x0 = a * rho
            y0 = b * rho
            x1 = int(x0 + 1000 * (-b))
            y1 = int(y0 + 1000 * (a))
            x2 = int(x0 - 1000 * (-b))
            y2 = int(y0 - 1000 * (a))
            cv2.line(img, (x1, y1), (x2, y2), (255, 255, 255), 2)
        return img


    global sFilePath
    if sFilePath != 'start':
        img = cv2.imread(sFilePath)
    else:
        img = cv2.imread('sucai.jpg')
    gray = cv2.cvtColor(img, cv2.COLOR_BGR2GRAY)        #转为灰度图
    edges = cv2.Canny(gray, 200, 255)                   #使用 Canny 检测得到二值化图像

    cv2.imshow("edges", edges)                          #显示 Canny 检测结果
    #进行霍夫直线检测
    hough_s = HoughLine_s(edges)                        #标准霍夫直线检测
    cv2.imshow("hough_s", hough_s)                      #显示检测结果
```

4. 效果展示

霍夫直线检测效果如图 9-42 所示。图 9-42（a）是原始图像；对于一个矩形，采用 Canny 算子检测边缘如图 9-42（b）所示；在图 9-42（b）的基础上进行霍夫直线检测，能够完整地检测出四条边，并且输出了四条直线的半径和角度，如图 9-42（c）所示；从角度上可见两条水平直线和两条垂直直线，根据半径和角度，画出相应的直线，绘制效果如图 9-42（d）所示。

（a）原图

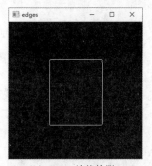

（b）Canny 边缘检测

（c）霍夫直线检测结果

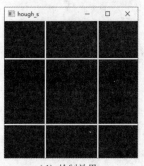

（d）绘制效果

图 9-42　霍夫直线检测效果图

9.7.2　霍夫圆检测

1. 理论基础

霍夫圆检测类似于霍夫直线检测。也是通过遍历每一个非零像素点的潜在圆，根据在霍夫空间的曲线交点所占的权重来确定目标圆。

笛卡儿坐标系中，圆方程：

$$(x-a)^2 + (y-b)^2 = r^2 \qquad (9-22)$$

转化为极坐标表达式：

$$\begin{cases} x = a + r * \cos\theta \\ y = b + r * \sin\theta \end{cases} \Rightarrow \begin{cases} a = x - r * \cos\theta \\ b = y - r * \sin\theta \end{cases} \qquad (9-23)$$

极坐标系是三维的，由 a,b,r 构成。在笛卡儿坐标系中经过某一个非零像素点的圆，如图 9-43（a）所示，转到霍夫空间是三维曲线，如图 9-43（b）所示。在 xy 坐标系中同一个圆上的所有点的圆方程是一样的，它们映射到 abr 坐标系中的是同一个点，相同的圆心和相同的半径，这些点共圆。

算法流程：

① 首先就是对图像进行改进，对图像进行一个边缘提取，一般使用 Canny 算子就可以，生成黑白二值图像，白的是边缘，那么在映射的时候，只需要把边缘上的点进行参数空间变换就可以。

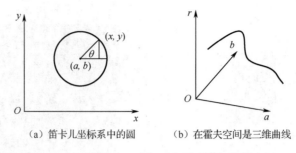

（a）笛卡儿坐标系中的圆　　　（b）在霍夫空间是三维曲线

图 9-43　圆在笛卡儿坐标系和霍夫空间中的表示

② 将参数空间(a,b,r)量化成 $m×n×s$ 个单元，并设置累加器矩阵 $Q[m×n×s]$，并把累加器的初始值置为零；

③ 取固定角度后，r 的值从 $r_0 \sim r_{s-1}$ 逐渐递增，将每一个边缘点的坐标代入圆的极坐标表达式计算(a,b)：

$$\begin{cases} a = x - r*\cos\theta \\ b = y - r*\sin\theta \end{cases} \qquad (9\text{-}24)$$

④ 在参数空间中，找到每一个 $Q(a_i,b_j,r_k,)$所对应的单元，并将该单元的累加器加 1，即 $Q(a_i,b_j,r_k,)+1$，对该单元进行一次投票；

⑤ 指定一个阈值，投票数达到阈值以上认为是一个圆。

待 xy 坐标系中的所有点都进行运算之后，检查参数空间的累加器，指定一个阈值，就是投票数达到阈值以上时可以认定为一个圆，这样就可以一次性输出多个圆。

2. 函数说明

在 OpenCV 中，使用 cv2.HoughCircles()函数实现霍夫圆检测，其一般格式为：

```
circles= cv2. HoughCircles (image,method,dp,minDist,p1,p2,minRadius,maxRadius)
```

circles：表示函数的返回值，是检测到的圆形参数；

image：表示输入的 8 位单通道灰度图像；

method：表示检测方法；

dp：表示累积器的分辨率，用来指定图像分辨率与圆心累加器分辨率的比例；

minDist：表示圆心间的最小间距，一般作为阈值使用；

p1：表示 Canny 边缘检测器的高阈值，低阈值是高阈值的一半；

p2：表示圆心位置必须收到的投票数；

minRadius：表示所接受圆的最小半径；

maxRadius：表示所接受圆的最大半径。

注意点：

① 首先观察图片是干净的还是有噪声的，有噪声的情况或许需要事先进行一些滤波操作；

② 观察最大圆和最小圆的半径，由此配置 minRadius 和 maxRadius 参数；

③ 观察圆和圆之间的最小距离，配置 minDist 参数；

④ 根据圆是否是完整的、圆润的、规则的，配置 param2 参数，如果圆形都比较规整，那么这个值可以配置得大一点，否则配置得小一些。具体可以看实现之后的效果。

3. 编程代码

```
/***********************************************************
*函数名称：huofuyuan()
*功能：对图像进行霍夫圆检测。
***********************************************************/
import cv2
import numpy as np
def huofuyuan():
    global sFilePath
    if sFilePath != 'start':
        img = cv2.imread(sFilePath, 1)
    else:
        img = cv2.imread('sucai.jpg', 1)
    gray = cv2.cvtColor(img, cv2.COLOR_BGR2GRAY)          #转为灰度图
    img = cv2.cvtColor(img, cv2.COLOR_BGR2RGB)            #转为 RGB 色彩空间
    gray = cv2.Canny(gray, 200, 255)                     #使用 Canny 检测得到二值化图像
    cv2.imshow('gray', gray)
    #实现霍夫圆检测
    circles = cv2.HoughCircles(gray, cv2.HOUGH_GRADIENT, 1, 50, param1=50, param2=20,
                               minRadius=5, maxRadius=100)
    print(circles)
    circles = np.uint16(np.around(circles))              #调整圆
    print(circles)
    #在原图上绘制出圆形
    for i in circles[0, :]:
        cv2.circle(img, (i[0], i[1]), i[2], (0, 255, 0), 2)
        cv2.circle(img, (i[0], i[1]), 2, (0, 255, 0), 2)
    cv2.imwrite("result.jpg", img)                       #显示绘制结果
```

4. 效果展示

霍夫圆检测效果如图 9-44 所示。如原始图像见图 9-44（a），对于一个圆形，采用 Canny 算子检测边缘如图 9-44（b）所示；在图 9-44（b）的基础上进行霍夫圆检测，能够完整地检测出圆心坐标和半径，并且输出圆心坐标和半径数据，如图 9-44（c）所示；根据圆心坐标和半径画出相应的圆，绘制效果如图 9-44（d）所示。

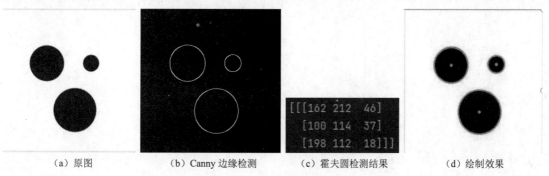

（a）原图　　　　（b）Canny 边缘检测　　　（c）霍夫圆检测结果　　　（d）绘制效果

图 9-44　霍夫圆检测效果图

小结

图像分割与测量是图像识别工作的基础，图像分割将图像分为一些有意义的区域，如何选取阈值是图像能否正确分割的关键，本章介绍了阈值法分割、投影法分割、轮廓检测、目标物体测量、最小外包形状检测和霍夫检测。其中，阈值选取的方法包括直方图门限选择法、半阈值选择法、迭代阈值法等。在图像分割基础上对目标区域进行描述，相当于提取出某些目标区域图像的特征，判断图像中是否有感兴趣的目标。目标物体的轮廓提取包括邻域判断法、边界跟踪法、区域生长法以及轮廓检测与拟合。图像的目标物体测量包括区域标记、图像的面积测量、图像的周长测量。

习题

1. 图像分割的研究目的是什么？
2. 在使用阈值法进行图像分割时，能否正确分割的关键是什么？
3. 假设一幅图像只由物体和背景两部分组成，简述实现图像分割阈值的选择方法。
4. 简述实现迭代阈值图像分割的方法。
5. 图像轮廓提取的目的是什么？试说明进行图像轮廓提取的处理步骤。
6. 试说明进行图像边界跟踪的处理步骤。
7. 简述纹理的统计特征、结构特征。
8. 如何对纹理进行测度分析？
9. 简述实现计算灰度共生矩阵的方法。

第 *10* 章

图像频域变换处理

10.1 图像频域变换

10.1.1 图像傅里叶变换

1. 理论基础

棱镜是可以将光分解为不同颜色的物理仪器，每个成分的颜色由波长（或频率）来决定。正弦波由振幅 A、频率和相位 ϕ 三部分组成，如图 10-1 所示。任意波形可分解为正弦波的加权和，非周期函数可用正弦或余弦乘以加权函数的积分表示，复杂函数可用简单的正弦和余弦函数表示。傅里叶变换可以看作数学上的棱镜，将函数基于频率分解为不同的成分，使时域信号分解为不同频率的正弦信号或余弦信号的叠加。如图 10-2 所示，最下面的复杂信号由上面 4 个不同频率的正弦波组成，最高振幅的正弦波起主导作用。通过傅里叶变换，可以得出信号在各个频率点上的强度，可以看到在频域中，4 个信号的频域和振幅大小以及它们的相位，如图 10-3 所示。

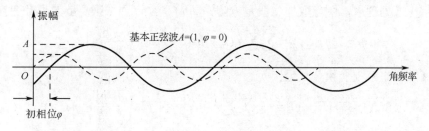

图 10-1　正弦波

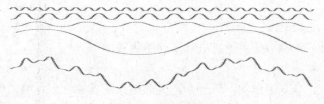

图 10-2　复杂信号

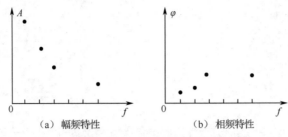

（a）幅频特性　　　　　　　（b）相频特性

图 10-3　复杂信号的傅里叶变换

（1）一维傅里叶变换

若 $f(x)$ 为一维连续函数，傅里叶变换可定义为：

$$F(u) = \int_{-\infty}^{\infty} f(x)\mathrm{e}^{-j2\pi ux}\mathrm{d}x \qquad (10\text{-}1)$$

（2）傅里叶逆变换

$$f(x) = \int_{-\infty}^{\infty} F(u)\mathrm{e}^{j2\pi ux}\mathrm{d}u \qquad (10\text{-}2)$$

（3）二维傅里叶正变换

$$F(u,v) = \int_{-\infty}^{\infty}\int_{-\infty}^{\infty} f(x,y)\mathrm{e}^{-j2\pi(ux+vy)}\mathrm{d}x\mathrm{d}y \qquad (10\text{-}3)$$

（4）二维傅里叶逆变换

$$f(x,y) = \int_{-\infty}^{\infty}\int_{-\infty}^{\infty} F(u,v)\mathrm{e}^{j2\pi(ux+vy)}\mathrm{d}u\mathrm{d}v \qquad (10\text{-}4)$$

图像频域变换是指图像从空域变换到频域的数学变换。常用的频域变换是傅里叶变换（Fourier Transform）和离散余弦变换（Discrete Cosine Transform，DCT）。在频域中，频率越大说明原始信号变化速度越快；频率越小说明原始信号变化越平缓。当频率为 0 时，表示直流信号，没有变化。因此，频率的大小反映了信号变化的快慢。在图像处理中，图像的频率是表征图像中灰度变化剧烈程度的指标，是灰度在平面空间上的梯度，也就是图像灰度的变化速度。对图像而言，图像的边缘部分是突变部分，变化较快，因此反映在频域上是高频分量，图像的噪声大部分情况下也是高频分量；图像平缓变化部分则为低频分量。高频分量解释信号的突变部分，而低频分量决定信号的"整体形象"。

在数字图像处理中，图像取样一般是方阵，即 $M = N$，则二维离散傅里叶变换公式为：

$$F(u,v) = \Im[f(x,y)] = \sum_{x=0}^{N-1}\sum_{y=0}^{N-1} f(x,y)\exp\left[-j2\pi\left(\frac{ux+vy}{N}\right)\right] \qquad (10\text{-}5)$$

二维离散傅里叶反变换公式为：

$$f(x,y) = \Im^{-1}[F(u,v)] = \frac{1}{N^2}\sum_{u=0}^{N-1}\sum_{v=0}^{N-1} F(u,v)\exp\left[j2\pi\left(\frac{ux+vy}{N}\right)\right] \qquad (10\text{-}6)$$

2. 函数说明

（1）retval = cv2.dft（src，flags）

该函数是 OpenCV 中用来实现傅里叶变换的函数。

参数：

retval：返回值，是双通道的，第一个通道的结果是虚数部分，第二个通道的结果是实数部分；

src：输入图像，需要转换格式为 np.float32，可以为实数矩阵，也可以为复数矩阵；

flags：转换标志，通常为 cv2.DFT_COMPLEX_OUTPUT，对一维或二维实数数组进行正变换，输出一个同样尺寸的复数矩阵；cv2.DFT_REAL_OUTPUT，对一维或二维复数数组进行反变换，通常输出同样尺寸的复数矩阵；

（2）retval = cv2.magnitude(x,y)

该函数是在 OpenCV 中用于求取传入数据平方和的平方根，即 $retval = \sqrt{x^2 + y^2}$；

retval：计算结果；

x、y：传入的数据。

3. 编程代码

```
/**************************************************************
*函数名称：erweifuliye()
*功能：图像的二维傅里叶变换
**************************************************************/
import cv2
import numpy as np
def erweifuliye():
    global sFilePath
    if sFilePath != 'start':
        img = cv2.imread(sFilePath,0)
    else:
        img = cv2.imread('sucai.jpg',0)
    dft = cv2.dft(np.float32(img), flags=cv2.DFT_COMPLEX_OUTPUT)
    #默认结果中心点位置在左上角
    magnitude_spectrum = 20 * np.log(cv2.magnitude(dft[:, :, 0], dft[:, :, 1]))
    cv2.imwrite("result.jpg", magnitude_spectrum)
```

4. 效果展示

二维离散傅里叶变换效果如图 10-4 所示，可以看到图像四个角是其低频部分，图像中心是其高频部分，同时也可以看到明暗不一的亮点，其意义是指图像上某一点与邻域点差异的强弱，即梯度的大小，一般来讲，梯度大则该点的亮度强，否则该点亮度弱。这样，通过观察傅里叶变换后的频谱图，也叫功率图，就可以直观地看出图像的能量分布。可见该频谱图中暗的点数多，说明图像是比较柔和的（因为各点与邻域差异不大，梯度相对较小）；反之，如果频谱图中亮的点数多，那么实际图像一定是尖锐的、边界分明且边界两边像素差异较大的。

（a）原图　　　　　　　　　　　（b）处理后的图

图 10-4　二维离散傅里叶变换效果图

10.1.2 图像快速傅里叶变换

1. 理论基础

离散傅里叶变换（Discrete Fourier Transform，DFT）拥有一个显著优势，即它具备一种高效的计算算法——快速傅里叶变换（Fast Fourier Transform，FFT）。该算法能显著减少计算步骤，使得所需的计算量仅占直接应用 DFT 时的一小部分。此外，二维离散傅里叶变换（2D DFT）能够简便地从一维概念扩展而来。在数字图像处理领域，二维离散傅里叶变换得到了广泛的应用，包括图像增强、复原、编码和分类等多个方面。

一长度为 N 的数字序列，其离散傅里叶正变换定义由下式来表示：

$$F(u) = \Im[f(x)] = \sum_{x=0}^{N-1} f(x) \exp\left[-j\frac{2\pi ux}{N}\right] \tag{10-7}$$

傅里叶反变换定义由下式来表示：

$$f(x) = \Im^{-1}[F(u)] = \frac{1}{N}\sum_{u=0}^{N-1} F(u) \exp\left[j\frac{2\pi ux}{N}\right] \tag{10-8}$$

其中：$x = 0，1，2 \cdots N-1$

如果令 $W = \exp\left[j\dfrac{2\pi}{N}\right]$，那么上述公式变成：

$$F(u) = \Im[f(x)] = \sum_{x=0}^{N-1} f(x) \exp\left[-j\frac{2\pi ux}{N}\right] = \sum_{x=0}^{N-1} f(x) W^{-ux} \tag{10-9}$$

$$f(x) = \Im^{-1}[F(u)] = \frac{1}{N}\sum_{u=0}^{N-1} F(u) \exp\left[j\frac{2\pi ux}{N}\right] = \frac{1}{N}\sum_{u=0}^{N-1} F(u) W^{ux} \tag{10-10}$$

公式（10-9）写成矩阵形式为：

$$\begin{bmatrix} F(0) \\ F(1) \\ \vdots \\ F(N-1) \end{bmatrix} = \begin{bmatrix} W^0 & W^0 & W^0 & \cdots & W^0 \\ W^0 & W^{1\times 1} & W^{2\times 1} & \cdots & W^{(N-1)\times 1} \\ \vdots & \vdots & \vdots & \vdots & \vdots \\ W^0 & W^{1\times(N-1)} & W^{2\times(N-1)} & \cdots & W^{(N-1)\times(N-1)} \end{bmatrix} \begin{bmatrix} f(0) \\ f(1) \\ \vdots \\ f(N-1) \end{bmatrix} \tag{10-11}$$

公式（10-10）写成矩阵形式为：

$$\begin{bmatrix} f(0) \\ f(1) \\ \vdots \\ f(N-1) \end{bmatrix} = \frac{1}{N} \begin{bmatrix} W^0 & W^0 & W^0 & \cdots & W^0 \\ W^0 & W^{-1\times 1} & W^{-2\times 1} & \cdots & W^{-(N-1)\times 1} \\ \vdots & \vdots & \vdots & \vdots & \vdots \\ W^0 & W^{-1\times(N-1)} & W^{-2\times(N-1)} & \cdots & W^{-(N-1)\times(N-1)} \end{bmatrix} \begin{bmatrix} F(0) \\ F(1) \\ \vdots \\ F(N-1) \end{bmatrix} \tag{10-12}$$

2. 快速傅里叶变换的实现

现在，离散傅里叶变换已成为数字信号处理的重要工具，但是它的计算量较大，运算时间长，这在某种程度上限制了它的使用。快速傅里叶变换的核心思想是，将原函数分解成一个奇数项和一个偶数项加权和，然后对所分解的奇数项和偶数项再分别分解成其中的奇数项和偶数项的加权和。这样，通过不断重复两项奇数项和偶数项的加权和来完成原有傅里叶变换的复杂运算，达到较少计算时间代价的目的。

快速傅里叶算法按 N 的组成状况可以分成 N 为 2 的整数幂的算法、N 为高复合数的算法和 N 为素数的算法 3 种情况。这里介绍第一种算法。

令

$$W_N = \exp[-2j\pi x/N] \tag{10-13}$$

一维离散傅里叶变换公式变为

$$F(u) = \frac{1}{N}\sum_{x=0}^{N-1} f(x)\exp[(-2j\pi/N)ux] = \frac{1}{N}\sum_{x=0}^{N-1} f(x)W_N^{ux} \tag{10-14}$$

u, x 分别为 $0, 1, 2, \cdots, N-1$。再令

$$N = 2^n \qquad n = 0, 1, 2, \cdots$$

在此基础上，将 $f(x)$ 分解成为 $f(2x)$ 和 $f(2x+1)$ 对应的偶数项和奇数项两部分，x 的取值范围由原来的 0 到 $N-1$ 改为 0 到 $\dfrac{2}{N}-1$。下面按照奇偶来将序列 $f(n)$ 进行划分，

设：
$$\begin{cases} g(n) = f(2n) \\ h(n) = f(2n+1) \end{cases} \qquad (n = 0, 1, 2, 3, \cdots, \frac{N}{2}-1)$$

因此，离散傅里叶变换可以改写成下面的形式：

$$\begin{aligned}
F(u) &= \sum_{n=0}^{N-1} f(n)\cdot W_N^{un} \\
&= \sum_{n=0}^{\frac{N}{2}-1} g(n)\cdot W_N^{un} + \sum_{n=0}^{\frac{N}{2}} h(n)\cdot W_N^{un} \\
&= \sum_{n=0}^{\frac{N}{2}-1} f(2n)\cdot W_N^{u(2n)} + \sum_{n=0}^{\frac{N}{2}-1} f(2n+1)\cdot W_N^{u(2n+1)} \\
&= \sum_{n=0}^{\frac{N}{2}} f(2n)\cdot W_{\frac{N}{2}}^{un} + \sum_{n=0}^{\frac{N}{2}-1} f(2n+1)\cdot W_{\frac{N}{2}}^{un}\cdot W_N^{u} \\
&= G(u) + W_N^{u}\cdot H(u)
\end{aligned} \tag{10-15}$$

因此，一个求 N 点的离散傅里叶变换可以被转换成为两个求 $\dfrac{N}{2}$ 点的离散傅里叶变换。以 $N=8$ 的离散傅里叶变换为例，利用式（10-15）可得：

$$\begin{cases}
F(0) = G(0) + W_8^0 \cdot H(0) \\
F(1) = G(1) + W_8^1 \cdot H(1) \\
F(2) = G(2) + W_8^2 \cdot H(2) \\
F(3) = G(3) + W_8^3 \cdot H(3) \\
F(4) = G(4) + W_8^4 \cdot H(4) \\
F(5) = G(5) + W_8^5 \cdot H(5) \\
F(6) = G(6) + W_8^6 \cdot H(6) \\
F(7) = G(7) + W_8^7 \cdot H(7)
\end{cases} \tag{10-16}$$

由于 $G(u)$ 和 $H(u)$ 都是 4 点的离散傅里叶变换，所以它们均以 4 为周期。因此 $G(u+4) = G(u)$，$H(u+4) = H(u)$。再加上 W_8^u 的对称性 $W_8^{u+4} = -W_8^u$（$u = 0, 1, 2, 3$），因此式（10-16）可以改进为：

$$\begin{cases} F(0) = G(0) + W_8^0 \cdot H(0) \\ F(1) = G(1) + W_8^1 \cdot H(1) \\ F(2) = G(2) + W_8^2 \cdot H(2) \\ F(3) = G(3) + W_8^3 \cdot H(3) \\ F(4) = G(0) - W_8^0 \cdot H(0) \\ F(5) = G(1) - W_8^1 \cdot H(1) \\ F(6) = G(2) - W_8^2 \cdot H(2) \\ F(7) = G(3) - W_8^3 \cdot H(3) \end{cases} \tag{10-17}$$

从式（10-15）可见，$F(0)$ 和 $F(4)$ 仅仅在运算符上不同，同理可以推出 $F(2)$ 与 $F(6)$、$F(1)$ 与 $F(5)$、$F(3)$ 与 $F(7)$ 在运算符上不同。

为了快速实现傅里叶变换，要对 $f(x)$ 进行"逆序"重排。例如：$B_x = n_{b-1}n_{b-2}\cdots n_1 n_0$，其逆序形式为 $B'_x = n_0 n_1 \cdots n_{b-2}n_{b-1}$。将数组 $f(x)$ 由 $F(B_x)$ 形式变成 $F(B'_x)$ 形式的过程称为"逆序"。如已知 $N = 2^3$，则 $f(x)$ 的"逆序"排列如表 10-1 所示。

表 10-1 　$N=8$ 时数组的"逆序"排列表

B_x	原 始 数 组	B'_x	"逆序"排列
000	$f(0)$	000	$f(0)$
001	$f(1)$	100	$f(4)$
010	$f(2)$	010	$f(2)$
011	$f(3)$	110	$f(6)$
100	$f(4)$	001	$f(1)$
101	$f(5)$	101	$f(5)$
110	$f(6)$	011	$f(3)$
111	$f(7)$	111	$f(7)$

有了"逆序"的概念，就可以着手讨论快速傅里叶变换的实现。仍以 $N = 2^3$ 为例，计算时，先将原始数组重新按表 10-1 排列，然后自左向右，每两个相邻元素位一组，共 4 组，具体是：$f(0)$、$f(4)$；$f(2)$、$f(6)$；$f(1)$、$f(5)$；$f(3)$、$f(7)$。

以 8 点 DFT 的完整快速傅里叶变换计算流程为例，如图 10-5 所示说明快速实现傅里叶变换的方法。

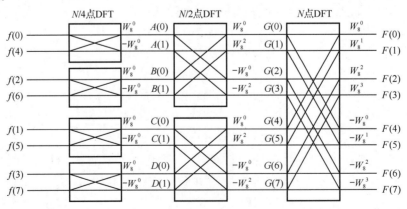

图 10-5　快速傅里叶变换计算的流程框

如图 10-6 所示，在每一组中，第一个元素作为偶元素，第二个元素作为奇元素（注意对所有组都一样）。在此基础上完成 4 个"两点变换"。下一步是利用"两点变换"结果形成两个"四点变换"，最后是建立在"四点变换"基础上的一个"八点变换"。具体流程如图 10-6 所示。

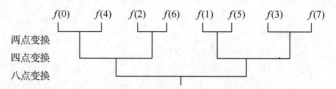

图 10-6　快速傅里叶变换流程

以上快速傅里叶变换流程简称为逐次加倍法，因为"两点变换"由两个"一点变换"算出，"四点变换"由两个"两点变换"算出，"八点变换"由两个"四点变换"算出，依此类推。通过这种计算方法使得快速傅里叶变换比直接使用二维离散傅里叶变换的计算量大大减少，效率大大提高，增强了算法的实用性，使傅里叶变换在数字图像处理中得到更为广泛的应用。

3. 函数说明

（1）Numpy 中的 FFT（快速傅里叶变换）提供了函数 np.fft.fft2()，可以对信号进行快速傅里叶变换。

retval = numpy.fft.fft2(a, s=None, axis=(-2, -1), norm=None)

该函数通过快速傅里叶变换计算 M 维阵列中任意轴上的 n 维离散傅里叶变换。默认情况下，变换是在输入阵列的最后两个轴上计算的，即二维傅里叶变换。

retval：返回值；

a：输入数组；

s：整数序列，可选，表示输出的变换轴的长度；

axis：整数序列，可选，计算 FFT 的轴，如果未给出，则使用最后一个轴；

norm：{"backward"，"ortho"，"forward"}，可选，默认为"backward"，指示前向/后向变换对的哪个方向被缩放以及使用什么归一化因子。

（2）retval = numpy.fft.fftshift(x, axes=None)

该函数将图像中的低频部分移动到图像的中心。

retval：返回移位的数组；

x：输入数组；

zxes：要计算的轴，默认为"无"，这会移动所有轴。

4. 编程代码

```
/***********************************************************
*函数名称：kuaisufuliye()
*功能：此函数实现快速傅里叶变换
***********************************************************/
import cv2
import numpy as np
from PIL import Image
```

```
def kuaisufuliye():
    global sFilePath
    if sFilePath != 'start':
        img = cv2.imread(sFilePath,0)
    else:
        img = cv2.imread('sucai.jpg',0)
    #快速傅里叶变换算法得到频率分布
    #一维: np.fft.fft()    n维: np.fft.fftn()
    f = np.fft.fft2(img)
    #默认结果中心点位置在左上角
    #调用 fftshift()函数转移到中间位置
    fshift = np.fft.fftshift(f)
    #快速傅里叶变换结果是复数, 其绝对值结果是振幅
    fimg = np.log(np.abs(fshift))
    plt.imshow(fimg, 'gray')
    plt.savefig('result.jpg')
    img = Image.open('result.jpg')
    pic = img.resize((400, 300))
    pic.save('result.jpg')
```

5. 效果展示

快速傅里叶变换效果如图 10-7 所示。将频谱移频到圆心，可以看出图像的频率分布是以原点为圆心对称分布的，可以清晰地看出图像频率的分布。可见该频谱图中暗的点数很多，说明图像是比较柔和的。

 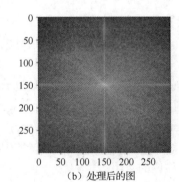

（a）原图　　　　　　　　　　（b）处理后的图

图 10-7　快速傅里叶变换效果图

10.1.3　图像离散余弦变换

1. 理论基础

离散余弦变换（Discrete Cosine Transform，DCT）的编码理念在于利用其对数据信息强度集中的特性，将数据中视觉上容易察觉的部分与不容易察觉的部分进行分离，由此达到有损压缩的目的。

与离散傅里叶变换相比，信号的离散余弦变换具有更好的能量压缩性能，仅用少数几个变换系数就可表征信号的整体变换，在数据压缩和数据通信中得到了广泛的应用。另外，离散余弦变换避免了繁杂的运算，而且实信号的 DCT 变换结果仍然是实数。

前面介绍的傅里叶变换作为可分离变换中的一种经典变换，在运算方式上与其他几种可分离变换有相当大的差别：傅里叶变换计算的对象是复数；而采用了其他完备正交函数系的一些可分离变换（如离散余弦变换、沃尔什变换等）则以实数为对象。虽然此类变换没有傅里叶变换的功能强大，但是离散余弦变换的计算速度要比对象为复数的离散傅里叶变换快得多，并且已经被广泛应用到图像压缩编码、语音信号处理等众多领域。

（1）一维离散余弦变换

一维离散余弦变换的定义可以用下式表示：

$$F(0) = \frac{1}{\sqrt{N}} \sum_{x=0}^{N-1} f(x) \tag{10-18}$$

$$F(u) = \sqrt{\frac{2}{N}} \sum_{x=0}^{N-1} f(x) \cos \frac{2(x+1)u\pi}{2N} \tag{10-19}$$

式中，$F(u)$ 是第 u 个余弦变换系数；u 是广义频率变量，$u = 1, 2, \cdots, N-1$；$f(x)$ 是时域 N 点序列 $x = 0, 1, 2, \cdots, N-1$。

一维离散余弦变换的定义由下式表示：

$$f(x) = \sqrt{\frac{1}{N}} F(0) + \sqrt{\frac{2}{N}} \sum_{u=1}^{N-1} F(u) \cos \frac{(2x+1)u\pi}{2N} \tag{10-20}$$

（2）二维离散余弦变换

二维离散余弦变换的定义由下式表示：

$$F(0,0) = \frac{1}{N} \sum_{x=0}^{N-1} \sum_{y=0}^{N-1} f(x,y) \tag{10-21}$$

$$F(0,v) = \frac{\sqrt{2}}{N} \sum_{x=0}^{N-1} \sum_{y=0}^{N-1} f(x,y) \cdot \cos \frac{(2y+1)v\pi}{2N} \tag{10-22}$$

$$F(u,0) = \frac{\sqrt{2}}{N} \sum_{x=0}^{N-1} \sum_{y=0}^{N-1} f(x,y) \cdot \cos \frac{(2y+1)u\pi}{2N} \tag{10-23}$$

$$F(u,v) = \frac{2}{N} \sum_{x=0}^{N-1} \sum_{y=0}^{N-1} f(x,y) \cos \frac{(2y+1)u\pi}{2N} \cdot \cos \frac{(2y+1)v\pi}{2N} \tag{10-24}$$

式中，$f(x,y)$ 为空间域中的二维向量，$x, y = 0, 1, 2, \cdots, N-1$；$F(u,v)$ 为变换系数矩阵，$u, v = 1, 2, \cdots, N-1$。由上可知，二维离散余弦的变换核是可分离的，可通过两次一维变换实现。传统的方法是行-列法，即先沿行（列）进行一维离散余弦变换计算，再沿列（行）计算一维离散余弦变换计算。

其离散余弦反变换由下式表示：

$$f(x,y) = \frac{1}{N} F(0,0) + \frac{\sqrt{2}}{N} \sum_{v=1}^{N-1} F(0,v) \cos \frac{(2y+1)v\pi}{2N} + \frac{\sqrt{2}}{N} \sum_{u=1}^{N-1} F(u,0) \cos \frac{(2x+1)u\pi}{2N}$$

$$+ \frac{2}{N} \sum_{u=1}^{N-1} \sum_{v=1}^{N-1} F(u,0) \cos \frac{(2x+1)u\pi}{2N} \cos \frac{(2x+1)v\pi}{2N} \tag{10-25}$$

傅里叶变换中指数项通过尤拉公式 $e^{jx} = \cos x + j\sin x$ 和 $e^{-jx} = \cos x - j\sin x$ 进行分解，其傅里叶变换实数部分对应于余弦项，虚数部分对应于正弦项，因此，离散余弦变换可以从傅里叶变换的实数部分求得，即离散余弦变换可以改写成以下形式：

$$F(0) = \frac{1}{\sqrt{N}} \sum_{x=0}^{N-1} f(x)$$

$$F(u) = \sqrt{\frac{2}{N}} \mathrm{Re}\left\{ \left[\exp\left(\frac{-j2u\pi}{2N} \right) \right] \sum_{x=0}^{2N-1} f(x) \exp\left(\frac{-j2\pi ux}{N} \right) \right\} \qquad (10\text{-}26)$$

式中，$u = 1, 2, \cdots, N-1$，$x = N, N+1, \cdots, 2N-1$，$\mathrm{Re}\{\}$ 代表花括号项取实数部分，其中求和项就是 $2N$ 个点上的离散余弦变换。为了提高计算效率，在实际应用中需要找到一种快速算法。

2. 函数说明

retval = cv2.dct(src，flags)
该函数是 OpenCV 中计算离散余弦变换的函数。
retval：输入大小；
src：单通道浮点型输入；
flags：有两种，DCT_ROWS（按行变换）和 DCT_INVERSE（逆变换），不做设置时表示普通的正向变换。

3. 编程代码

```
/*******************************************************************
*  函数名称：yuxian()
*  说明：该函数用来实现快速离散余弦变换。
*******************************************************************/
def yuxian():
    global sFilePath
    if sFilePath != 'start':
        img = cv2.imread(sFilePath,0)
    else:
        img = cv2.imread('sucai.jpg',0)
    #类型转换
    img1 = img.astype('float')
    #进行离散余弦变换
    img_dct = cv2.dct(img1)
    cv2.imwrite("result.jpg", img_dct)
```

4. 效果展示

离散余弦变换效果如图 10-8 所示，图像在进行离散余弦变换后，DCT 系数能量主要集中在左上角，其余大部分系数接近于零，DCT 具有适用于图像压缩的特性。对变换后的 DCT 系数进行门限操作，将小于一定值的系数归零，这就是图像压缩中的量化过程，然后进行逆 DCT 运算，可以得到压缩后的图像，因此，离散余弦变换广泛用于图像的压缩。

（a）原图　　　　　　　　　　　（b）处理后的图

图 10-8　离散余弦变换效果图

10.1.4　图像频域变换原理

傅里叶变换的物理意义是将图像的灰度分布函数变换为图像的频率分布函数。傅里叶逆变换是将图像的频率分布函数变换为灰度分布函数。因此，图像频域变换是将图像从空间域进行傅里叶变换于频域，检测和研究图像频域特性，并进行滤波处理，最终将处理后的频谱经傅里叶逆变换恢复图像于空间域。频域滤波系统如图 10-9 所示，$F(u,v)$是带噪声的原始图像$f(x,y)$的傅里叶变换，$H(u,v)$为滤波器的传递函数，经过滤波处理后的 $G(u,v)=H(u,v)*F(u,v)$，再进行傅里叶反变换得到增强的图像 $g(x,y)$。其优点是处理速度快、构成方式清晰、滤波广度大、预测性好，但数学过程复杂、不易理解。

图 10-9　频域滤波系统

傅里叶变换系数表示各个频率点上的幅值。变换后的图像：中间部分为低频部分，反映景物概貌的特性，越靠外边频率越高，越能反映细节。可以在傅里叶变换图中选择需要高频还是低频滤波器进行滤波。当 $H(u,v)$为低通滤波器的传递函数时，经过傅里叶反变换会得到去除噪声后的平滑图像 $g(x,y)$。当 $H(u,v)$为高通滤波器的传递函数时，经过傅里叶反变换会得到边缘增强的图像，衰减图像信号的低频分量能相对增强图像的高频分量，从而实现图像锐化的目的。

对图像处理而言，以下概念非常重要：

- 图像高频分量：图像突变部分，在某些情况下指图像的边缘信息，某些情况下指噪声，更多情况下是两者的混合；
- 低频分量：图像变化平缓的部分；
- 高通滤波器：低频分量抑制，高频分量通过；
- 低通滤波器：高频分量抑制，低频分量通过；
- 带通滤波器：某一部分频率信息通过，其他的过低或过高频率都抑制；
- 模板运算与卷积定理：时域卷积等价于频域乘积。因此，在时域内对图像做模板运算就等效于在频域内对图像做滤波处理。比如一个均值模板，其频域响应为一个低通滤波器，在时域中对图像做均值滤波，就等效于在频域中利用均值模板的频域响应对图像做低通滤波。

10.2 频域低通滤波

傅里叶变换在图像处理中有着广泛的应用，图像经过傅里叶变换后，景物的概貌部分集中在低频区段，景物的细节部分集中在高频区段，可以通过图像的低通滤波将图像中景物的概貌提取出来。具体做法是，将傅里叶变换得到频谱图的高频分量强制置为 0，而让低频分量的信息保持不变，就相当于使用一个只保持低频分量信息不变，而高频分量信息被完全抑制的低通滤波器作用在原始图像上。将经过处理后的频谱进行傅里叶逆变换，就可以得到图像的概貌部分。利用频域的低通滤波方法来滤除图像的高频分量，达到衰减噪声、平滑图像的目的，但同时也会损失边缘等有用的高频信息，而使图像变模糊。虽然用低通滤波器进行平滑处理可以使噪声伪轮廓的寄生效应降低到不显眼的程度，但是由于低通滤波器对噪声等寄生成分滤除的同时，也滤除了有用的高频分量，因此，这种去除噪声的美化处理是以牺牲清晰度为代价的。

10.2.1 理想低通滤波

1. 理论基础

现实中由于电子元器件自身的物理局限性决定了不可能存在理想滤波器。为了实现理想滤波器，在计算机对数字图像的处理中利用了一个阶跃函数：

$$H(u,v) = \begin{cases} 1 & D(u,v) \leqslant D_0 \\ 0 & D(u,v) > D_0 \end{cases} \tag{10-27}$$

式中，D_0 是一个规定的非负的量，称为理想低通滤波器的截止频率。$D(u,v)$ 是从频域的原点到 (u,v) 点的距离，即：

$$D(u,v) = \sqrt{u^2 + v^2} \tag{10-28}$$

对于 u 和 v 来说 $H(u,v)$ 是一幅三维图像，它的剖面图如图 10-10 所示。将其剖面图绕纵轴旋转 360° 就可以得到整个滤波器的传递函数。所谓理想低通滤波器，就是指以截止频率 D_0 为半径的圆内所有频率都能无损通过，而在截止频率之外的所有频率分量都完全被衰减。

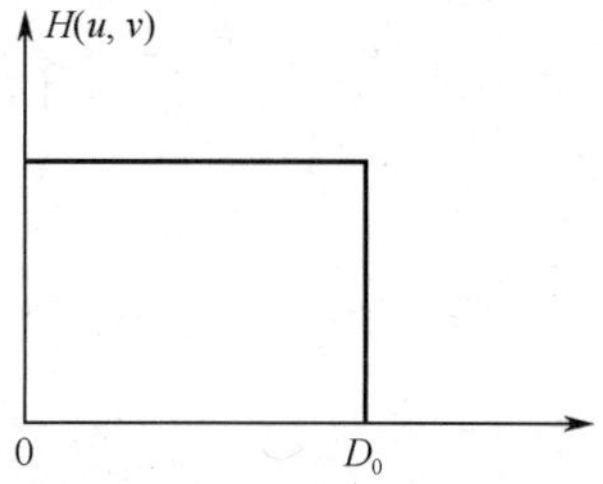

理想低通滤波器平滑处理的概念是十分清晰的，但是依据理论和经验可以知道处理中会产生较

图 10-10 理想低通滤波器传递函数的剖面图

严重的模糊振铃现象，这也是由傅里叶本身的性质所决定的。在空间域中存在着卷积关系，这种卷积关系使得这种振铃现象产生，因为 $H(u,v)$ 具有理想的矩阵特性，那么就注定其反变换 $h(x,y)$ 必然产生无限模糊振铃特性。

2. 函数说明

（1）retval = image.ndim()，该方法用于查看图像维度，彩色图像的维度为 3，灰度图像的维度为 2。

retval：返回图像的维度；

image：输入的图像。

（2）retval = numpy.fft.ifftshift(x, axes=None)

该函数将图像中的低频和高频部分移动到图像原来的位置。

retval：返回移位的数组；

x：输入数组；

axes：要计算的轴。默认为无，这会移动所有轴。

（3）retval = numpy.fft.ifft2(a, s=None, axes=(-2, -1), norm=None)

该函数通过快速傅里叶变换计算二维离散傅里叶变换在 M 维阵列中任意轴上的逆变换。

Retval：返回值；

a：输入数组；

s：整数序列，可选，输出的形状；

axes：整数序列，可选，计算 FFT 的轴；

norm：{"backward"，"ortho"，"forward"}，可选。

（4）retval = numpy.real(arr)，该函数返回复杂参数的实部。

retval：复杂参数的实部；

arr：输入的数组。

（5）retval = numpy.clip(m, min, max)

该函数将把数组 m 中的值缩放到[min, max]之间。数组中小于 min 的值将被 min 代替；同理，大于 max 的值将被 max 代替。

m：输入的数组；

min：最小值；

max：最大值。

（6）retval = nump.arange([start,]stop, [step,]dtypt=None)

该函数返回一个有终点和起点的固定步长的排列数组。

start：起点值，可忽略不写，默认从 0 开始；

stop：终点值，生成的元素不包括结束值；

step：步长，可忽略不写，默认步长为 1；

dtype：默认为 None，设置显示元素的数据类型。

3. 编程代码

```
/******************************************************************
* 函数：ideal_main()
* 功能：此函数用来实现图像的理想低通滤波处理。
******************************************************************/
import cv2
def ideal_main():
```

```
        global sFilePath
        if sFilePath != 'start':
            img = cv2.imread(sFilePath,0)
        else:
            img = cv2.imread('sucai.jpg',0)
        img = ideal_low_pass_filter(img)
        cv2.imwrite("result.jpg", img)
/**************************************************************
 * 函数：ideal_low_pass_filter(src,D0=15)
 * 参数：src：传输进来的图像数据；
 *       D0：理想低通滤波器的截止频率。
 * 功能：返回理想低通滤波处理后的图像。
 **************************************************************/
import numpy as np
def ideal_low_pass_filter(src,D0=15):
    #python assert(断言)：当表达式条件为 false 时触发异常
    assert src.ndim == 2
    kernel = low_pass_kernel(src,D0)
    #复制图像
    gray = src.copy()
    #类型转换
    gray = np.float64(gray)
    #计算二维离散傅里叶变换
    gray_fft = np.fft.fft2(gray)
    gray_fftshift = np.fft.fftshift(gray_fft)
    dst_filtered = kernel * gray_fftshift
    dst_ifftshift = np.fft.ifftshift(dst_filtered)
    #计算二维逆离散傅里叶变换
    dst_ifft = np.fft.ifft2(dst_ifftshift)
    dst = np.abs(np.real(dst_ifft))
    dst = np.clip(dst,0,255)
    #类型转换，然后返回
    return np.uint8(dst)
/**************************************************************
 * 函数：low_pass_kernel(img,cut_off)
 * 参数：img：传输进来的图像数据；
 *       cut_off：理想低通滤波器的截止频率。
 * 功能：此函数用来实现越阶函数。
 **************************************************************/
import numpy as np
def low_pass_kernel(img, cut_off):
    assert img.ndim == 2
    h, w = img.shape[:2]
    u = np.arange(w)
    v = np.arange(h)
    u, v = np.meshgrid(u, v)
    low_pass = np.sqrt((u - w / 2) ** 2 + (v - h / 2) ** 2)
```

```
low_pass[low_pass <= cut_off] = 1
low_pass[low_pass >= cut_off] = 0
return low_pass
```

4. 效果展示

理想低通滤波器处理效果如图 10-11 所示，可见，低通滤波器对高频分量进行抑制，从而对图像的边缘进行平滑模糊处理。

（a）原图　　　　　　　　　　（b）处理后的图

图 10-11　理想低通滤波器处理效果图

10.2.2　梯形低通滤波

1. 理论基础

梯形低通滤波器传递函数的形状介于理想低通滤波器和具有平滑过渡带的低通滤波器之间，它的传递函数如下：

$$H(u,v) = \begin{cases} 1 & D(u,v) < D_0 \\ [D(u,v) - D_1]/(D_0 - D_1) & D_0 \leq D(u,v) \leq D_1 \\ 0 & D(u,v) > D_1 \end{cases} \tag{10-29}$$

式中，$D(u,v) = \sqrt{u^2 + v^2}$；在规定 D_0 和 D_1 的值时要满足条件 $D_0 < D_1$，定义传递函数的第一个折点 D_0 为其截止频率，D_1 可取大于截止频率的任意值。

梯形低通滤波器的传递函数的剖面图如图 10-12 所示。由图 10-12 可以看出梯形低通滤波器的处理效果是介于理想低通滤波器和具有平滑过渡带的低通滤波器之间，它的处理结果存在着一定的模糊振铃现象。

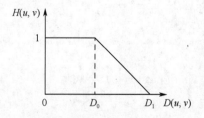

图 10-12　梯形低通滤波器的传递函数的剖面图

2. 编程代码

```
/************************************************************
* 函数: tixingditong()
* 功能: 此函数用来实现图像的梯形低通滤波处理。
*************************************************************/
import cv2
def tixingditong():
    global sFilePath
    if sFilePath != 'start':
        img = cv2.imread(sFilePath,0)
    else:
        img = cv2.imread('sucai.jpg',0)
    img2 = trapezoidal_low_pass_filter(img)
    cv2.imwrite("result.jpg",img2)
/************************************************************
* 函数: trapezoidal_low_pass_filter(img,D0=5,D1=15)
* 参数: img: 传输进来的图像数据;
*        D0: 梯形低通滤波器的第一个截止频率;
*        D1: 梯形低通滤波器的第二个截止频率。
* 功能: 返回梯形低通滤波处理后的图像。
*************************************************************/
import numpy as np
def trapezoidal_low_pass_filter(img,D0=5,D1=15):
    assert img.ndim == 2
    gray = np.float64(img)
    kernel = trapezoidal_low_pass_kernel(img,D0,D1)
    gray_fft = np.fft.fft2(gray)
    gray_fftshift = np.fft.fftshift(gray_fft)
    dst_filtered = kernel * gray_fftshift
    dst_ifftshift = np.fft.ifftshift(dst_filtered)
    dst_ifft = np.fft.ifft2(dst_ifftshift)
    dst = np.abs(np.real(dst_ifft))
    dst = np.clip(dst,0,255)
    return np.uint8(dst)
/************************************************************
* 函数: trapezoidal_low_pass_kernel(img,D0=5,D1=10)
* 参数: img: 传输进来的图像数据;
*        D0: 梯形低通滤波器的第一个截止频率;
*        D1: 梯形低通滤波器的第二个截止频率。
* 功能: 此函数用来实现越阶函数。
*************************************************************/
import numpy as np
    def trapezoidal_low_pass_kernel(img, D0=5, D1=10):
        assert img.ndim == 2
        h, w = img.shape[:2]
        u = np.arange(w)
```

```
v = np.arange(h)
u, v = np.meshgrid(u, v)
low_pass = np.sqrt((u - w / 2) ** 2 + (v - h / 2) ** 2)
idx = low_pass < D0
idx2 = (low_pass >= D0) & (low_pass <= D1)
idx3 = low_pass > D1
low_pass[idx] = 1
low_pass[idx2] = (low_pass[idx2] - D1) / (D1 - D0)
low_pass[idx3] = 0
return low_pass
```

3. 效果展示

梯形低通滤波处理效果如图 10-13 所示，去掉了高频部分的信息，图像非常模糊，可见，低通滤波器对高频分量抑制，从而对图像的边缘进行平滑模糊处理。

　（a）原图　　　　　　　　（b）处理后的图

图 10-13　梯形低通滤波处理效果图

10.2.3　巴特沃思低通滤波

1. 理论基础

一个 n 阶的巴特沃思低通滤波器的传递函数可由式（10-30）表示：

$$H(u,v) = \frac{1}{1 + \left[\dfrac{D(u,v)}{D_0}\right]^{2n}}$$

（10-30）

同理想低通滤波一样，D_0 为截止频率且其值为：$\sqrt{u^2 + v^2}$。

巴特沃思低通滤波器又称为最大平坦滤波器，与理想低通滤波器相比有较大的区别：它的通带与阻带之间没有明显的跳跃，即在通带与阻带之间有一个平滑过渡带。通常把 $H(u,v)$ 下降到原来值的 $1/\sqrt{2}$ 时的 $D(u,v)$ 定为截频点。

此滤波器的剖面图如图 10-14 所示。与理想低通滤波器处理结果相比较，经巴特沃思低通滤波器处理的图像模糊程度会大大减少。因为它的 $H(u,v)$ 不是陡峭的截止特性，在它的尾部包含有大量的高频信息；它的又一特性就是经它处理的图像将不会有模糊振铃现象的产生，因为在滤波器的通带与阻带之间存在平滑过渡。

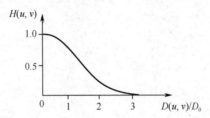

图 10-14　巴特沃思低通滤波器传递函数的剖面图

2. 编程代码

```
/********************************************************************
* 函数：batewosiditong()
*功能：此函数用来实现图像的巴特沃思低通滤波处理。
*********************************************************************/
import cv2
def batewosiditong():
    global sFilePath
    if sFilePath != 'start':
        img = cv2.imread(sFilePath, 0)
    else:
        img = cv2.imread('sucai.jpg', 0)
    b_image = blpf(img, 40)
    cv2.imwrite("result.jpg", b_image)
/********************************************************************
* 函数：blpf(image, d)
* 参数：image：输入的图像；
*        d：巴特沃思低通滤波器的截止频率。
* 功能：此函数用来返回巴特沃思低通滤波处理后的图像。
*********************************************************************/
    import numpy as np
    from math import sqrt,pow
    ef blpf(image, d):
    f = np.fft.fft2(image)
    fshift = np.fft.fftshift(f)
    transfor_matrix = np.zeros(image.shape)
    h = transfor_matrix.shape[0]
    w = transfor_matrix.shape[1]
    for i in range(h):
        for j in range(w):
            D = sqrt((i - h / 2) ** 2 + (j - w / 2) ** 2)
            transfor_matrix[i, j] = 1 / (1 + pow(D / d, 16))
    new_img = np.abs(np.fft.ifft2(np.fft.ifftshift(fshift * transfor_matrix)))
    return new_img
```

3. 效果展示

巴特沃思低通滤波处理效果如图 10-15 所示，可见，巴特沃思低通滤波器对高频分量平滑抑制，从而对图像的边缘进行模糊处理。

（a）原图　　　　　　　　　　（b）处理后的图

图 10-15　巴特沃思低通滤波处理效果图

10.2.4　指数低通滤波

1. 理论基础

指数低通滤波器是一种具有更快的衰减率的滤波方式，它的传递函数表示如下：

$$H(u,v) = e^{-[D(u,v)/D_0]^N} \qquad (10\text{-}31)$$

式中，截止频率 D_0 的含义与前两个滤波器相同；n 是决定衰减率的系数，若 $D(u,v)=D_0$ 则 $H(u,v)=1/e$。指数低通滤波器的传递函数径向剖面图如图 10-16 所示。

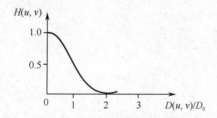

图 10-16　指数低通滤波器的传递函数径向剖面图

与巴特沃思低通滤波器处理的图像相比，经指数低通滤波处理的图像要模糊一些；由于在其传递函数中也有较平缓的过渡带，所以图像中没有模糊振铃现象出现。

2. 编程代码

```
/********************************************************************
* 函数：zhishuditong()
* 功能：此函数用来实现图像的指数低通滤波处理。
********************************************************************/
import cv2
def zhishuditong():
```

```
        global sFilePath
        if sFilePath != 'start':
            img = cv2.imread(sFilePath, 0)
        else:
            img = cv2.imread('sucai.jpg', 0)
        b_image = index_low_pass_filter(img)
        cv2.imwrite("result.jpg", b_image)
/*********************************************************************
*  函数：index_low_pass_filter(src,D0=5,n=1)
*  参数：img：传输进来的图像数据；
*        D0：指数低通滤波器的截止频率；
*        n：决定衰减率的系数。
*  功能：返回指数低通滤波处理后的图像。
*********************************************************************/
import numpy as np
def index_low_pass_filter(src,D0=5,n=1):
    assert src.ndim == 2
    kernel = index_low_pass_kernel(src,D0,n)
    gray = np.float64(src)
    gray_fft = np.fft.fft2(gray)
    gray_fftshift = np.fft.fftshift(gray_fft)
    dst_filtered = kernel * gray_fftshift
    dst_ifftshift = np.fft.ifftshift(dst_filtered)
    dst_ifft = np.fft.ifft2(dst_ifftshift)
    dst = np.abs(np.real(dst_ifft))
    dst = np.clip(dst,0,255)
    return np.uint8(dst)
/*********************************************************************
*  函数：index_low_pass_kernel(img,D0,n=1)
*  参数：img：传输进来的图像数据；
*        D0：指数低通滤波器的截止频率；
*        n：决定衰减率的系数。
*  功能：此函数用来实现越阶函数。
*********************************************************************/
import numpy as np
    def index_low_pass_kernel(img, D0, n=1):
    h, w = img.shape[:2]
    u = np.arange(w)
    v = np.arange(h)
    u, v = np.meshgrid(u, v)
    low_pass = np.sqrt((u - w / 2) ** 2 + (v - h / 2) ** 2)
    low_pass = np.exp(np.log(1 / np.sqrt(2)) * ((low_pass / D0) ** n))
    return low_pass
```

3. 效果展示

指数低通滤波处理效果如图 10-17 所示，可见，指数低通滤波器对高频分量平滑抑制，从而对图像的边缘进行模糊处理。

（a）原图　　　　　　　　　（b）处理后的图

图 10-17　指数低通滤波处理效果图

10.3　频域高通滤波

傅里叶变换在图像处理中有着广泛的应用，图像经过傅里叶变换后，景物的概貌部分集中在低频区段，景物的细节部分集中在高频区段，可以通过图像的高通滤波将图像中景物的细节提取出来。具体做法是，将傅里叶变换得到频谱图的低频分量强制置为 0，而让高频分量信息保持不变，就相当于将一个只保持高频分量信息不变而低频信息被完全抑制的高通滤波器作用在原始图像上。将经过这样处理后的频谱进行傅里叶逆变换，就可以得到图像的细节部分。

频域中的锐化技术可以采用高通提升滤波法。即让低频通过，而将高频提升，以达到增强图像中高频信息的目的，实现图像的锐化。低通滤波器通过在频域中对数字图像相应的高频分量进行抑制而达到平滑图像边缘、消除图像噪声的效果。类似的，如果在频域采取高通滤波，即对低频分量进行抑制而使高频分量全部通过，那么会产生截然相反的结果，使图像得到锐化。

10.3.1　理想高通滤波

1. 理论基础

一个理想的二维高通滤波器的传递函数由式（10-32）表示：

$$H(u,v) = \begin{cases} 0 & D(u,v) \le D_0 \\ 1 & D(u,v) > D_0 \end{cases} \qquad (10\text{-}32)$$

式中，D_0 的含义与理想低通滤波器中的一样，也表示截止频率。传递函数的剖面图如图 10-18 所示，可见，通过高通滤波正好把以 D_0 为半径的圆内的频率成分衰减掉，而让圆外的频率成分无损通过。

理想高通滤波在 Python 中的实现步骤与前面理想低通滤波类似。

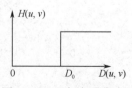

图 10-18　理想高通滤波器传递函数的剖面图

2. 函数说明

(1)retval = numpy.multiply(x1, x2)

该函数用于对两个数组或标量进行相乘。

retval：返回计算结果；

x1, x2：输入数据。

3. 编程代码

```
/***********************************************************************
* 函数：ideal_gaotong()
* 功能：此函数用来实现图像的理想高通滤波处理。
***********************************************************************/
    import cv2
    import numpy as np
    def ideal_gaotong():
        global sFilePath
        if sFilePath != 'start':
            img = cv2.imread(sFilePath, cv2.IMREAD_GRAYSCALE)
        else:
            img = cv2.imread('sucai.jpg', cv2.IMREAD_GRAYSCALE)
        f = np.fft.fft2(img)
        f_shift = np.fft.fftshift(f)
        #理想高通滤波
        IHPF = IdealHighPassFiltering(f_shift)
        new_f1 = np.fft.ifftshift(IHPF)
        new_image1 = np.uint8(np.abs(np.fft.ifft2(new_f1)))
        cv2.imwrite('result.jpg', new_image1)
/***********************************************************************
* 函数：IdealHighPassFiltering(f_shift)
* 参数：f_shift：图像经傅里叶变换后的结果；
* 功能：返回理想高通滤波处理后的数据。
***********************************************************************/
import numpy as np
def IdealHighPassFiltering(f_shift):
    #设置滤波半径
    D0 = 8
    #初始化
    h = f_shift.shape[0]
    w = f_shift.shape[1]
    h1 = np.zeros((h, w))
    x0 = np.floor(h/2)
    y0 = np.floor(w/2)
    for i in range(h):
        for j in range(w):
            D = np.sqrt((i - x0)**2 + (j - y0)**2)
            if D >= D0:
                h1[i][j] = 1
```

```
    result = np.multiply(f_shift, h1)
    return result
```

4. 效果展示

理想高通滤波处理效果如图 10-19 所示，可见，理想高通滤波器对低频分量进行抑制，从而对图像的边缘进行锐化处理。

（a）原图　　　　　　　　　　　　（b）处理后的图

图 10-19　理想高通滤波处理效果图

10.3.2　梯形高通滤波

1. 理论基础

梯形高通滤波器的传递函数用式（10-33）来表示：

$$H(u,v)=\begin{cases}0 & D(u,v)<D_1 \\ [D(u,v)-D_1]/(D_0-D_1) & D_1 \leqslant D(u,v) \leqslant D_0 \\ 1 & D(u,v)>D_0\end{cases} \tag{10-33}$$

同样，式（10-33）中的参数含义与梯形低通滤波器的传递函数相同，并且 $D_0>D_1$。梯形高通滤波器的传递函数的径向剖面图如图 10-20 所示。

梯形高通滤波处理在 Python 中的实现步骤与前面梯形低通滤波处理类似。

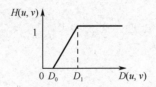

图 10-20　梯形高通滤波器传递函数的径向剖面图

2. 编程代码

```
/***************************************************************
* 函数：tixinggaotong()
* 功能：此函数用来实现图像的梯形高通滤波处理。
```

```
**********************************************************************/
    import cv2
    def tixinggaotong():
        global sFilePath
        if sFilePath != 'start':
            img = cv2.imread(sFilePath, cv2.IMREAD_GRAYSCALE)
        else:
            img = cv2.imread('sucai.jpg', cv2.IMREAD_GRAYSCALE)
        new_image1 = trapezoidal_high_pass_filter(img)
        cv2.imwrite('result.jpg', new_image1)
/**********************************************************************
```

```
* 函数：trapezoidal_high_pass_filter(img,D0=5,D1=15)
* 参数：img：传输进来的图像数据；
*       D0：梯形高通滤波器的第一个截止频率；
*       D1：梯形高通滤波器的第二个截止频率。
* 功能：返回梯形高通滤波处理后的图像。
**********************************************************************/
```

```
import numpy as np
def trapezoidal_high_pass_filter(img,D0=5,D1=15):
    assert img.ndim == 2
    gray = np.float64(img)
    kernel = 1 - trapezoidal_low_pass_kernel(img,D0,D1)
    gray_fft = np.fft.fft2(gray)
    gray_fftshift = np.fft.fftshift(gray_fft)
    dst_filtered = kernel * gray_fftshift
    dst_ifftshift = np.fft.ifftshift(dst_filtered)
    dst_ifft = np.fft.ifft2(dst_ifftshift)
    dst = np.abs(np.real(dst_ifft))
    dst = np.clip(dst,0,255)
    return np.uint8(dst)
/**********************************************************************
```

```
* 函数：trapezoidal_low_pass_kernel(img,D0=5,D1=10)
* 参数：img：传输进来的图像数据；
*       D0：梯形低通滤波器的第一个截止频率；
*       D1：梯形低通滤波器的第二个截止频率。
* 功能：此函数用来实现阶跃函数。
**********************************************************************/
```

```
import numpy as np
    def trapezoidal_low_pass_kernel(img, D0=5, D1=10):
    assert img.ndim == 2
    h, w = img.shape[:2]
    u = np.arange(w)
    v = np.arange(h)
    u, v = np.meshgrid(u, v)
    low_pass = np.sqrt((u - w / 2) ** 2 + (v - h / 2) ** 2)
    idx = low_pass < D0
    idx2 = (low_pass >= D0) & (low_pass <= D1)
    idx3 = low_pass > D1
    low_pass[idx] = 1
    low_pass[idx2] = (low_pass[idx2] - D1) / (D1 - D0)
    low_pass[idx3] = 0
```

```
return low_pass
```

3. 效果展示

梯形高通滤波处理效果如图 10-21 所示，可见，梯形高通滤波器对低频分量进行平滑抑制，从而对图像的边缘进行锐化处理，保留了部分低频分量。

（a）原图　　　　　　　　　（b）处理后的图

图 10-21　梯形高通滤波处理效果图

10.3.3　巴特沃思高通滤波

1. 理论基础

截止频率为 D_0 的 n 阶巴特沃思高通滤波器的传递函数如下：

$$H(u,v) = \frac{1}{1 + \left[\dfrac{D_0}{D(u,v)}\right]^{2n}}　\qquad (10-34)$$

式中参数同式（10-30）。传递函数的剖面图如图 10-22 所示，巴特沃思高通滤波在 Python 中的实现步骤同巴特沃思低通滤波器。

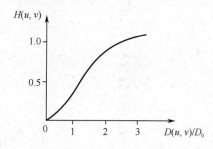

图 10-22　巴特沃思高通滤波传递函数的剖面图

2. 编程代码

```
/****************************************************************
* 函数：batewosigaotong()
*功能：此函数用来实现图像的巴特沃思高通滤波处理。
```

```
*******************************************************************/
import cv2
def batewosigaotong():
    global sFilePath
    if sFilePath != 'start':
        img = cv2.imread(sFilePath, cv2.IMREAD_GRAYSCALE)
    else:
        img = cv2.imread('sucai.jpg', cv2.IMREAD_GRAYSCALE)
    new_image1 = butterworth_high_pass_kernel(img)
    cv2.imwrite('result.jpg', new_image1)
/*******************************************************************
* 函数：butterworth_high_pass_kernel(src,D0=5,n=1)
* 参数：src：输入的图像；
*        D0：巴特沃思高通滤波器的截止频率；
*        n：n 阶。
* 功能：此函数用来返回巴特沃思高通滤波处理后的图像。
*******************************************************************/
    import numpy as np
    def butterworth_high_pass_kernel(src,D0=5,n=1):
        assert src.ndim == 2
        kernel = 1 - butterworth_low_pass_kernel(src,D0,n)
        gray = np.float64(src)
        gray_fft = np.fft.fft2(gray)
        gray_fftshift = np.fft.fftshift(gray_fft)
        dst_filtered = kernel * gray_fftshift
        dst_ifftshift = np.fft.ifftshift(dst_filtered)
        dst_ifft = np.fft.ifft2(dst_ifftshift)
        dst = np.abs(np.real(dst_ifft))
        dst = np.clip(dst,0,255)
        return np.uint8(dst)
/*******************************************************************
* 函数：butterworth_low_pass_kernel(img,cut_off,butterworth_order=1)
* 参数：img：传输进来的图像数据；
*        cut_off：巴特沃思高通滤波器的截止频率；
*        butterworth_order：n 阶。
* 功能：此函数用来实现越阶函数。
*******************************************************************/
    import numpy as np
    def butterworth_low_pass_kernel(img, cut_off, butterworth_order=1):
    assert img.ndim == 2
    h, w = img.shape[:2]
    u = np.arange(w)
    v = np.arange(h)
    u, v = np.meshgrid(u, v)
    low_pass = np.sqrt((u - w / 2) ** 2 + (v - h / 2) ** 2)
    denom = 1.0 + (low_pass / cut_off) ** (2 * butterworth_order)
    low_pass = 1.0 / denom
```

```
return np.uint8(low_pass)
```

3. 效果展示

巴特沃思高通滤波处理效果如图 10-23 所示，可见，巴特沃思高通滤波器对低频分量进行平滑抑制，从而对图像的边缘进行锐化处理，保留了部分低频分量。

（a）原图　　　　　　　　　　　（b）处理后的图

图 10-23　巴特沃思高通滤波处理效果图

10.3.4　指数高通滤波

1. 理论基础

指数高通滤波器的传递函数由下式来定义，其中参数意义同指数低通滤波器：

$$H(u,v) = e^{-[D_0/D(u,v)]^n} \tag{10-35}$$

式中参数同指数低通滤波器传递函数，参数 n 控制着 $H(u,v)$ 的增长率。指数高通滤波器传递函数径向剖面图如图 10-24 所示。

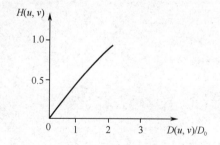

图 10-24　指数高通滤波器传递函数径向剖面图

指数高通滤波处理在 Python 中的实现步骤同指数低通滤波处理。

2. 编程代码

```
/************************************************************
* 函数：zhishugaotong()
* 功能：此函数用来实现图像的指数高通滤波处理
************************************************************/
```

```python
import cv2
def zhishugaotong():
    global sFilePath
    if sFilePath != 'start':
        img = cv2.imread(sFilePath, cv2.IMREAD_GRAYSCALE)
    else:
        img = cv2.imread('sucai.jpg', cv2.IMREAD_GRAYSCALE)
    new_image1 = index_high_pass_filter(img)
cv2.imwrite('result.jpg', new_image1)
/**************************************************************
* 函数：index_high_pass_filter(src,D0=5,n=1)
* 参数：src：传输进来的图像数据；
*       D0：指数高通滤波器的截止频率；
*       n：决定衰减率的系数。
* 功能：返回指数高通滤波处理后的图像。
**************************************************************/
import numpy as np
def index_high_pass_filter(src,D0=5,n=1):
    assert src.ndim == 2
    kernel = 1 - index_low_pass_kernel(src,D0,n)
    gray = np.float64(src)
    gray_fft = np.fft.fft2(gray)
    gray_fftshift = np.fft.fftshift(gray_fft)
    dst_filtered = kernel * gray_fftshift
    dst_ifftshift = np.fft.ifftshift(dst_filtered)
    dst_ifft = np.fft.ifft2(dst_ifftshift)
    dst = np.abs(np.real(dst_ifft))
    dst = np.clip(dst,0,255)
    return np.uint8(dst)
/**************************************************************
* 函数：index_low_pass_kernel(img,D0,n=1)
* 参数：img：传输进来的图像数据；
*       D0：指数低通滤波器的截止频率；
*       n：决定衰减的系数。
* 功能：此函数用来实现越阶函数。
**************************************************************/
import numpy as np
    def index_low_pass_kernel(img, D0, n=1):
        h, w = img.shape[:2]
        u = np.arange(w)
        v = np.arange(h)
        u, v = np.meshgrid(u, v)
        low_pass = np.sqrt((u - w / 2) ** 2 + (v - h / 2) ** 2)
        low_pass = np.exp(np.log(1 / np.sqrt(2)) * ((low_pass / D0) ** n))
        return low_pass
```

3. 效果展示

指数高通滤波器处理效果如图 10-25 所示，指数高通滤波器对低频分量进行平滑抑制，从而对图像的边缘进行锐化处理，保留了部分低频分量。

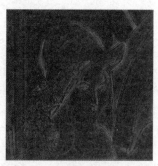

（a）原图　　　　　　　　　　　（b）处理后的图

图 10-25　指数高通滤波器处理效果图

处理数字图像时由于噪声和边缘同属于高频分量，很难把它们区分开，所以在对图像进行频域高通滤波处理的同时噪声也会被加强。因此，在实际使用中应该根据情况来决定高通滤波的使用。

小结

图像频域变换是将图像从空间域进行傅里叶变换于频域，检测和研究图像频域特性并进行滤波处理，最终将处理后的频谱经傅里叶逆变换恢复图像于空间域。本章介绍了傅里叶变换基本概念、性质，图像快速傅里叶变换，图像离散余弦变换，图像频域变换；频域低通滤波，介绍了理想低通滤波、梯形低通滤波、巴特沃思低通滤波、指数低通滤波；频域高通滤波，介绍了理想高通滤波、梯形高通滤波、巴特沃思高通滤波、指数高通滤波。低通滤波器在频域对高频分量进行抑制，从而达到消除空间域中图像的噪声或对图像的边缘进行平滑模糊处理的目的。而高通滤波器即对低频分量进行抑制而使高频分量全部通过，那么会产生截然相反的结果，使图像得到锐化。

习题

1. 傅里叶变换在图像处理中有着广泛的应用，请简述其在图像的高通滤波中的应用原理。
2. 傅里叶变换在图像处理中有着广泛的应用，请简述其在图像的低通滤波中的应用原理。
3. DCT 变换编码的主要思路是什么？
4. 二维离散傅里叶变换主要要有哪些性质？其在图像处理中有哪些应用？
5. 与 DFT 相比，DCT 有哪些特点？
6. 图像频域变换在图像平滑中的作用是什么？
7. 图像频域变换在图像锐化中的作用是什么？

第 11 章

基于深度学习 CNN 模型的汉字识别

11.1 深度学习技术概述

深度学习是机器学习的一个分支，其核心思想是通过模拟人类神经系统的结构和功能来实现对数据的学习和识别。它是一种以人工神经网络为基础的机器学习方法，具有多层次的神经网络结构，被称为深度神经网络。

深度学习的主要特点包括：

① 多层次的神经网络结构：深度学习模型通常包含多层次的神经网络，这些层次之间通过权重连接，每个层次的输出作为下一个层次的输入，形成一个深层次的结构；

② 自动特征学习：深度学习模型能够自动从数据中学习到更加抽象和高级的特征表示。这意味着不需要手动设计特征，模型可以从原始数据中提取最重要的特征；

③ 端到端学习：深度学习模型可以直接从原始输入数据到最终输出结果进行学习，不需要手动设计复杂的特征提取和预处理步骤，实现了端到端的学习过程；

④ 大规模数据和计算：深度学习通常需要大规模的标注数据集来进行训练，而且对于复杂的模型，需要大量的计算资源进行训练；

⑤ 广泛应用：深度学习已经在各个领域取得了显著的成果，包括图像识别、语音识别、自然语言处理、医学诊断等。

以下是深度学习的一些重要概念和组成部分：

① 神经网络（Neural Network）：深度学习的基础是人工神经网络，它是一种由神经元和连接权重组成的网络结构。深度学习模型通常包含多个层次的神经网络，其中包括输入层、隐藏层和输出层；

② 深度神经网络（Deep Neural Network，DNN）：这是一类包含多个隐藏层的神经网络。深度神经网络的深度指的是网络中隐藏层的数量，它使网络能够学习到更高层次的抽象特征；

③ 卷积神经网络（Convolutional Neural Network，CNN）：主要用于处理图像数据。CNN 使用卷积层来捕捉图像中的局部特征，通过池化层减小特征图的尺寸，最后通过全连接层进行分类；

④ 循环神经网络（Recurrent Neural Network，RNN）：适用于处理序列数据，如自然语言、时间序列等。RNN 具有记忆性，可以捕捉序列中的时间依赖关系；

⑤ 深度学习框架：TensorFlow、PyTorch、Keras 等是深度学习任务中常用的框架，它们

提供了丰富的高级抽象功能，简化了深度学习模型的构建和训练流程；

⑥ 前馈和反向传播（Feed forward and Back propagation）：前馈是指数据从输入层经过网络传递到输出层的过程，反向传播是通过计算梯度来调整网络权重的过程，这是深度学习中训练模型的基本方法；

⑦ 自监督学习和强化学习：自监督学习是一种无监督学习的形式，通过模型自动生成标签来进行学习。强化学习则通过智能体与环境的交互来学习决策策略，通常用于处理序列决策问题。

深度学习在计算机视觉、自然语言处理、语音识别、推荐系统等领域取得了显著的成果。它的成功部分归功于大量标注数据的可用性、强大的计算硬件以及优秀的深度学习框架的发展。深度学习已经成为人工智能领域的重要推动力，并在许多任务中取得了超越传统方法的效果。

11.2　CNN 基本概念

卷积神经网络（Convolutional Neural Network，CNN）是一类专门用于处理网格状数据（如图像、音频）的深度学习模型。它的设计灵感来自生物学中视觉皮层的结构，通过卷积操作实现对输入数据的特征提取。卷积神经网络的结构和 BP 人工神经网络一样，是由一层层的结构组成，但是每一层的功能却不一样。卷积神经网络的层结构主要有：输入层、卷积层、池化层（汇聚层、下采样层）、输出层等，其他的还可以有全连接层，归一化层之类的层结构。以下是卷积神经网络的一些基本概念。

（1）卷积层（Convolutional Layer）

卷积层是 CNN 的核心组件。它通过卷积操作对输入数据进行特征提取。卷积操作涉及应用一系列卷积核（也称为滤波器），每个卷积核与输入数据的相应部分逐元素相乘，并将乘积相加，以生成输出特征图。卷积是深度学习中一种常见的操作，尤其是在卷积神经网络（CNN）中。在图像处理中，卷积操作可以看作将一个小的窗口（卷积核）在图像上滑动，并在每个位置上计算窗口与图像的元素逐个相乘，然后将结果求和。这个过程可以通过以下的数学公式表示：

$$(f * g)(x, y) = \sum_{i=1}^{k} \sum_{j=1}^{k} f(x+i, \ y+j) \cdot g(i, j) \tag{11-1}$$

式中，f 是输入图像，g 是卷积核，k 是卷积核的大小。在 CNN 中，卷积操作的主要作用是从输入特征图中提取局部特征，通过共享权重的方式，减少需要训练的参数数量，从而提高模型的计算效率和泛化能力。

卷积操作分 3 种情况：

① 单通道输入、单卷积核；

② 多通道输入、单卷积核；

③ 多通道输入、多卷积核。

对多通道输入、多卷积核做卷积，无论输入图像有多少个通道，输出图像通道数总是等于卷积核数量。例如，输入图像有 3 个通道，同时有 2 个卷积核 w_1 和 w_2。对于卷积核 w_1，先在输入图像 3 个通道分别做卷积，再将 3 个通道结果加起来得到 w_1 的卷积输出；卷积核

w_2 类似，最终获得 2 个通道的图像。对多通道图像做 1×1 卷积，其实就是将输入图像与每个通道乘以卷积系数后加在一起，即相当于把原图像中本来各自独立的通道"联通"在了一起。

（2）滤波器（Filter）或卷积核（Convolution Kernel）

滤波器是用于在卷积操作中提取特征的小矩阵。它在卷积过程中通过滑动窗口在输入数据上移动，并与局部区域进行卷积操作。

不同的卷积层有不同数量的卷积核。卷积核实际就是一个数值矩阵，每个卷积核拥有一个常量偏置，所有矩阵里的元素加上偏置组成了该卷积层的权重，而权重参与网络的迭代更新。常用的卷积核大小有 1×1、3×3、5×5、7×7 等。局部感受野和权值共享是卷积操作的两个鲜明特点。局部感受野是指每次卷积操作只需要关心做卷积操作的那部分区域的颜色、轮廓、纹理等信息；局部感受野的大小就是卷积核在卷积操作时的作用范围，这仅仅是对于一层卷积层而言的，对于多层卷积网络，可由此逐层往回反馈，通过反复迭代可以计算出在原始输入图像中的感受野大小，从而计算出多层卷积层感受野大小与该层之前所有卷积层的卷积核大小和步长有关。

在深度学习框架（如 TensorFlow、PyTorch）中，卷积层通常由卷积核的组合构成，每个卷积核都学习不同的特征。卷积操作可以通过下面的示例代码在 TensorFlow 中实现：

```
from tensorflow.keras.layers import Conv2D
#创建一个卷积层
conv_layer = Conv2D(filters=32, kernel_size=(3, 3), activation='relu', input_shape=(height, width, channels))
```

这里的 filters 参数表示卷积核的数量，kernel_size 表示卷积核的大小。卷积层的输出是输入数据经过卷积操作得到的特征图。在训练过程中，卷积核的权重将通过反向传播进行调整，以学习数据中的特征。

（3）步幅（Stride）

步幅定义了滤波器在输入数据上滑动的步长。较大的步幅可以减小输出特征图的尺寸。

（4）填充（Padding）

在卷积操作中，填充是在输入数据的边缘周围添加额外的像素。填充可以用来保持输出特征图的尺寸，减小信息丢失。

（5）池化层（Pooling Layer）

池化层用于减小特征图的空间尺寸，通过选择局部区域的最大值（最大池化）或平均值（平均池化）来实现。池化有助于减少计算量和提高模型的鲁棒性。

最大池化（Max Pooling）：在每个池化窗口中选择最大的值作为输出。这有助于保留主要的特征，同时减少特征图的尺寸。池化窗口（通常大小为 2×2 或 3×3）在输入特征图上滑动，每次选择窗口中的最大值作为输出：

```
from tensorflow.keras.layers import MaxPooling2D
model.add(MaxPooling2D(pool_size=(2, 2)))
```

平均池化（Average Pooling）：在每个池化窗口中计算窗口所有值的平均值作为输出。与最大池化相比，平均池化更加平滑，但可能丢失一些细节信息。

```
from tensorflow.keras.layers import AveragePooling2D
model.add(AveragePooling2D(pool_size=(2, 2)))
```

这些池化操作通常与卷积操作交替使用，以逐渐减小特征图的尺寸。池化层通常被用于在保留关键特征的同时减小计算负担，同时有助于提高模型的感受野。在深度学习中，通过多次堆叠卷积层和池化层，网络能够学习到更高层次的抽象特征，从而逐渐实现对输入数据的更全面的理解。

（6）激活函数（Activation Function）

激活函数的作用是选择性地对神经元节点进行特征激活或抑制，能对有用的目标特征进行增强激活，对无用的背景特征进行抑制减弱，从而使得卷积神经网络可以解决非线性问题。

卷积神经网络经常使用的激活函数有好几种：sigmoid 函数、tanh 函数、ReLu 函数、Leaky ReLu 函数、PReLu 函数等，每种激活函数使用的方法大致相同，但是不同的激活函数带来的效果却有差异，ReLU（Rectified Linear Unit）是一种常用的激活函数，尤其在深度学习中的卷积神经网络（CNN）和循环神经网络（RNN）中经常使用，以引入非线性特性并提高模型的表达能力。

ReLU 函数定义如下：

$$\text{ReLU}(x)=\max(0,x) \tag{11-2}$$

这意味着如果输入 x 大于零，那么输出就是 x，否则输出为零。ReLU 函数的主要优点是计算简单、梯度易于计算，同时它能够在正数部分保留输入信息，使网络更容易学习复杂的表示。

ReLU 函数的特性：

① 非线性：ReLU 函数引入了非线性变换，使得神经网络能够学习非线性关系。这对于处理复杂的数据模式非常重要；

② 缓解梯度消失问题：相对于一些传统的激活函数（如 sigmoid 和 tanh），ReLU 函数能够在反向传播时更好地保持梯度。这有助于缓解梯度消失问题，使得神经网络更容易训练；

③ 稀疏激活性：ReLU 函数在负数部分的输出是零，因此它能够引入稀疏激活性，使得网络中的某些神经元更加活跃，从而提高模型的表达能力；

④ 计算简单：相比一些其他激活函数，如 sigmoid 或 tanh，ReLU 函数的计算非常简单，只需要比较输入是否大于零。

尽管 ReLU 函数在很多情况下表现良好，但也存在一些问题，例如：

① 死亡 ReLU 函数问题：当输入是负数时，ReLU 函数的输出是零，这可能导致某些神经元在训练过程中永远不会被激活，称为"死亡神经元"问题；

② 梯度消失：对于一些极端小的输入，ReLU 的梯度也是零，这可能导致梯度消失问题。

为了解决这些问题，一些变体的激活函数被提出，比如 Leaky ReLU、Parametric ReLU（PReLU）和 Exponential Linear Unit（ELU）。这些变体在不同的情况下可能有相对更好的表现，取决于具体的应用和数据。

（7）权重共享（Weight Sharing）

权值共享是指在卷积操作中每个卷积核的值是不变的，除了每个迭代的权重更新，当然这种情况下每个卷积核里的值是不一样的，则卷积核便不同，可以理解为每个卷积核提取的是一种特征，如有的提取的是图像的颜色特征、轮廓特征等。在卷积操作中，同一滤波器的权重被用于不同位置的输入数据，这种权重共享的机制减少了模型的参数数量，提高了模型的泛化能力。

（8）损失函数

卷积神经网络（CNN）通常用于图像分类、目标检测等任务。对于这些任务，常见的损失函数包括交叉熵损失和均方误差损失，具体的选择取决于任务的性质。

① 交叉熵损失（Cross-Entropy Loss）

用于多类别分类问题，特别是在输出层使用 Softmax 激活函数时。

二分类交叉熵：在二分类的情况下。模型最后需要预测的结果只有两种情况，对于每个类别预测得到的概率为 p 和 $1-p$，N 是样本数量，此时

$$H = -\frac{1}{N}\sum_{i=1}^{N}[y_i\log(p_i)+(1-y_i)\log(1-p_i)] \qquad (11\text{-}3)$$

多分类交叉熵：多分类的情况实际上是对二分类情况的扩展。

$$H = -\frac{1}{N}\sum_{i=1}^{N}\sum_{c=1}^{M}[y_{ic}\log(p_{ic})] \qquad (11\text{-}4)$$

式中，M 是判别的数量；p_{ic} 是观测样本 i 属于 c 类的预测概率。

② 均方误差损失（Mean Squared Error，MSE）：

$$\text{MSE} = \frac{1}{N}\sum_{i=1}^{N}(y_i-\hat{y}_i)^2 \qquad (11\text{-}5)$$

式中，y_i 是实际值；$\hat{y}_i$ 是模型的预测值。

在 Keras 中，可以通过选择合适的损失函数来配置模型。例如：

```
from tensorflow.keras import models, layers
model = models.Sequential()
#网络结构定义
…
#对于多分类问题，使用交叉熵损失
model.compile(optimizer='adam', loss='categorical_crossentropy', metrics=['accuracy'])
#对于二分类问题，也可以使用交叉熵损失
#model.compile(optimizer='adam', loss='binary_crossentropy', metrics=['accuracy'])
#对于回归问题，使用均方误差损失
#model.compile(optimizer='adam', loss='mse', metrics=['mae'])
```

请根据具体任务和模型输出的特性选择合适的损失函数。

（9）Dropout

Dropout 是一种在神经网络训练过程中用来防止过拟合的正则化技术。它的基本思想是在每次训练迭代中随机关闭一些神经元，如图 11-1 所示，阻止它们参与前向传播和反向传播过程。这样可以防止网络对特定神经元的过度依赖，使得网络更加健壮，减少过拟合的风险。

在每个训练迭代中，Dropout 的过程如下：

● 随机选择一部分神经元（隐藏层中的节点）；

● 将选择的神经元的输出置为零；

● 执行前向传播和反向传播过程；

● 更新权重时，只考虑那些没有被置为零的神经元。

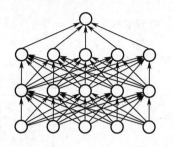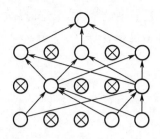

图 11-1　Dropout 功能示意图

在测试阶段，所有的神经元都是活跃的，但是其输出值要按照训练时关闭的比例进行缩放，以保持期望输出的一致性。

在深度学习框架中，Dropout 通常通过在网络层中添加 Dropout 层来实现。例如，在 Keras 中：

```
from tensorflow.keras import layers, models
model = models.Sequential()
model.add(layers.Dense(512, activation='relu', input_shape=(input_size,)))
model.add(layers.Dropout(0.5))   #50% 的神经元被随机关闭
model.add(layers.Dense(256, activation='relu'))
model.add(layers.Dropout(0.5))
model.add(layers.Dense(output_size, activation='softmax'))
```

在这个例子中，Dropout(0.5)表示在每次训练迭代中关闭 50%的神经元。这个比例可以根据实际情况调整。通常，较大的模型或者数据集可能需要较小的 Dropout 比例。

Dropout 的主要优势在于它能够提高模型的泛化能力，防止模型对训练数据过拟合。然而，在一些情况下，过多使用 Dropout 可能会导致模型收敛速度变慢，因此需要在使用中进行适当的调整。

（10）全连接层（Fully Connected Layer）

在卷积神经网络的末尾，通常会添加一个或多个全连接层，用于将卷积层的输出转换为最终的分类或回归结果。

卷积神经网络对图像具有强大的特征提取能力，成为深度学习算法的一个重要的组成部分，在图像识别的技术应用中起到了至关重要的作用。广泛应用于图像分类、目标检测、图像生成等任务。其能够有效地捕捉图像中的局部特征，具有参数共享和层次化抽象等优势。

11.3　汉字识别系统设计

为了提高图像识别的准确率，达到更快的处理效果，本章设计的汉字识别系统使用传统的图像处理算法进行预处理，再使用深度学习算法进行特征提取和分类。利用被广泛应用的卷积神经网络实现汉字识别任务。将数字图像处理技术与深度学习结合而设计出的汉字识别系统，如图 11-2 所示，该汉字识别系统一般包含学习和识别两个过程。

将图像处理技术与深度学习结合的学习过程如下：

（1）图像收集和准备。收集包含汉字的大规模数据集。可以使用开源数据集或自行采集。

确保数据集中包含足够多的样本，并将其标记为相应的类别。数据集的规模和多样性对于训练深度学习模型非常重要。

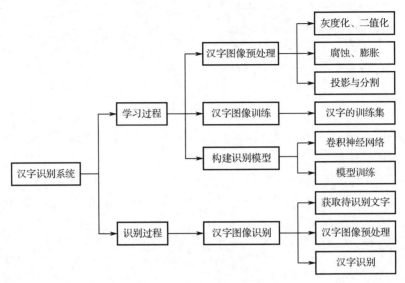

图 11-2　汉字识别系统功能图

（2）对图像进行预处理。对输入的汉字图像进行预处理，包括图像的灰度化、二值化、腐蚀、膨胀、投影与分割等操作。

（3）构建汉字图像训练集。将收集的图像进行预处理，确保输入数据的格式符合网络的要求。

（4）选择模型结构。选择适合汉字识别的深度学习模型，如 CNN、循环神经网络（RNN）或其变体。

（5）模型构建。根据选择的模型结构，在深度学习框架中构建模型。

添加适当的卷积层、池化层、全连接层等组件，并选择合适的激活函数。

特征提取：使用卷积层从图像中提取特征。可以通过堆叠多个卷积层和池化层逐步提取图像中的抽象特征。

模型设计：构建适合汉字识别任务的 CNN 模型。这可能涉及卷积层、池化层、全连接层等结构的设计。考虑使用预训练的模型或者迁移学习来加速训练过程。

（6）模型训练。将数据集划分为训练集、验证集和测试集。使用训练集对模型进行训练，并使用验证集调参，以防止过拟合。监控模型在训练集和验证集上的性能，选择合适的停止训练策略。

使用准备好的数据集对 CNN 模型进行训练。在训练过程中监控模型的性能，并进行调参以提高准确性。

```python
model.compile(optimizer='adam',
              loss='categorical_crossentropy',
              metrics=['accuracy'])
model.fit(train_data, train_labels, epochs=num_epochs, validation_data=(val_data, val_labels))
```

（7）模型评估。使用测试集对模型进行评估，计算准确率、精确度、召回率等性能指

标。如果模型性能不满足要求，可以通过调整超参数、改进数据集或尝试对其他模型结构进行优化。

使用测试集对训练好的模型进行评估，了解其在新数据上的性能表现。

```
test_loss, test_acc = model.evaluate(test_data, test_labels)
```

将数字图像处理技术与深度学习相结合的识别过程如下：

（1）获取待识别的汉字图像。

（2）对待识别的汉字图像进行与学习过程相同的图像预处理，包括图像的灰度化、二值化、腐蚀、膨胀、投影分割等操作。

（3）使用训练好的模型对新的汉字图像进行识别。

```
predictions = model.predict(new_data)
```

（4）部署和应用。将训练好的模型部署到生产环境中，以便实际使用。这可能涉及将模型集成到一个 Web 应用程序、移动应用程序或其他系统中。

（5）误差分析和改进。建立监控机制，定期监测模型的性能和预测结果。分析模型在测试集上的误差，了解模型在哪些情况下容易出错，并尝试改进模型，可能包括增加数据量、调整模型结构、调整超参数等。针对数据分布的变化或模型性能的下降及时进行更新和维护。

（6）用户界面设计（可选）。如果想要构建一个完整的汉字识别系统，则需要设计一个用户界面，方便用户输入图像并查看识别结果。

以上步骤是一个通用的汉字识别系统设计流程，实施中需要根据具体的任务和要求进行调整。同时，深度学习模型的训练通常需要大量的计算资源，可以考虑使用云计算平台或使用预训练模型进行迁移学习。

11.4　汉字图像预处理

1. 汉字图像预处理的步骤

（1）获取需要处理的图像。

（2）进行灰度化、二值化处理。一般情况下，彩色图像每个像素用三个字节表示，每个字节对应着 R、G、B 分量的亮度（红、绿、蓝），转换后的灰度图像的一个像素用一个字节表示其灰度值，该值在 0～255。虽然灰度图像有比较丰富的明暗度，但在搜索目标对象中容易受到噪声的干扰，会影响目标识别的质量。所以，在汉字图像处理中，常常对灰度图像进行二值化处理。

（3）进行腐蚀、膨胀处理。腐蚀在数学形态学中的作用是消除噪声，是使边界向内部收缩的过程，可以把小于结构元素的物体去除。膨胀在数学形态学中的作用与腐蚀的作用正好相反，它是对二值化物体边界点进行扩充，使边界向外部扩张的过程，使得断裂的笔画连接起来。

（4）进行投影与分割。

（5）将分割后的图像保存到指定位置。

2. 关键代码

```
/***********************************************************/
#读取汉字图像
img = cv2.imread('./image/save.jpg')
        #灰度化、二值化
        #颜色空间转换
        gray = cv2.cvtColor(img, cv2.COLOR_BGR2GRAY)
        binary = cv2.adaptiveThreshold(gray, 255, cv2.ADAPTIVE_THRESH_MEAN_C, cv2.THRESH_
BINARY, 25, 20)
        #膨胀操作
        element1 = cv2.getStructuringElement(cv2.MORPH_RECT, (11, 11))
        #腐蚀
        erode = cv2.erode(binary, element1, iterations=1)
        #膨胀
        dilation = cv2.dilate(erode, element1, iterations=1)
```

3. 效果分析

对灰度图像进行二值化处理如图 11-3 所示；对二值图像进行膨胀处理如图 11-4 所示，膨胀后，补充了汉字笔画的断裂点，使得汉字更加饱满，但出现了一些噪声；对膨胀图像进行腐蚀处理如图 11-5 所示，可见腐蚀操作去除了噪声的影响，后续可进一步做膨胀处理，使得汉字更加饱满。

图 11-3　对灰度图像进行二值化处理

图 11-4　对二值图像进行膨胀处理

图 11-5　对膨胀图像进行腐蚀处理

11.5　投影与分割

1. 理论基础

投影是沿着图像某个方向截面的灰度值累加计算量的集合。投影分为水平投影和垂直投影，水平投影是沿着图像水平方向截面的灰度值累加计算量的集合。同理，垂直投影则是沿着垂直方向截面的灰度值累加计算量的集合，如图 11-6 所示。通过水平投影和垂直投影数据可以进行图像的分割。确定分割点的原理就是判断每一行投影的像素点数是否足够多。

汉字图像　　　　　　　水平投影　　　　　　　　　　　　垂直投影

图 11-6　投影与分割

2. 实现步骤

（1）将二值化图像进行水平投影。

（2）根据水平投影图像确定并记录水平分割点。

（3）将二值化图像进行垂直投影。

（4）根据垂直投影图像确定并记录垂直分割点。通过分割点组合，在原图中绘制包含汉字的蓝色矩形框。

（5）通过坐标分割出单个汉字图像。

3. 关键代码

```
/***************************************************/
*函数名称：touYingFenGe(img, new_img)
*功能：确定汉字图像分割区域。
*参数：img：原汉字图像；
      new_img：经过预处理的汉字图像。
*返回值：box：分割点坐标。
/***************************************************/
def touYingFenGe(img, new_img):
    height, width = img.shape[:2]
    #print height, width
    z = [0] * height
    v = [0] * width
    hfg = [[0 for col in range(2)] for row in range(height)]
    #print(hfg)
```

```python
lfg = [[0 for col in range(2)] for row in range(width)]
#print(lfg)
#存放切割坐标[(a,b,c,d),(...)]
box = []
#水平投影
a = 0
for y in range(0, height):
    for x in range(0, width):
        if new_img[y, x] == 0:
            a = a + 1
    z[y] = a
    a = 0
#根据水平投影值选定行分割点
inline = 1
start = 0
j = 0
for i in range(0, height):
    if inline == 1 and z[i] >= 2:                          #从空白区进入汉字区
        start = i    #记录起始行分割点
        inline = 0
    elif (i - start > 50) and z[i] < 2 and inline == 0:    #从文字区进入空白区
        inline = 1
        hfg[j][0] = start - 2                              #保存行分割位置
        hfg[j][1] = i + 2
        j = j + 1
#对每一行进行垂直投影、分割
a = 0
for p in range(0, j):
    for x in range(0, width):
        for y in range(hfg[p][0], hfg[p][1]):
            if new_img[y, x] == 0:
                a = a + 1
        v[x] = a                                           #保存每一列像素值
        a = 0
    #垂直分割点
    incol = 1
    start1 = 0
    j1 = 0
    z1 = hfg[p][0]
    z2 = hfg[p][1]
    for i1 in range(0, width):
        if incol == 1 and v[i1] >= 2:                      #从空白区进入汉字区
            start1 = i1                                     #记录起始列分割点
            incol = 0
        elif (i1 - start1 > 100) and v[i1] < 2 and incol == 0 and computeCount(v, i1, i1 + 10) < 2:
```

```
                                                          #从汉字区进入空白区
                incol = 1
                lfg[j1][0] = start1 - 2                    #保存列分割位置
                lfg[j1][1] = i1 + 2
                l1 = start1 - 2
                l2 = i1 + 2
                j1 = j1 + 1
                cv2.rectangle(img, (l1, z1), (l2, z2), (255, 0, 0), 2)
                box.append((l1, z1, l2, z2))
    return box
/*********************************************************** /
*函数名称：computeCount(mylist, start, end)
*功能：touYingFenGe()需要调用的函数。该函数计算汉字之间的间隔，防止单个汉字被切分为两
个汉字。
*参数：mylist：垂直投影图像数据的记录数组；
        start：开始点；
        end：结束点。
*返回值：total：黑色像素点总和。
/*********************************************************** /
    def computeCount(mylist, start, end):
        mylist = mylist[start: end]
        total = 0
        for ele in range(0, len(mylist)):
            total = total + mylist[ele]
        return total
/*********************************************************** /
*函数名称：fenGe(box, img)
*功能：根据分割点分割汉字图像。
*参数：box：分割点坐标；
        img：原汉字图像。
/*********************************************************** /
    def fenGe(box, img):
    for i in range(0, len(box)):
        x1, y1, x2, y2 = box[i]
        new_img = img[y1:y2, x1:x2]
        new_img = np.pad(new_img, pad_width=((10, 10), (10, 10), (0, 0)), mode="constant",
constant_values=(255, 255))
        yield new_img
```

4. 效果分析

投影分割示意图如图 11-7 所示，从水平投影图中可以判断黑块是有汉字的地方，前面几行灰度值为 0（黑色）的点的个数 N 很少，所以当遇到汉字区域时，N 会变得很大，根据这一点，可以确定进入汉字区域的水平分割点坐标 Y_1，出汉字区域的水平分割点坐标 Y_2。同理，可以确定第一次进入汉字区域的垂直分割点坐标 X_1 和第一次出汉字区域的垂直分割点坐标

X_2、第二次进入汉字区域的垂直分割点坐标 X_3 和第二次出汉字区域的垂直分割点坐标 X_4。通过对分割点的组合，可以确定汉字边缘坐标。

图 11-7　投影分割示意图

11.6　构建汉字识别模型

在本项目中构建识别模型使用的是 CNN。假设汉字训练集为 18 个汉字的图像，每个汉字的训练集样本数量约为 250 个。通过 CNN 对训练集内汉字进行模型训练，多次迭代达到更优的效果。

11.6.1　构建 CNN 模型

1. 构建汉字识别模型

设计汉字识别模块使用的 7 层卷积神经网络模型，包括卷积层-卷积层-池化层-卷积层-卷积层-池化层-全连接层。输入是深度为 3 的图像，经过神经网络训练，输出为通过全连接层分类后的特征，将这些特征保存为模型，用于识别过程。卷积神经网络搭建步骤如下。

（1）卷积神经网络的输入是深度为 3 的图像，故第一层为卷积层，输入为 3，输出为 16，卷积核为 3×3，步长为 1。

使用函数 BatchNorm2d()进行归一化处理，激活函数 ReLU()被激活。

函数 BatchNorm2d()对数据进行归一化处理，其公式如下：

$$y = \frac{x - \text{mean}(x)}{\sqrt{\text{Var}(x) + \text{eps}}} * \text{gamma} + \text{beta} \qquad (11\text{-}6)$$

（2）第二层为卷积层，输入为 16，输出为 32，卷积核为 3×3，步长为 1。

使用函数 BatchNorm2d()进行归一化处理，激活函数 ReLU()被激活。

（3）第三层为池化层，池化层进行 MaxPool2d()取最大值，核的大小为 2×2。

（4）第四层为卷积层，输入为 32，输出为 64，卷积核为 5×5，步长为 1。

使用函数 BatchNorm2d()进行归一化处理，激活函数 ReLU()被激活。

（5）第五层为卷积层，输入为 64，输出为 128，卷积核为 3×3，步长为 1。

使用函数 BatchNorm2d()进行归一化处理，激活函数 ReLU()被激活。

（6）第六层为池化层，池化层进行 MaxPool2d()取最大值，核的大小为 2×2。

（7）第七层为全连接层，输入为 128×12×12，经过全连接层进行分类，输出为 20 个类别特征数据。

2. 模型编程实现

```
/*************************************************************** /
*类名称：CNN(nn.Module)
*功能：汉字识别的神经网络结构
/*************************************************************** /
class CNN(nn.Module):
    def __init__(self:
        super(CNN, self).__init__()
        self.layer1 = nn.Sequential( nn.Conv2d(3, 16, kernel_size=3, stride=1),
            nn.BatchNorm2d(16),
            nn.ReLU(inplace=True)
        )
        self.layer2 = nn.Sequential(
            nn.Conv2d(16, 32, kernel_size=3, stride=1),
            nn.BatchNorm2d(32),
            nn.ReLU(inplace=True)
        )
        self.layer3 = nn.Sequential(
            nn.MaxPool2d(kernel_size=2, stride=2)
        )
        self.layer4 = nn.Sequential(
            nn.Conv2d(32, 64, kernel_size=5, stride=1),
            nn.BatchNorm2d(64),
            nn.ReLU(inplace=True)
        )
        self.layer5 = nn.Sequential(
            nn.Conv2d(64, 128, kernel_size=3, stride=1),
            nn.BatchNorm2d(128),
            nn.ReLU(inplace=True)
        )
        self.layer6 = nn.Sequential(
            nn.MaxPool2d(kernel_size=2, stride=2)
        )
        self.fc = nn.Sequential(
            nn.Linear(128 * 12 * 12, 1024),
            nn.ReLU(inplace=True),
            nn.Linear(1024, 128),
            nn.ReLU(inplace=True),
            nn.Linear(128, 20),
            nn.Softmax(1)
        )
```

```
def forward(self, x):
    x = self.layer1(x)
    x = self.layer2(x)
    x = self.layer3(x)
    x = self.layer4(x)
    x = self.layer5(x)
    x = self.layer6(x)
    x = x.view(x.size(0), -1)
    x = self.fc(x)
    return x
```

11.6.2 识别模型训练

1. 确定损失函数

常用的损失函数有均方误差和交叉熵误差两种。其中，交叉熵（Cross Entropy）是分类问题中使用比较广的损失函数。损失函数一般会配合 Softmax 回归一起使用，在神经网络输出层后加上一个 Softmax 层，将神经网络的输出变成一个概率分布。得到的输出结果与正确结果的距离越小，代表设计的神经网络效果越好。

2. 模型训练步骤

① 获取训练集的路径；
② 将训练集内汉字图像的文件名加载到列表中，并给每一类汉字图像加上相同的标签，对其进行分类，准备进行训练；
③ 确定学习率为 0.02；
④ 确定学习次数为 1500；
⑤ 确定分类数目为 20；
⑥ 选择模型，模型为之前创建的卷积神经网络模型；
⑦ 确定损失函数，此系统使用的是交叉熵损失函数；
⑧ 将分类好的图像按照规定的参数进行训练；
⑨ 将训练出的结果数据保存在模型中，供识别过程使用。

3. 代码实现

（1）图片加载实现：

```
#transform 按顺序变换相应的数据，由(0,255),(h,w,c)转换为(0,1),(c,h,w)，数值转化除以 255
transform = transforms.Compose([ transforms.ToTensor() ])
def load_dataset(path_name):
    label_num = torch.tensor(-1)
    images = []
    labels = []
    for file in os.listdir(path_name):
        #从初始路径遍历各个汉字文件夹
```

```
            label_num = label_num + 1
            dir_path = os.path.join(path_name, file)
            for img_name in os.listdir(dir_path):        #遍历图片
                img_path = os.path.join(dir_path, img_name)
                if img_path.endswith('.png'):
                    image = cv2.imread(img_path)
                    image = cv2.resize(image, (IMAGE_W, IMAGE_H))
                    image = transform(image)        #to_tensor
                    images.append(image)
                    labels.append(label_num)
    return images, labels
```

（2）模型训练实现：

```
batch_size = 32
learning_rate = 0.02
num_epoches = 1500
class_num = 18              #分类数目
train_path = r"\img\trian"
#选择模型
model = cnn_hanzi.CNN()
if torch.cuda.is_available():
    model = model.cuda()
#定义损失函数和优化器
criterion = nn.CrossEntropyLoss()
optimizer = optim.SGD(model.parameters(), lr=learning_rate)
#训练模型
def train(train_loader):
    loss_data = []             #保存 loss 数据用于作图
    for epoch in range(num_epoches):
        batch_num = 0    #记录 batch
        for data in train_loader:
            img, label = data
            if torch.cuda.is_available():
                img = img.cuda()
                label = label.cuda()
            out = model(img)
            loss = criterion(out, label)
            print_loss = loss.data.item()

            loss_data.append(print_loss)
            print("epoch =", epoch, "batch =", batch_num, "loss =", print_loss)

            optimizer.zero_grad()
            loss.backward()
            optimizer.step()

            batch_num = batch_num + 1
```

```
#保存整个网络和参数
torch.save(model.state_dict(), "model_hanzi_cnn.pkl")
plt.scatter(range(len(loss_data)), loss_data)
plt.show()


if __name__ == '__main__':


    path = cur_file_dir()
    path += train_path
    images, labels = load_dataset(path)    #images, labels 是列表  tensor 类型
    train_data = MyDataset(images, labels)
    train_loader = DataLoader(train_data, batch_size=batch_size, shuffle=True)
    train(train_loader)
    print('结束')
```

11.7　汉字识别模型检验

1. 汉字识别步骤

汉字识别步骤如下：
（1）获取测试集待识别汉字图像；
（2）对汉字图像进行预处理（灰度化、二值化）；
（3）对汉字图像进行投影分割；
（4）对分割后的图像进行识别。

2. 对分割后的图像进行代码识别

```
rootdir = './img/shibie'
if __name__ == '__main__':
    hanzi_string = '唱打歌后呼挥进跑前手跳退舞右招转走左'
    list = os.listdir(rootdir)    #列出文件夹下所有的目录与文件
    message = ''
    for i in range(0, len(list)):
        path = os.path.join(rootdir, list[i])
        print(path)
        img = cv2.imread(path)
        src = img
        img = cv2.resize(img, (IMAGE_W, IMAGE_H))
        img = transform(img)    #to_tensor
        img = img.unsqueeze(0)
        img = Variable(img)
        #重新加载模型
        model.load_state_dict(torch.load("model_hanzi_cnn.pkl"))
        out = model(img)
        out = out.detach().numpy()
```

```
out = out.argmax(axis=1)    #numpy.argmax(a, axis=None, out=None)返回最大值的索引
message += hanzi_string[out[0]]
print(message)
```

3. 效果展示

从实验空间——国家虚拟仿真实验教学项目共享服务平台可以看到天津理工大学开发的《面向人工智能技术的视听感知控制机器人虚拟仿真实验》。

步骤 1　搭建训练集，通过摄像头采集含有汉字的图片，打上标签。如图 11-8 所示。

图 11-8　采集图片，打上标签

步骤 2　图像预处理，采用灰度化、二值化等操作，如图 11-9 所示。

图 11-9　图像预处理

步骤 3　对汉字图像进行水平投影和垂直投影分割，如图 11-10 所示。

图 11-10　对汉字图像进行水平投影和垂直投影分割

步骤 4　设计 CNN 网络模型。

（1）选择最优卷积核大小，动态演示 CNN 算法的实现过程。

带有汉字的图像，采用固定通道数，依据学生数量选择的最优卷积核大小进行卷积过程、池化过程、全连接层过程的动态演示，如图 11-11 所示。

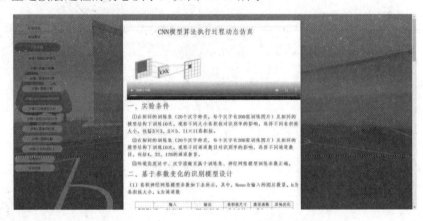

图 11-11　设计 CNN 网络模型

（2）选择最优通道数目，动态演示 CNN 算法实现过程。

带有汉字图片，采用固定卷积核大小，依据学生数量选择最优通道数目，进行卷积过程、池化过程、全连接层过程的动态演示，如图 11-12 所示。

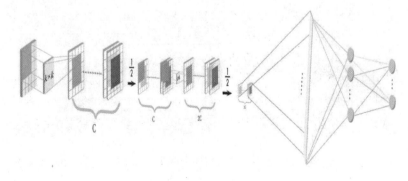

图 11-12　动态演示

步骤 5　训练模型分析，输入模型训练参数。

依据系统运行的测试数据，判断卷积核大小对识别精度的影响。选择不同卷积核的模型训练结果如图 11-13 所示。

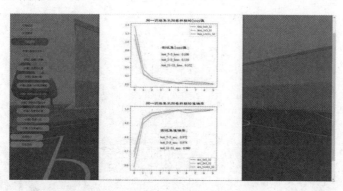

图 11-13　选择不同卷积核的模型训练结果

依据系统运行的测试数据，判断不同通道数对识别精度的影响。选择不同通道数的模型训练结果如图 11-14 所示。

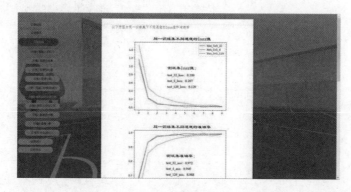

图 11-14　选择不同通道数的模型训练结果

步骤 6　获取待识别图像，要求含有宋体的汉字图像，如图 11-15 所示。

图 11-15　获取识别图像

步骤 7 图像预处理，如图 11-9 所示。

步骤 8 图像分割，如图 11-10 所示。

步骤 9 控制虚拟人，根据结果给虚拟机器人发出控制指令，如图 11-16 所示。

图 11-16 控制虚拟人

第 *12* 章

基于深度学习 CNN 模型的语音识别

本章主要内容为听觉感知——基于语音识别的模型训练。包含两个部分：学习过程和识别过程。语音识别模型训练采用的经典方法为提取语音信号的 MFCC（梅尔倒谱系数）特征，使用隐马尔可夫模型对 MFCC 特征进行训练，但由于没有学习过隐马尔可夫模型，本模块采用的是语音信号的 MFCC 特征和卷积神经网络（CNN）来进行模型训练。

12.1 语音识别系统设计

为了提高语音识别的准确率，达到更快的处理效果，本章设计的语音识别系统使用传统的语音处理算法对语音信号进行预处理，再将预处理的结果转化为图像，使用深度学习算法进行特征提取和分类。利用被广泛应用的卷积神经网络（CNN）实现语音识别任务。如图 12-1 所示，将传统的语音处理技术与深度学习结合，设计一个语音识别系统，该语音识别系统一般包含学习和识别两个过程。

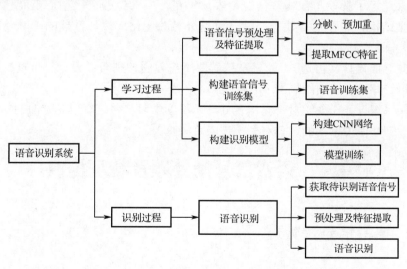

图 12-1　语音识别系统功能图

设计语音识别系统是一个复杂的任务，涉及多个关键步骤。将传统的语音处理技术与深度学习相结合的学习过程如下：

（1）数据收集和准备。收集大规模的语音数据集，包括不同说话者、语音情境和噪声环境。

（2）对语音信号进行预处理，包括语音信号分帧、预加重、提取语音信号的 MFCC 特征等操作。

（3）构建语音信号训练集。将收集的语音信号进行预处理，按照帧的时间顺序和特征值转换成二维图像。

（4）选择模型结构。选择适合图像识别的深度学习模型，如 CNN、RNN 或其变体。

（5）模型构建。在深度学习框架中构建语音识别模型，包括输入层、卷积层、循环层、全连接层等组件，并选择适当的激活函数。考虑是否需要连接外部语言模型或其他上下文信息。

（6）模型训练。将数据集划分为训练集、验证集和测试集。使用训练集对模型进行训练，使用验证集对模型进行模型调优，监控模型在训练集和验证集上的性能。

（7）模型评估。使用测试集对模型进行评估，计算准确率、词错误率（Word Error Rate，WER）等性能指标。如果模型性能不满足要求，则可以通过调整超参数、改进数据集或尝试对其他模型结构进行优化。

基于语音处理技术与深度学习相结合的识别过程如下：

（1）获取待识别的语音信号。

（2）对待识别的语音信号进行与学习过程相同的预处理，包括语音信号分帧、预加重、提取语音信号的 MFCC 特征等操作，按照帧的时间顺序和特征值转换成二维图像。

（3）使用训练好的模型对新的语音图像进行识别。

（4）部署和应用。部署训练好的模型到生产环境，可以使用常见的部署工具或将模型集成到语音识别应用中。在实际应用中进行测试，确保模型在真实场景下的性能。

（5）误差分析和改进。建立监控机制，定期监测模型的性能和预测结果。分析模型在测试集上的误差，了解模型在哪些情况下容易出错，并尝试改进模型，可能包括增加数据量、调整模型结构、调整超参数等。针对数据分布的变化或模型性能的下降及时进行更新和维护。

（6）用户界面设计（可选）。如果系统需要用户界面，则可以设计一个友好的界面，方便用户输入语音并查看识别结果。

语音识别系统设计需要综合考虑语音处理、深度学习、系统集成等方面的知识。此外，合适的训练数据和模型架构的选择对系统性能至关重要。

12.2　语音信号预处理及特征提取

12.2.1　语音信号预处理

1. 基本原理

（1）语音信号预加重

在录音过程中受声带振动和嘴唇形状的影响，语音信号的高频部分往往被复制抑制，为了消除这些影响，解决语音信号高频部分受抑制的问题，也可以突出高频的共振峰。

预加重的处理方式是让语音信号通过一个高通滤波器：

$$H(Z) = 1 - \mu z^{-1} \tag{12-1}$$

式中，μ 的值为 $0.9 < \mu < 1.0$，本模块中 μ 值取的是 0.97，预加重的主要目的是使语音信号的频谱变得平坦。

（2）分帧

将 n 个采样点结合在一起作为一个观测点位，成为一帧。为了解决相邻两帧变化过大的问题，相邻帧之间会有一段重叠区域，重叠区域的大小为 n 的值的二分之一或三分之一。

（3）加窗

加窗的意思就是加汉明窗，把汉明窗与每一帧相乘，以增加帧的连续性。假设语音信号为 $S(n)$，$n = 0,1,2,\cdots,N-1$，N 为帧的大小，加窗后

$$S'(n) = S(n) \times W(n) \tag{12-2}$$

$W(n)$ 公式如下

$$W(n,a) = (1-a) - a \times \cos\left[\frac{2\pi n}{N-1}\right], 0 \leqslant n \leqslant N-1 \tag{12-3}$$

其中，a 的取值为 0.46。

（4）快速傅里叶变换

由于语音信号时域上的变换不能展现其特性，所以需要将语音信号转换为频域的能量分布进行观察，加窗后，还需要进行快速傅里叶变换得到语音信号频谱上的分布。

$$X_a(k) = \sum_{n=0}^{N-1} x(n)\mathrm{e}^{-j2\pi k/N}, 0 \leqslant k \leqslant N \tag{12-4}$$

式中，$X(n)$ 为语音信号；N 为傅里叶变换点数。

2. 实现步骤

实现步骤如下：

① 获取语音信号；

② 语音信号预加重；

③ 语音信号分帧；

④ 语音信号加窗；

⑤ 语音信号快速傅里叶变换。

3. 关键代码

将上述步骤用 Python 代码实现：

```
def GetFrequencyFeature3(wavsignal, fs):
    if (16000 != fs):
        raise ValueError(
            '[Error] ASRT currently only supports wav audio files with a sampling rate of 16000Hz, but
this audio is ' + str(fs) + ' Hz. ')
    #wav 波形加时间窗以及时移 10 ms
    time_window = 25    #单位 ms
```

```
#window_length = fs / 1000 * time_window    #计算窗长度的公式，目前全部为 400 固定值
wav_arr = np.array(wavsignal)
wav_length = wav_arr.shape[1]
#分帧
range0_end = int(len(wavsignal[0]) / fs * 1000 - time_window) // 10    #计算循环终止的位置，也就是
最终生成的窗数/帧数
#每帧数据 200 个特征
data_input = np.zeros((range0_end, 200), dtype=np.float)    #用于存放最终的频率特征数据
#data_line = np.zeros((1, 400), dtype=np.float)
#对每帧数据进行处理，加窗并进行快速傅里叶变换
for i in range(0, range0_end):
    p_start = i * 160
    p_end = p_start + 400
    data_line = wav_arr[0, p_start:p_end]
    data_line = data_line * w    #加窗
    data_line = np.abs(fft(data_line)) / wav_length    #取傅里叶变换
    data_input[i] = data_line[0:200]
#取 log 对数
data_input = np.log(data_input + 1)
return data_input
```

12.2.2   MFCC 特征提取

1. 基本原理

（1）三角带通滤波器

三角带通滤波器的主要作用是使频谱更平滑，并消除谐波，增强原语音的共振峰。三角滤波器的公式为

$$H_m(k) = \begin{cases} 0 & , k < f(m-1) \\ \dfrac{2[k - f(m-1)]}{(f(m+1) - f(m-1))(f(m) - f(m-1))} & , f(m-1) \le k \le f(m) \\ \dfrac{2(f(m+1) - k)}{(f(m+1) - f(m-1))(f(m) - f(m-1))} & , f(m) \le k \le f(m+1) \\ 0 & , k \ge f(m+1) \end{cases} \quad (12\text{-}5)$$

式中，$\sum\limits_{m=0}^{M-1} H_m(k) = 1$

（2）计算经过滤波器组后的语音信号对数能量，公式如下：

$$s(m) = \ln\left(\sum_{k=0}^{N-1} \left| X_a(k) \right|^2 H_m(k) \right), 0 \le m \le M \quad (12\text{-}6)$$

（3）通过离散余弦变化（DCT）得到 MFCC 特征

$$C(n) = \sum_{m=0}^{N-1} s(m) \cos\left[\dfrac{\pi n(m - 0.5)}{M} \right], n = 1, 2, \cdots, L \quad (12\text{-}7)$$

2. MFCC 特征提取步骤

MFCC 特征提取步骤如下：
① 获取语音信号；
② 语音信号预加重；
③ 语音信号分帧；
④ 语音信号加窗；
⑤ 语音信号快速傅里叶变换；
⑥ 语音信号的频谱数据通过三角带通滤波器；
⑦ 三角带通滤波器输出结果对数运算；
⑧ 对对数运算结果进行离散余弦变换，得到 MFCC 特征矩阵；
⑨ 根据 MFCC 特征矩阵值把特征矩阵转换为图像。

3. 关键代码

```
import scipy.io.wavfile as wf
import python_speech_features as sf
    #利用 wf 包获得语音信号原数据 sigs
    sample_rate, sigs = wf.read(AUDIO_OUTPUT)
    #利用 sf 包的 sf.mfcc 函数，实现预处理及 MFCC 特征提取功能
    mfcc = sf.mfcc(sigs, sample_rate, numcep=24)
    #保存 mfcc 文件
    mfcctxt = '_mfcc.txt'
    np.savetxt(mfcctxt, mfcc, fmt='%0.8f')
    mp.matshow(mfcc.T, cmap='gist_rainbow')
    mfccjpg = '_mfcc.jpg'    #文件路径
    if os.path.exists(mfccjpg):   #如果文件不存在
        #删除文件
        os.remove(mfccjpg)
    mp.savefig(mfccjpg)
```

4. 效果展示

提取 MFCC 特征后，需要将特征矩阵转换为图像组成训练集进行训练。图 12-2 所示为一条语音 MFCC 特征图像。

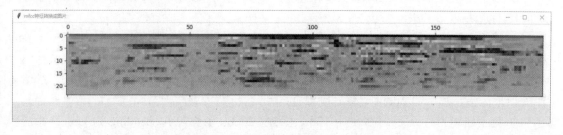

图 12-2　一条语音 MFCC 特征图像

12.3　构建语音识别模型

在本项目中构建识别模型使用的是 CNN。假设语音训练集中有 49 条语音句子，每个语音句子的训练样本数量大约为 250 个。通过 CNN 对训练集内的语音信号进行模型训练，通过多次的迭代可以达到更优的效果。

12.3.1　构建 CNN 模型

由于语音信号的 MFCC 特征图像比汉字图像复杂，故神经网络也复杂很多，本章介绍的神经网络有 18 层，具体搭建步骤如下：

① 第一层为卷积层，filters 为 32，卷积核 3×3，步长为 1，padding 为 same（卷积运算不会改变图像的大小）。激活函数 ReLU()激活，加入 Dropout 避免过度拟合；

② 第二层为卷积层，filters 为 32，卷积核 3×3，步长为 1，padding 为 same。激活函数 ReLU()激活；

③ 第三层为池化层，池化层进行 MaxPool2d()取最大值，核的大小为 2×2；

④ 第四层为卷积层，filters 为 64，卷积核 3×3，步长为 1，padding 为 same。激活函数 ReLU()激活，加入 Dropout 避免过度拟合；

⑤ 第五层为卷积层，filters 为 64，卷积核 3×3，步长为 1，padding 为 same。激活函数 ReLU()激活；

⑥ 第六层为池化层，池化层进行 MaxPool2d()取最大值，卷积核 2×2，加入 Dropout 避免过度拟合；

⑦ 第七层为卷积层，filters 为 128，卷积核 3×3，步长为 1，padding 为 same。激活函数 ReLU()激活，加入 Dropout 避免过度拟合；

⑧ 第八层为卷积层，filters 为 128，卷积核 3×3，步长为 1，padding 为 same。激活函数 ReLU()激活；

⑨ 第九层为池化层，池化层进行 MaxPool2d()取最大值，卷积核 2×2，加入 Dropout 避免过度拟合；

⑩ 第十层为卷积层，filters 为 128，卷积核 3×3，步长为 1，padding 为 same。激活函数 ReLU()激活，加入 Dropout 避免过度拟合；

⑪ 第十一层为卷积层，filters 为 128，卷积核 3×3，步长为 1，padding 为 same。激活函数 ReLU()激活；

⑫ 第十二层为池化层，池化层进行 MaxPool2d()取最大值，卷积核 1×1，加入 Dropout 避免过度拟合；

⑬ 第十三层为卷积层，filters 为 128，卷积核 3×3，步长为 1，padding 为 same。激活函数 ReLU()激活，加入 Dropout 避免过度拟合；

⑭ 第十四层为卷积层，filters 为 128，卷积核 3×3，步长为 1，padding 为 same。激活函数 ReLU()激活；

⑮ 第十五层为池化层，池化层进行 MaxPool2d()取最大值，核的大小为 1×1；

⑯ 第十六层为 Reshape 层，调整为（200，3200），加入 Dropout 避免过度拟合；

⑰ 第十七层为全连接层，共有 128 个神经元，加入 Dropout（0.3）避免过度拟合；

⑱ 第十八层为全连接层，共有 49 个神经元，使用 Softmax 激活函数进行转换，经全连接层分类后输出为 49 个类别。

⑲ 将卷积神经网络保存到 Model 中，并为其定义损失函数及优化器。

以上步骤用 Python 代码实现：

```python
class ModelSpeech():    #声学模型类
    def __init__(self, datapath):
        '''
        初始化
        默认输出的拼音的表示大小是 MS_OUTPUT_SIZE，即 MS_OUTPUT_SIZE-1 个拼音+1 个空白块
        '''
        #得到神经网络输出层的分类结果，即分类拼音集合及分类的个数
        self.zidian = self.GetSymbolList()
        self.MS_OUTPUT_SIZE = 49    #分类个数也可以从 GetSymbolList()中获取。但是，这里不建议固定，以免字典发生改变，训练好的模型无法使用
        self.label_max_string_length = 64    #标签的最大长度为 64
        self.AUDIO_LENGTH = 1600    #相当于 16 秒，即 1600 帧
        self.AUDIO_FEATURE_LENGTH = 200    #每一帧对应的特征有 200 个
        self._model, self.base_model = self.CreateModel()    #得到网络层结构
        self.train_history = ''
        #设置路径
        self.datapath = datapath
        self.slash = '\\'
        if (self.slash != self.datapath[-1]):    #在目录路径末尾增加斜杠
            self.datapath = self.datapath + self.slash
        #print('datapath:',datapath)#输出一个


    def CreateModel(self):
        '''
        定义 CNN/LSTM/CTC 模型，使用函数式模型
        输入层：200 维的特征值序列，一条语音数据的最大长度设为 1600（大约 16s）
        隐藏层：卷积池化层，卷积核大小为 3×3，池化窗口大小为 2
        隐藏层：全连接层
        输出层：全连接层，神经元数量为 self.MS_OUTPUT_SIZE，使用 Softmax 作为激活函数
        CTC 层：使用 CTC 的 loss 作为损失函数，实现连接性时序多输出
        '''

        input_data = Input(name='the_input',
                           shape=(self.AUDIO_LENGTH, self.AUDIO_FEATURE_LENGTH, 1))
#shape:(1600,200,1)

        layer_h1 = Conv2D(32, (3, 3), use_bias=False, activation='relu', padding='same',
                          kernel_initializer='he_normal')(input_data)    #卷积层  use_bias=False 布尔
```

值，是否使用偏置项

```
        layer_h1 = Dropout(0.05)(layer_h1)
        layer_h2 = Conv2D(32, (3, 3), use_bias=True, activation='relu', padding='same', kernel_initializer=
'he_normal')(
            layer_h1)   #卷积层
        layer_h3 = MaxPooling2D(pool_size=2, strides=None, padding="valid")(layer_h2)   #池化层
        #layer_h3 = Dropout(0.2)(layer_h2) #随机中断部分神经网络连接，防止过拟合
        layer_h3 = Dropout(0.05)(layer_h3)
        layer_h4 = Conv2D(64, (3, 3), use_bias=True, activation='relu', padding='same', kernel_initializer=
'he_normal')(
            layer_h3)   #卷积层
        layer_h4 = Dropout(0.1)(layer_h4)
        layer_h5 = Conv2D(64, (3, 3), use_bias=True, activation='relu', padding='same', kernel_initializer=
'he_normal')(
            layer_h4)   #卷积层
        layer_h6 = MaxPooling2D(pool_size=2, strides=None, padding="valid")(layer_h5)   #池化层

        layer_h6 = Dropout(0.1)(layer_h6)
        layer_h7 = Conv2D(128, (3, 3), use_bias=True, activation='relu', padding='same',
                    kernel_initializer='he_normal')(layer_h6)   #卷积层
        layer_h7 = Dropout(0.15)(layer_h7)
        layer_h8 = Conv2D(128, (3, 3), use_bias=True, activation='relu', padding='same',
                    kernel_initializer='he_normal')(layer_h7)   #卷积层
        layer_h9 = MaxPooling2D(pool_size=2, strides=None, padding="valid")(layer_h8)   #池化层

        layer_h9 = Dropout(0.15)(layer_h9)
        layer_h10 = Conv2D(128, (3, 3), use_bias=True, activation='relu', padding='same',
                    kernel_initializer='he_normal')(layer_h9)   #卷积层
        layer_h10 = Dropout(0.2)(layer_h10)
        layer_h11 = Conv2D(128, (3, 3), use_bias=True, activation='relu', padding='same',
                    kernel_initializer='he_normal')(layer_h10)   #卷积层
        layer_h12 = MaxPooling2D(pool_size=1, strides=None, padding="valid")(layer_h11)   #池化层

        layer_h12 = Dropout(0.2)(layer_h12)
        layer_h13 = Conv2D(128, (3, 3), use_bias=True, activation='relu', padding='same',
                    kernel_initializer='he_normal')(layer_h12)   #卷积层
        layer_h13 = Dropout(0.2)(layer_h13)
        layer_h14 = Conv2D(128, (3, 3), use_bias=True, activation='relu', padding='same',
                    kernel_initializer='he_normal')(layer_h13)   #卷积层
        layer_h15 = MaxPooling2D(pool_size=1, strides=None, padding="valid")(layer_h14)   #池化层
        layer_h16 = Reshape((200, 3200))(layer_h15)   #Reshape 层
        layer_h16 = Dropout(0.3)(layer_h16)
        layer_h17 = Dense(128, activation="relu", use_bias=True, kernel_initializer='he_normal')
(layer_h16) #全连接层
        layer_h17 = Dropout(0.3)(layer_h17)
        layer_h18    =    Dense(self.MS_OUTPUT_SIZE,    use_bias=True,    kernel_initializer=
'he_normal')(layer_h17)   #全连接层
```

```
    y_pred = Activation('softmax', name='Activation0')(layer_h18)
    #保存模型的权重等数据到 base 文件
    model_data = Model(inputs=input_data, outputs=y_pred)

    labels = Input(name='the_labels', shape=[self.label_max_string_length], dtype='float32')
    input_length = Input(name='input_length', shape=[1], dtype='int64')
    label_length = Input(name='label_length', shape=[1], dtype='int64')
    loss_out = Lambda(self.ctc_lambda_func, output_shape=(1,), name='ctc')(
        [y_pred, labels, input_length, label_length])

    model = Model(inputs=[input_data, labels, input_length, label_length], outputs=loss_out)

    model.summary()

    opt = Adam(lr=0.001, beta_1=0.9, beta_2=0.999, decay=0.0, epsilon=10e-8)
    model.compile(loss={'ctc': lambda y_true, y_pred: y_pred}, optimizer=opt)
    print('[*Info] Create Model Successful, Compiles Model Successful. ')
    return model, model_data
  def ctc_lambda_func(self, args):
y_pred, labels, input_length, label_length = args
y_pred = y_pred[:, :, :]
#y_pred = y_pred[:, 2:, :]
return K.ctc_batch_cost(labels, y_pred, input_length, label_length)
```

12.3.2　识别模型训练

模型训练的步骤如下：

① 获取训练集的路径；

② 加载数据集，统计数据集中数据的总数；

③ 设置 batch_size 的大小，计算出保存的步数；

④ 调用训练的模型函数，模型为上步创建的 CNN 模型；

⑤ 将训练出的结果数据保存在模型中，供识别过程使用。

将上述步骤用 Python 代码实现：

```
    def TrainModel(self, datapath, epoch=2, save_step=1000, batch_size=32,
            filename=abspath + 'model_speech/m' + ModelName + '/speech_model' +
ModelName):
        '''
        训练模型
        参数：
            datapath: 数据保存的路径
            epoch: 迭代轮数
            save_step: 每多少步保存一次模型
            filename: 默认保存文件名，不含文件后缀名
        '''
        data = DataSpeech()    #加载数据类
```

```
            yielddatas = data.data_genetator(batch_size, self.AUDIO_LENGTH)   #获取数据，这里使用的是
一个迭代器，循环获取数据

            listloss = []
            for epoch in range(epoch):   #迭代轮数
                print('[running] train epoch %d .' % epoch)
                n_step = 0    #迭代数据数
                try:
                    print('[message] epoch %d . Have train datas %d+' % (epoch, epoch * save_step *
batch_size))
                    '''
                        一个 save_step 执行多少次 batch_size，即有数据 save_step*batch_size 个
                    '''
                    self.train_history = self._model.fit_generator(yielddatas, save_step)
                    print('history.history:', self.train_history.history['loss'])
                    listloss.append(self.train_history.history['loss'])
                    print('history.epoch:', self.train_history.epoch)
                    n_step += 1

                    self.show_train_history(listloss)

                except StopIteration:
                    print('[error] generator error. please check data format.')
                    break
                self.SaveModel(comment='_e_' + str(epoch) + '_step_' + str(n_step * save_step))
                #将溢出的数据写入当前目录
                self.writetofile(listloss)
    if (__name__ == '__main__'):
        sys.stdout = Logger(sys.stdout)   #将输出记录到 log

        datapath = 'F:\\lab_data\\train'
        data = DataSpeech()
        count = data.wavCount
        print('count:', count)
        bs, step = readFileName(datapath)
        ms = ModelSpeech(datapath)
        ms.TrainModel(datapath, epoch=60, batch_size=bs, save_step=step)
```

12.4　语音识别模型检验

1. 语音识别步骤

语音识别步骤如下：

① 获取待识别语音；

② 语音信号预处理及 MFCC 特征提取；

③ 将 MFCC 特征矩阵转换为图像；

④ 将语音信号输入已经训练好的卷积神经网络中；

⑤ 将识别结果（拼音）进行匹配，最终得到汉字结果。

2. 实现代码

```
def yuyin():    #语音识别和语音合成
    global result, path
    basepath = os.path.dirname(__file__)
    upload_path = path
    #加载语音识别的声学以及语言模型
    #加载数据源
    datapath = '.'
    modelpath = 'model_speech/'
    #加载声学模型
    ms = ModelSpeech(datapath)
    datapath2 = os.path.join(basepath, modelpath, 'finally-end.model')
    ms.LoadModel(datapath2)
    #加载语言模型
    ml = ModelLanguage('model_language')
    ml.LoadModel()
    AUDIO_OUTPUT = upload_path
    #保存为 MFCC 文件
    sample_rate, sigs = wf.read(AUDIO_OUTPUT)
    mfcc = sf.mfcc(sigs, sample_rate, numcep=24)
    mfcctxt = '_mfcc.txt'
    np.savetxt(mfcctxt, mfcc, fmt='%0.8f')
    mp.matshow(mfcc.T, cmap='gist_rainbow')
    mfccjpg = '_mfcc.jpg'    #文件路径
    if os.path.exists(mfccjpg):    #如果文件存在
        #删除文件，可使用以下两种方法
        os.remove(mfccjpg)
    mp.savefig(mfccjpg)
    r = ms.RecognizeSpeech_FromFile(AUDIO_OUTPUT)
    K.clear_session()
    r_list = []
    for x in r:
        import re
        pattern = re.compile('[0-9]+')
        match = pattern.findall(x)
        if match:
            r_list.append(x)
    print('*[提示] 语音识别结果：\n', r_list)
    result = ml.model3Pinyin2Hanzi(r_list)
    print('语音转文字结果：\n', result)
```

3. 效果展示

从实验空间——国家虚拟仿真实验教学项目共享服务平台可以看到天津理工大学开发的《面向人工智能技术的视听感知控制机器人虚拟仿真实验》。

步骤 1 搭建训练集。打开麦克风，录制语音信号，或者选择已有的录音，如图 12-3 所示。

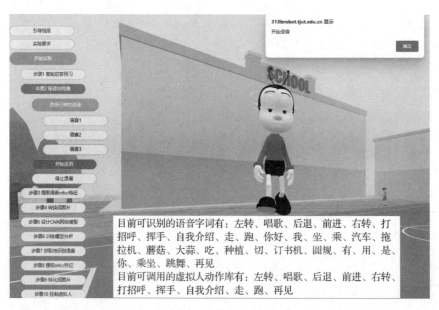

图 12-3 搭建训练集

步骤 2 提取 MFCC 特征。语音信号的 MFCC 特征数据如图 12-4 所示。

图 12-4 提取 MFCC 特征

步骤 3　转化成图片。将 MFCC 特征转化成二维图片，如图 12-5 所示。

图 12-5　将 MFCC 特征转化成二维图片

步骤 4　设计 CNN 模型，如图 12-6 所示。

图 12-6　设计 CNN 模型

不同卷积层数目，动态演示 CNN 算法实现过程。将语音转化为图片，采用固定通道数，固定卷积核大小，依据学生选择的最优层数进行卷积过程、池化过程、全连接层过程的动态演示。

步骤 5　训练模型分析。依据系统运行的测试数据，判断卷积层数等对识别精度的影响。

步骤 6　获取待识别语音，如图 12-3 所示。

步骤 7　提取 MFCC 特征，如图 12-4 所示。

步骤 8　转化成图片，如图 12-5 所示。

步骤 9　控制虚拟人。根据结果给虚拟机器人发出控制指令，如图 12-7 所示。

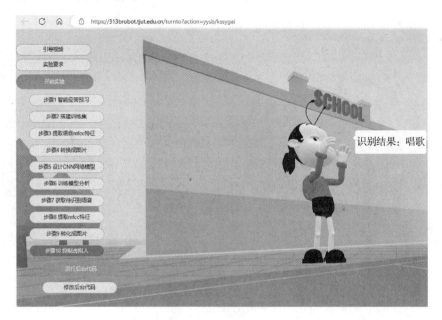

图 12-7　控制虚拟人

第 *13* 章

基于深度学习 Faster R-CNN 模型的手势识别

13.1　R-CNN 目标检测与识别模型

目标检测是计算机视觉领域的核心问题之一，其目的是在图像中识别和定位感兴趣的目标，并确定它们的类别。由于目标在外观、颜色、大小上的差异，以及成像时可能遇到的光照变化、遮挡等挑战，目标检测技术一直在持续优化和研究中。

基于深度学习的目标检测算法可以分为两类：二阶算法和一阶算法。

二阶算法：先生成区域候选框，再通过卷积神经网络进行分类和回归修正。常见算法有 R-CNN、SPPNet、Fast R-CNN、Faster R-CNN 和 RFCN 等。相较之下，二阶算法检测结果更精确。

一阶算法：不生成候选框，直接在网络中提取特征来预测物体的分类和位置。常见算法有 SSD、YOLO 系列和 RetinaNet 等。相较之下，一阶算法检测速度更快。

R-CNN（Region-CNN）是第一个成功将深度学习应用于目标检测的算法。它结合了卷积神经网络（CNN）、线性回归和支持向量机（SVM）等技术，将目标检测任务视为一个分类问题。R-CNN 的算法流程主要包括以下步骤。

1. 生成候选区域

采用一定的区域候选算法，如选择性搜索算法（Selective Search），将图像分割成小区域，然后合并包含同一物体可能性高的区域作为候选区域输出，这里也需要采用一些合并策略。不同的候选区域会有重合部分，如图 13-1 所示（黑色框是候选区域）。

实现步骤：

步骤 1　在图像上设有 n 个预分割的区域，表示为 $R=\{R_1, R_2, \cdots, R_n\}$。

步骤 2　计算每个区域与它相邻区域的相似度，得到一个 $n\times n$ 的相似度矩阵（同一个区域之间，一个区域与不相邻区域之间的相似度均可设为 NaN）。

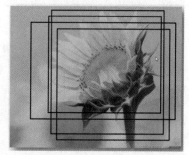

图 13-1　候选区域示意图

步骤 3 从矩阵中找出最大相似度值对应的两个区域，将这两个区域合二为一，这时，图像上还剩下 $n-1$ 个区域。

步骤 4 重复上面的步骤，只需要计算新的区域与它相邻区域的相似度，其他的不用重复计算，重复一次，区域的总数目就减少 1，直到最后所有的区域都合并成为同一个区域，即此过程进行了 $n-1$ 次，相似区域总数目最后变成了 1。

2. 对每个候选区域用 CNN 进行特征提取

选择一个预训练神经网络模型，对每个候选区域都使用深度神经网络提取特征，并重新训练全连接层。

在候选区域输入训练好的神经网络模型，得到固定维度的特征图输出，最终得到特征矩阵。

3. 用每一类的 SVM 分类器对 CNN 的输出特征图进行分类

使用 SVM 分类器对每一个特征图进行分类。假设某手势数据集中有 20 个分类，有 2000 个候选区，提取了 4096 维特征。因此，设置了 20 个 SVM 分类器。将 2000×4096 的特征与 20 个 SVM 组成的权值矩阵相乘，获得 2000×20 维的矩阵，表示 2000 个候选区域分别属于 20 个分类的概率，因此矩阵的每一行之和为 1。

4. 非极大值抑制剔除重叠建议框

交并比（Intersection over Union，IoU），即 $(A \cap B)/(A \cup B)$，指的是 A 和 B 的重合区域面积与 A 和 B 总面积的比。直观上，IoU 就是表示 A 和 B 重合的比例，IoU 越大，说明 A 和 B 的重合部分占比越大，即 A 和 B 越相似。

非极大值抑制剔除重叠建议框步骤：

步骤 1 将属于同一个分类的候选区域进行归类。

步骤 2 找到每一个分类的候选区域中预测概率最高的区域作为参考区域，保留该区域，并将其从候选区域列表中移除。

步骤 3 对于列表中剩余的候选区域，计算它们与参考区域的交并比（IoU）。删除所有 IoU 值高于预设阈值的候选区域。这样，可以只保留少数重合率较低的候选区域，去掉同一类别的重复区域。比如图 13-2 的例子，A 是向日葵类所有候选区域中预测概率最高的区域，B 是另一个区域，计算 A 和 B 的 IoU，其结果大于阈值，就认为 A 和 B 属于同一类（都是向日葵），所以应该保留 A，删除 B，这就是非极大值抑制。

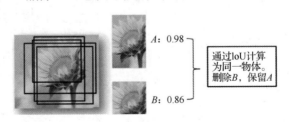

图 13-2 非极大值抑制示意图

5. 使用回归器精修候选区域的位置

通过选择性搜索算法得到的候选区域位置不一定准确，如图 13-3 所示，红色窗口表示候选区域（Region Proposal），绿色窗口表示实际区域（Ground Truth，GT），蓝色窗口表示候选区域进行回归后的预测区域，可以用最小二乘法解决线性回归问题。因此，用回归器对上述 20 个类别中剩余的建议框进行回归操作，最终得到每个类别修正后的目标区域。

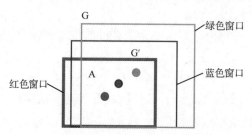

图 13-3　预测区域效果示意图

实现步骤如下：

步骤 1　设定候选区域 x 和 y 的偏移量，高度和宽度的缩放因子分别为 t^x, t^y, t^w, t^h。此处，候选区域锚框 anchor 的特征矩阵为 $\boldsymbol{X}$，位置为 $(A_i^x, A_i^y, A_i^w, A_i^h)$。目标 GT 的位置为 (G_x, G_y, G_w, G_h)，训练参数为 W。

步骤 2　指定一个具体的多元回归方程，应用边框回归（Bounding Box Regression，BBR）技术求解参数 W，计算出偏移量和缩放因子 t^x, t^y, t^w, t^h，*代表 x, y, w, h。

$$t^* = W^{*\mathrm{T}} \cdot \phi(X) \tag{13-1}$$

步骤 3　通过 t^x, t^y, t^w, t^h 这四个参数，对候选区域的位置进行精修调整，得到修订后的 x、y、w 和 h，获得预测区域。

设某候选区域预测区域 $\mathrm{GT}' = [G_x', G_y', G_w', G_h']$

先做平移

$$G_x' = A^w \cdot t^x + A^x$$
$$G_y' = A^h \cdot t^y + A^y$$

再做缩放

$$G_w' = A^w \cdot \exp(t^w)$$
$$G_h' = A^h \cdot \exp(t^h)$$

R-CNN 的缺点如下：

（1）训练和测试速度慢，需要多步训练，非常复杂。

（2）由于涉及分类中的全连接网络，因此输入 CNN 的候选区域尺寸是固定的，造成了精度的降低。

（3）候选区域需要提前提取并保存，占用的空间很大。对于非常深的网络，如 VGG16，从 VOCO7 训练集上的 5000 张图片上提取的特征需要数百 GB 的存储空间，这个问题是致命的。

R-CNN 成了当时目标检测领域的 SOTA 算法，尽管现在已经不怎么用了，但其思想仍然值得借鉴和学习。

13.2 **边框回归原理**

1. 多元线性回归方程

线性回归的本质是对数据进行拟合，从大量的数据中获得一个方程来近似描述这些数据，并用该方程对新的输入进行预测。

多元线性回归指的就是一个样本有多个特征的线性回归问题。对于某个样本而言，它的多元线性回归方程为

$$t^* = w_0^* + w_1^* x_1 + w_2^* x_2 + \cdots + w_n^* x_n \tag{13-2}$$

式中，*代表 x、y、w、h 四个标识之一；t^* 代表高度和宽度的缩放因子 t^x, t^y, t^w, t^h；$x_1, x_2, \cdots, x_n$ 为样本特征；w^* 为多元线性回归方程的参数，w_0^* 为截距，$w_1^*, w_2^*, \cdots, w_n^*$ 为回归系数。可以使用矩阵来表示这个方程：

$$\boldsymbol{t}^* = \begin{bmatrix} t_1^* \\ t_2^* \\ \vdots \\ t_m^* \end{bmatrix} = \begin{bmatrix} 1 & x_{11} & \cdots & x_{1n} \\ 1 & x_{21} & \cdots & x_{2n} \\ & & \cdots & \\ 1 & x_{m1} & \cdots & x_{mn} \end{bmatrix} \times \begin{bmatrix} w_0^* \\ w_1^* \\ \vdots \\ w_n^* \end{bmatrix} = \boldsymbol{X}\boldsymbol{W}^* \tag{13-3}$$

其中，$\boldsymbol{W}^*$ 可以被看成一个结构为 $(n+1,1)$ 的列矩阵，$\boldsymbol{X}$ 是一个结构为 $(m,n+1)$ 的特征矩阵。

2. 损失函数

（1）平方和做损失函数：

$$J(w^*) = \sum_{i=1}^{m} (d_i^* - \hat{t}_i^*)^2 \tag{13-4}$$

式中，d_i^* 是样本 i 对应的真实标签；$\hat{t}_i^*$ 是样本 i 在一组参数 w^* 下的预测标签。

由于每个样本的数据均存在较大差异，为了消除样本间差异的影响，使用最小化均方差拟合，并得到损失函数。

$$J(w^*) = \frac{1}{2m} \sum_{i=1}^{m} (d_i^* - \hat{t}_i^*)^2 \tag{13-5}$$

式中，1/2 是为了求导计算的便利，而 $1/m$ 的含义则是将 m 个样本的损失平均化，消除样本量 m 带来的影响。

（2）SmoothL1Loss。

SmoothL1Loss 是一种常用的损失函数，通常用于回归任务中，其相对于均方差（MSE）损失函数的优势在于对异常值（如过大或过小的离群点）的惩罚更小，从而使模型更加健壮。

SmoothL1Loss 的公式为

$$\text{loss}(x, y) = \begin{cases} 0.5(x - y)^2 & \text{如果} |x - y| < 1 \\ |x - y| - 0.5 & \text{其他} \end{cases} \tag{13-6}$$

式中，x 和 y 分别为模型的输出和标签；$|x-y|$ 表示它们之间的差异。当 $|x-y| < 1$ 时，采用平方误差；否则，采用线性误差。这使得 SmoothL1Loss 相比于 MSE 鲁棒性更强，即对于异常值

的响应更加平缓。

3. 多元线性回归的参数求解

（1）最小二乘法。

通过最小化真实值和预测值之间的残差平方和（RSS）来求解参数的方法称为最小二乘法。损失函数为凸函数，其表达式为

$$J(W^*) = \frac{1}{2m}(W^*X - D^*)^{\mathrm{T}}(W^*X - D^*) \tag{13-7}$$

令式（13-7）求导后一阶导数为零，则

$$X^{\mathrm{T}}XW^* - X^{\mathrm{T}}D^* = 0$$
$$X^{\mathrm{T}}XW^* = X^{\mathrm{T}}D^*$$
$$W^* = (X^{\mathrm{T}}X)^{-1}X^{\mathrm{T}}D^*$$

（2）梯度下降法。

对式（13-7）参数求导：

$$\begin{aligned}
\frac{\partial}{\partial W^*}J(W^*) &= \frac{1}{2m}\frac{\partial}{\partial W^*}(W^{*\mathrm{T}}X^{\mathrm{T}}W^*X - W^{*\mathrm{T}}X^{\mathrm{T}}D^* - W^*X\,D^{*\mathrm{T}} + D^{*\mathrm{T}}D^*) \\
&= \frac{1}{2m}(2X^{\mathrm{T}}W^*X - X^{\mathrm{T}}D^* - XD^{*\mathrm{T}}) \\
&= \frac{1}{m}(X^{\mathrm{T}}W^*X - X^{\mathrm{T}}D^*) \\
&= \frac{1}{m}X^{\mathrm{T}}(W^*X - D^*)
\end{aligned}$$

将上述梯度代入随机梯度下降公式：

$$W^*_{k+1} = W^*_k + \frac{1}{m}X^{\mathrm{T}}(W^*_kX - D^*) \tag{13-8}$$

学习速率 ∂ 的选取：

通常，要进行多次尝试才能够选取到合适的学习速率。合适的学习速率可以使得代价函数 $J(\theta)$ 获得较快的下降速度，使其快速收敛。学习速率通常选取 0.001、0.003、0.01、0.03、0.1、0.3、1 等，不断尝试，选择最合理的学习速率。

算法过程：

步骤 1　初始化 W 向量的值，将其代入 $\frac{\partial}{\partial W^*}J(W^*)$，得到当前位置的梯度；

步骤 2　当前梯度乘以步长 ∂，得到从当前位置下降的距离；

步骤 3　更新得到新表达式（13-8）；

步骤 4　重复以上步骤，更新 W^*_k，直至触发停止条件，即得到目标函数能达到最优或者近似最优的参数向量。

梯度下降不一定能够找到全局的最优解，有可能是一个局部最优解。当然，如果损失函数是凸函数，梯度下降法得到的解就一定是全局最优解。

（3）多元逻辑回归 Softmax。

Softmax 回归模型先计算出每个类别的分数，再计算出每个分数的指数，然后对它们进行归一化处理（除以所有指数的总和）。

训练目标是得到一个能对目标类别做出高概率估算的模型（也就是其他类别的概率相应要很低）。通过将成本函数（交叉熵）最小化来实现这个目标，因为当模型对目标类别做出较低概率的估算时，会受到惩罚。交叉熵经常被用于衡量一组估算出的类别概率跟目标类别的匹配程度。

交叉熵成本函数：

$$J(\theta) = -\frac{1}{m}\sum_{i=1}^{m}\sum_{k=1}^{K} y_k^{(i)} \log(\hat{p}_k^{(i)}) \tag{13-9}$$

如果第 i 个实例的目标类别为 k，则 $y_k^{(i)}$ 等于 1，否则为 0。当只有两个类别（$K=2$）时，该成本函数等价于逻辑回归的成本函数。

对于类别 k 的交叉熵梯度向量：

$$\nabla_\theta J(\theta) = -\frac{1}{m}\sum_{i=1}^{m}(\hat{p}_k^{(i)} - y_k^{(i)})x^{(i)} \tag{13-10}$$

计算出每个类别的梯度向量，然后使用梯度下降法（或其他优化算法）找到最小化成本函数的参数矩阵 W。

13.3　Faster R-CNN 目标检测与识别模型

13.3.1　Faster R-CNN 模型框架

Faster R-CNN 是第一个真正意义上的端到端深度学习检测算法。它基于 Fast R-CNN 模型，用区域提议网络（Region Proposal Networks，RPN）替换选择性搜索算法，实现了基于锚框机制生成候选框。最终，将特征提取、候选框选择、边界框回归和分类整合到一个网络中，从而有效地提高了检测精度和检测效率。

Faster R-CNN 的主要实现步骤如下：

步骤 1　使用主干网络对输入图像提取主干特征图。

步骤 2　主干特征图具有 256 个通道。主干特征图上的每个点经过 3×3 卷积操作后，作为 256 维特征向量输入 RPN 网络的两个分支。

步骤 4　RPN 网络的一个分支输出锚框的标签类型概率，另一个分支输出锚框修正的偏移量。

步骤 5　提议层负责在原始图像中找到正标签的锚框。从大量正标签锚框中筛选出最可能包含目标的锚框，作为目标框的候选提议（Proposal），并相应地调整这些锚框的位置。

步骤 6　RoI 池化技术用于将目标检测中的候选提议映射到特征图上，得到目标区域的特征表示。该技术对不同尺寸的特征区域进行标准化，使得后续的分类模型能够一致地处理这些特征，不受其原始尺寸的影响。

步骤 7　使用分类分支和回归分支进一步预测目标类别，实现目标位置的精确定位。

如图 13-4 所示，Faster R-CNN 的结构可以分为 5 部分：

（1）利用卷积层提取整幅图像的主干网络特征。

（2）Faster R-CNN 采用一组基础的卷积+ReLU 激活函数+池化操作。通过 13 个卷积层、

13 个 ReLU 激活函数和 4 个池化层的方式，实现输入图像的主干网络特征提取，并将其用于后面的 RPN 层和全连接层。

（3）RPN 目标定位。

RPN 网络的主要职能是在原始图像中定位目标区域，并将这些区域映射到特征图上，以便识别出目标的具体位置。它生成一系列锚框，并利用主干网络提取的特征（Backbone Features）来识别含有目标的锚框区域，即区域提议（Region Proposal）。

RPN 网络实际上包含两个并行的分支：一个分支通过 Softmax 函数判断锚框是前景（包含目标）还是背景；另一个分支，即边界框回归（Bounding Box Regression），负责提供修正锚框位置的偏移量和缩放因子。提议层（Proposal Layer）则综合这些正标签锚框和相应的边界框回归信息，排除那些过小或超出图像边界的提议，从而在原始图像上确定更为精确的提议区域。这里的"相对精确"是指在后续全连接层进行进一步的边界框回归之前，这些提议已经足够接近目标的真实位置。至此，RPN 网络完成了目标定位的关键步骤。

（4）RoI 池化层确保输出特征图的尺寸统一

该层结合 RPN 生成的提议以及卷积层提取的特征图（Feature Maps），通过映射转换定位到特征图的相应区域，并提取目标区域的特征。这些特征随后被规范化至统一的尺寸，形成具有固定大小的提议特征图，以便输入后续网络的全连接层，进行目标的识别与定位。

（5）分类与回归

经过 RoI 池化层处理，得到固定尺寸的特征图后，通过全连接层进行处理。利用 Softmax 函数进行目标分类，同时，再次采用边界框回归技术获取每个提议的位置偏移量（bbox_pred），以便精确地得出目标检测框。

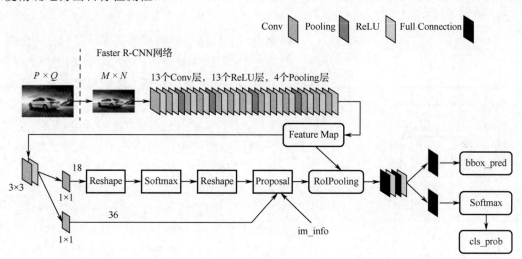

图 13-4　Faster R-CNN 框架结构示意图

13.3.2　基于区域提议网络的目标检测

经典的检测方法生成检测框非常耗时，而 Faster R-CNN 抛弃了传统的滑动窗口和 Selective Search 方法，直接使用区域提议网络（Region Proposal Networks，RPN）生成检测框，极大提升了检测框的生成速度。

RPN 网络是一个全卷积网络，由卷积层（256 维）+ReLU 激励函数+左右两个全连接层（由 1×1 卷积实现）组成。RPN 网络接收来自主干网络的特征图作为输入，并输出前景和背景的分类置信度，以及每个提议区域的中心坐标和尺寸（宽度和高度）的回归值。核心思想是利用滑动窗口和锚框策略生成候选框。

1. RPN 的实现过程

RPN 的实现过程如下：

步骤 1 获取 256 通道的主干网络提取的特征。

步骤 2 对每一个通道以中心点进行 3×3 卷积操作，在中心点处取出 256 通道相应位置的特征，组成 256 维特征矢量。

步骤 3 粗糙分类，获取锚框的正标签与负标签的属性评分。进行 1×1×18 卷积操作，通过全连接层+Softmax 函数，获取当前中心点的 9 个锚框关于正标签和负标签的属性评分。

步骤 4 获取锚框的偏移量和缩放因子。进行 1×1×36 卷积操作，通过全连接层获取当前中心点的 9 个锚框相对于目标的偏移量和缩放因子。

步骤 5 在原图上找到与中心点对应的点和锚框，取正标签评分高的前 N 个锚框，根据偏移量和缩放因子进行修正，获得提议区域。

步骤 6 将修正后的锚框区域映射回主干网络（backbone）的特征图上，以确定每个锚框对应的特征图位置。

2. 锚框

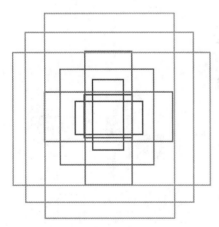

图 13-5　9 种锚框形状示意图

锚框是用于目标检测的候选区域，它们以特征图上的一个点为中心，预先设定不同尺寸和比例的矩形区域。这些锚框有助于提高目标检测的速度和准确性。在特征图上的每一个点，都可以生成一组预设数量（k 个）的锚框。如图 13-5 所示，所有锚框的中心点坐标都是一样的。锚框有三种尺寸和三种比例，三种尺寸分别是小（蓝 128）、中（红 256）、大（绿 512），三个比例分别是 1∶1、1∶2 和 2∶1。3×3 的组合总共有 9 种锚框。

假设输入一张图片，经过前面主干网络的一系列卷积或池化操作之后，得到一个尺寸为 $m×n$ 的特征图（暂且不说通道），则有 $m×n×k$ 个锚框。RPN 用来判断 $m×n×k$ 个锚框是否包含目标。如果包含目标，那么先根据输出的坐标偏置量修正锚框位置，然后输给后面的提议区域层做进一步判断，即从 $m×n×k$ 个候选框中做筛选，提取提议区域。

如图 13-5 所示，一个 $m×n$ 的特征图上有 $m×n×k$ 个锚框。使用这 9 种锚框在原始图像和特征图上进行上下左右移动，使得每个特征图上的点都对应 9 个锚框。最终得到 $(H/16)×(W/16)×9$ 个锚框。对于一个 512×62×37 的特征图，存在约 62×37×9，即 20646 个锚框。这种方法似乎类似于暴力穷举。

　　RPN 网络的目标是在这些锚框上回归拟合目标物体的区域，然后从置信度高的锚框中选出一些作为候选区域，并将这些候选区域传递给后续的网络。模型回归的目标是获取真实目标物体区域与锚框之间的坐标偏置。将偏置和锚框的坐标代入预先设定的公式中，就可以得到最终预测的候选区域的坐标。

3. RPN 的结构

　　如图 13-6 所示，RPN 的结构由 3×3 的卷积层（输出通道数为 256）+ ReLU 激活函数+两个平行的 1×1 的卷积层（由分类层 clc layer 和回归层 reg layer）组成。

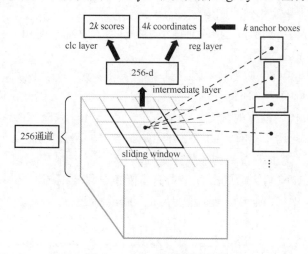

图 13-6　RPN 的结构示意图

　　RPN 的分类层输出的是要预测的 k 个锚框包含目标的概率。

　　RPN 的回归层输出的是要预测的 k 个锚框位置的偏置量。

　　k 个锚框的位置是在初始化时确定的，因此偏置量可以通过目标边界框的位置减去锚框的位置计算得出。

　　当一个 $m×n$ 的特征图输入到 RPN 中时，RPN 输出的是一个 $m×n×256$ 的张量，其中每个像素点都关联了 256 维的特征向量，这些特征向量被该像素点上的 k 个锚框共享。这些特征随后被送入分类层和回归层，在一次前向传播过程中同时计算出每个区域的前景和背景概率（每个区域产生 2 个概率得分，总共是 $2k$ 个得分），以及每个边界框相对于其对应预设锚框的位置偏置（每个区域需要预测 4 个偏置值，因此总共是 $4k$ 个偏置值）。

　　实现方法如下：

　　步骤 1　输入的特征图→3×3 卷积操作→ReLU 激活函数。这一步骤将 $m×n×c$ 尺寸的输入图转换成 $m×n×256$ 尺寸的特征图，使得每个像素点都具有一个 256 维的特征向量。

　　步骤 2

　　（1）将得到的 256 维特征向量输入到分类层（clc layer）

　　应用 Softmax 技术，并通过交叉熵损失进行训练，以获得每个区域的前景和背景概率→1×1 卷积操作→ReLU 激活函数→reshape 操作调整输出形状→Softmax 技术→reshape 操作，最终输出每个区域的类别标签预测。

　　分类层通过 1×1 卷积核处理上一步提取的 256 维特征向量，对每个像素点上的锚框进行分类和回归。输出结果是一个 $m×n×2k$ 的特征图，其中 k 代表锚框的数量，2 表示两个类别（前景和背景），因此对于 $m×n×k$ 个 a 锚框，最终得到了它们的前景和背景概率。

在此设置中，将输出通道数（channels）定为 $2×k$，即 18（其中 k 为 9，代表每个位置有 9 个锚框）。由于最终的任务是对每个锚框进行二分类（判断其为前景或背景），因此需要将特征图的通道数从 $2k$（即 18）调整为 2。通过 reshape 操作，把原本的 $m×n×2k$ 维特征图重新塑形为 $m×n×2$ 维，以适应 Softmax 函数的要求，并进行后续的概率计算和类别预测。

第一个 reshape 操作：[batch,channels,w,h]→[batch,2,w×channels/2,h]；

第二个 reshape 操作：[batch,channels,w,h]→[batch,18,w×channels/18,h]。

（2）256 维特征向量输入到回归层（reg layer）

可以利用梯度下降法或最小二乘法对模型进行训练，从而求解出目标参数，进而得到锚框的偏移量和缩放因子。

在网络结构中，边界框回归部分紧跟 1×1 卷积层和 ReLU 激活函数，最终输出区域提议。对于回归层而言，其目的是输出每个锚框的偏移量和缩放因子。因此，回归层的卷积核应为 $1×1×256×4k$，这里 k 代表锚框的数量。当处理单个点的 $1×1×256$ 维特征向量时，输出将是 $1×1×4k$ 维。将此操作应用于所有点的 256 维（$m×n×256$）特征向量，最终输出将是 $m×n×4k$ 维，为每个锚框提供所需的偏置量和缩放因子。

步骤 3 在通过 RPN 网络筛选出 N 个最有可能包含目标的锚框之后，接下来的步骤是将这些锚框映射回特征图，以确定每个锚框对应的特征图位置。

4. 提议层

提议层的主要任务是找到原图上的锚框所对应的特征区域。原始图像经过卷积层处理后生成特征图。以 VGG16 网络为例，其卷积层和 ReLU 激活函数不会改变图像尺寸，而每个池化层会将图像尺寸减半，即从 (H, W) 变为 $(H/2, W/2)$。VGG16 网络共有 4 个池化层，最终图像尺寸变为原始尺寸的 1/16，即 $(H/16, W/16)$。

处理步骤如下：

（1）提议层接收来自分类层的两个输入：正标签和负标签锚框分类结果，以及来自回归层的 4 个参数，包括偏移量和缩放因子，即边界框回归的结果。

（2）在原始图像上生成锚框，并使用偏置量和缩放因子对所有锚框进行边界框回归。

（3）根据 Softmax 函数得分将锚框排序，提取前 N 个正标签锚框，并修正它们的位置。

（4）确保所有正标签锚框都在图像边界内，防止在区域池化时超出图像范围。

（5）剔除尺寸过小的正标签锚框。

（6）对剩余的正标签锚框应用非极大值抑制（NMS）。

（7）输出提议区域，格式为 $[x_1, y_1, x_2, y_2]$。由于已将锚框映射回原始图像尺度并进行了边界检查，输出的提议区域是对应于原始 $m×n$ 尺寸图像的。

13.3.3 基于 RoI 池化和分类技术的目标识别

RoI 池化层负责从 RPN 网络生成的提议（Proposal）中提取特征图。它的输入包括：

● 卷积层产生的原始特征图（Feature Maps），其大小为 $(m/16)×(n/16)$。

● RPN 网络生成的提议，它们的大小各不相同。

由于全连接层要求输入特征图的尺寸一致，RoI 池化层执行归一化操作，确保所有特征图具有相同的尺寸。

RoI 池化层的前向过程包括以下步骤：

● 将提议映射回与卷积层特征图相同的尺度，即$(m/16)\times(n/16)$。具体来说，将提议的大小从(h, w)调整为$(h/16, w/16)$，并相应地缩小锚框的坐标，以定位到特征图上的正确位置。

● 将每个提议对应的特征图区域划分为 pool_w×pool_h 的网格，并在每个小网格上执行最大池化，使得不同大小的提议都能输出固定大小的特征表示。

网络的分类部分，如图 13-7 所示，利用提取的候选区域特征图，通过全连接层和 Softmax 函数计算每个提议属于各个类别的概率，输出 cls_prob 概率向量。同时，通过边界框回归进一步微调每个提议的位置，得到更精确的目标检测框 bbox_pred。

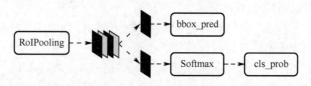

图 13-7　分类结构示意图

13.4　手势识别系统设计

设计一个手势识别系统涉及多个步骤，包括采集手势数据、图像预处理、标注、模型训练和系统集成。系统包含三个主要部分，分别为训练手势标注、学习过程和识别过程。功能总体设计模式如图 13-8 所示。

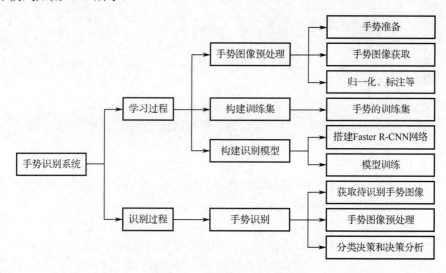

图 13-8　功能总体设计模式

1. 训练手势标注

通常，数据集包括图像和相应的标注，标注应该包含目标的边界框和类别信息。对于目标检测任务，标注通常包含目标的边界框（Bounding Box）信息和相应的类别信息。边界框用于指示图像中目标的位置，而类别信息指示目标属于哪一类。标注数据的常见格式包括以下信息：

（1）边界框信息：

(x_min, y_min)：左上角坐标。

(x_max, y_max)：右下角坐标。

这样的坐标对表示了一个矩形边界框，其左上角坐标为(x_min, y_min)，右下角坐标为(x_max, y_max)。

（2）类别信息：

通常，每个边界框都会有一个对应的类别标签，表示目标的类别。这可以是整数编码（如0、1、2 等），也可以是对应于类别名称的字符串。

在训练目标检测模型时，会将这些边界框和类别信息作为训练数据的一部分，模型会学习从图像中检测目标的模式并对其进行分类。

在实际的数据集中，标注信息可能存储在不同的格式中，如 XML、JSON 或 CSV 文件。处理这些数据并将其转换为模型可以接受的输入格式通常是数据预处理的一部分。许多深度学习框架提供了用于加载和处理这些标注数据的工具。

Faster R-CNN 本身并不直接用于标注目标的边界框和类别信息，而是用于训练和推断目标检测模型。标注数据的准备通常是使用 Faster R-CNN 之前的一个步骤。

标注目标的边界框和类别信息通常需要人工操作，以下是一般的标注流程：

（1）选择标注工具

使用专业的标注工具，如 LabelImg、RectLabel、VGG Image Annotator（VIA）等，以便在图像中绘制边界框，并为目标分配类别。

（2）加载图像

将要标注的图像加载到标注工具中。

（3）绘制边界框

使用标注工具绘制包围目标的矩形边界框。通常，需要单击鼠标并拖动以定义矩形的两个对角点，即左上角和右下角。

（4）分配类别

为每个绘制的边界框分配目标的类别标签。这可以通过在标注工具中选择类别标签的方式完成。

（5）保存标注信息

标注工具通常会允许将标注信息保存为特定的格式，如 XML、JSON 或 CSV 文件。这些文件包含了每个边界框的坐标和类别信息。

（6）重复以上步骤

对数据集中的每个图像重复上述步骤，以构建完整的标注数据集。

在准备好标注数据集之后，可以将数据集划分为训练集、验证集和测试集，并使用 Faster R-CNN 模型进行训练。在训练过程中，模型将学习从图像中检测目标的模式并对其进行分类，使用标注信息计算损失并更新模型参数。在推断阶段，可以使用训练好的模型来预测新图像中的目标位置和类别。

2. 学习过程模块

由图 13-8 可见,学习过程模块主要分为三个步骤,包括手势图像预处理、构建训练集、构建识别模型。其中,手势图像预处理是在手势准备和手势图像获取之后对手势图像进行去噪声、归一化、标注等操作。在构建训练集、搭建模型之后,对模型进行训练。

3. 识别过程模块

由图 13-8 可见,识别过程模块主要分为三个步骤,包括获取待识别手势图像、手势图像预处理、分类决策和决策分析。其中,图像预处理同样是对图像中手势的部分进行去噪声、归一化等操作,分类决策则是对待处理手势图像进行分类,确定静态手势编号或动态手语序列,而决策分析则是根据分类结果对最后的手势进行确定,并和原词语进行对比,确定用户是否表示正确。

4. 手势识别系统开发步骤

以下是一个简单的手势识别系统开发步骤。

（1）数据采集

使用摄像头或传感器收集手势数据。可以考虑使用 RGB 摄像头或深度摄像头,具体取决于需求。

（2）图像预处理

对采集到的图像进行预处理,包括去噪、调整图像大小和亮度等。标准化手势数据,确保不同手势的数据具有相似的规模和范围。

（3）手势标记

对采集到的手势进行标记,以便训练模型。标记可以包括手的位置和手势类别等信息。

（4）模型训练

将数据分为训练集和测试集,用于模型的训练和评估。使用训练集对模型进行训练,调整模型参数以提高性能。

（5）系统集成

将训练好的模型集成到实时系统中,使其能够对新采集到的手势进行实时预测。添加反馈机制,以便用户能够获得有关其手势是否被成功识别的信息。

（6）优化和调试

优化模型性能,可能需要调整超参数、增加训练数据或采用迁移学习等方法。在实际应用中进行调试,确保系统能够准确识别各种手势,并对模型的错误进行分析和修复。

13.5　构建手势识别模型

13.5.1　构建 Faster R-CNN 模型

Faster R-CNN 是一种用于目标检测的深度学习模型。下面介绍使用 Python 和深度学习框架（如 TensorFlow 或 PyTorch）实现 Faster R-CNN 的一般步骤。

（1）安装依赖库

安装深度学习框架，如 TensorFlow 或 PyTorch。

安装其他必要的库，如 NumPy、Matplotlib 等。

（2）获取数据集

（3）预训练模型

使用预训练的卷积神经网络（如 ResNet、VGG 等）作为 Faster R-CNN 的基础模型。这可以加速收敛过程并提高性能。

当使用 Faster R-CNN 进行目标检测任务时，可以使用在大规模图像分类任务上预训练的 VGG16 模型作为基础模型。

在基础模型之上构建 Faster R-CNN 模型。模型通常由三个主要部分组成：提取特征的卷积神经网络、用于目标检测的 RPN（Region Proposal Network）和 RoI（Region of Interest）池化层。

1. 搭建提取主干特征的卷积神经网络

在 Faster R-CNN 中，VGG16 是一种常用的卷积神经网络，它作为特征提取器用于从输入图像中提取特征。

在 Faster R-CNN 中，VGG16 的 features 部分通常包含多个卷积层以及池化层，用于逐步减小特征图的尺寸。这些特征图将用于 RPN、RoI 池化层及最终的分类和回归任务。

以下是一个使用 PyTorch 和 torchvision 库加载预训练 VGG16 模型的简单示例。

（1）加载预训练的 VGG16 模型。

```
import torch
import torchvision.models as models
#加载预训练的 VGG16 模型
pretrained_vgg = models.vgg16(pretrained=True)
#输出模型的结构
print(pretrained_vgg)
```

上述代码中，models.vgg16(pretrained=True)将下载预训练的 VGG16 模型。也可以根据需要选择其他预训练模型，如 VGG19 等。

（2）在 Faster R-CNN 模型中使用这个预训练的 VGG1616 模型。

接下来，可以在 Faster R-CNN 模型中使用这个预训练的 VGG16 模型。以下是一个使用 torchvision 提供的 Faster R-CNN 模型的简单示例：

```
import torchvision
from torchvision.models.detection import FasterRCNN
from torchvision.models.detection.rpn import AnchorGenerator
#定义 VGG16 模型
backbone = torchvision.models.vgg16(pretrained=True)
#使用 AnchorGenerator 定义 RPN
anchor_generator = AnchorGenerator(sizes=((32, 64, 128, 256, 512),),
                                   aspect_ratios=((0.5, 1.0, 2.0),))
```

```
#定义 Faster R-CNN 模型
model = FasterRCNN(backbone.features,
                   num_classes=75,   #根据任务设置目标类别数量
                   rpn_anchor_generator=anchor_generator)
```

在这个示例中，num_classes 参数表示数据集中的目标类别数量。rpn_anchor_generator 参数用于定义 RPN 中的锚框。

2. 搭建检测目标的 RPN 网络

在 Faster R-CNN 中，RPN 是用于生成候选目标区域的子网络。RPN 通常与主干网络（如 VGG、ResNet 等）一同组成 Faster R-CNN 模型。以下是在 PyTorch 中使用 torchvision 库实现 Faster R-CNN 的 RPN 部分的代码示例：

```
import torchvision
from torchvision.models.detection import FasterRCNN
from torchvision.models.detection.rpn import AnchorGenerator
#加载预训练的 VGG16 模型
backbone = torchvision.models.vgg16(pretrained=True)
#定义 AnchorGenerator
anchor_generator = AnchorGenerator(sizes=((32, 64, 128, 256, 512),),
aspect_ratios=((0.5, 1.0, 2.0),))
#定义 RPN
rpn = torchvision.models.detection.rpn.RPNBlock(in_channels=backbone.out_channels,out_channels=256,
anchor_generator=anchor_generator)
#定义 Faster R-CNN 模型
model = FasterRCNN(backbone,
                   num_classes=75,   #根据任务设置目标类别数量
                   rpn_anchor_generator=anchor_generator,
                   rpn_head=rpn)
```

在上述示例中，torchvision.models.detection.rpn.RPNBlock 定义了 RPN 的头部（head）。可以在 RPN 中定义自己的 RPN 头部，或者使用默认的头部。

要注意的是，上述代码中的 backbone.out_channels 表示主干网络输出的通道数，它通常是根据所选用的主干网络而变化的。在实际应用中，需要根据使用的主干网络的输出通道数来配置 RPN 头部。

在实现 Faster R-CNN 中的 RPN 时，需要关注以下几点：

① 选择适当的主干网络，提取图像特征。

② AnchorGenerator 负责生成候选锚框的尺寸和长宽比，可以根据任务和数据集的特点调整 sizes 和 aspect_ratios 参数。

③ RPN 的头部用于处理主干网络输出的特征图，生成候选锚框和对应的边界框回归信息。

④ RPNBlock 是 RPN 中的一个组件，负责处理主干网络的特征图，生成候选锚框的边界框偏移量，以及判断这些锚框是目标还是背景的得分。

RPNBlock 主要包含两个分支：

分类分支（cls_logits）：该分支负责预测每个锚框是前景（目标）还是背景的概率。通常，

输出维度为(num_anchors×2, H, W)，其中 num_anchors 是每个空间位置的锚框数量，2 表示前景和背景的得分。

回归分支（bbox_pred）：该分支负责预测每个锚框相对于其真实位置的边界框偏移量（bounding box offsets）。通常，输出维度为(num_anchors×4, H, W)，其中 num_anchors 是每个空间位置的锚框数量，4 表示边界框的左上角和右下角的坐标偏移量。

在整个 Faster R-CNN 模型中，RPNBlock 位于 RPN 部分，而 RPN 部分则是整个模型的一部分。RPNBlock 的输出将用于生成候选区域，并进一步传递到 RoI 池化层、后续的目标分类和回归任务中。

下面是一个简单的伪代码示例，说明了 RPNBlock 的典型结构：

```python
import torch
import torch.nn as nn
import torch.nn.functional as F
class RPNBlock(nn.Module):
    def __init__(self, in_channels, num_anchors):
        super(RPNBlock, self).__init__()
        #卷积层用于特征提取
        self.conv = nn.Conv2d(in_channels, 256, kernel_size=3, padding=1)
        #分类层，用于预测目标/背景的概率
        self.cls_logits = nn.Conv2d(256, num_anchors * 2, kernel_size=1)
        #边界框回归层，用于预测边界框的坐标
        self.bbox_pred = nn.Conv2d(256, num_anchors * 4, kernel_size=1)
    def forward(self, features):
        x = F.relu(self.conv(features))
        logits = self.cls_logits(x)
        bbox_reg = self.bbox_pred(x)
        return logits, bbox_reg
#示例用法
in_channels = 256          #主干网络输出通道数
mid_channels = 256         #中间卷积层的通道数
num_anchors = 9            #每个像素点的锚框数量
#创建 RPN 实例
rpn = RPN(in_channels, mid_channels, num_anchors)
#模拟输入
dummy_input = torch.randn((1, in_channels, 50, 50))
#前向传播
logits, bbox_reg = rpn(dummy_input)
print("RPN logits shape:", logits.shape)
print("RPN bbox_reg shape:", bbox_reg.shape)
```

在这个示例中，RPN 包含了一个卷积层、一个分类层(cls_logits)和一个边界框回归层(bbox_pred)。可以根据任务和数据集的需求调整这些层的参数。

在实际的 Faster R-CNN 模型中，RPNBlock 会被用于处理主干网络的特征图，生成候选锚框的预测结果。这些预测结果将用于后续的处理步骤，包括筛选候选锚框、进行 RoI 池化、目标分类和边界框回归。

3. 搭建 RoI 池化层

在 Faster R-CNN 中，RoI 池化是用于从提取的特征图中获取感兴趣区域的一种操作。RoI 池化用于将不同尺寸的感兴趣区域映射为固定大小的特征图，以便在后续的目标分类和回归任务中使用。

在 PyTorch 中，可以使用 torch.nn.functional.roi_pool 函数来实现 RoI 池化。

以下是一个简单的示例，演示了如何在 Faster R-CNN 中使用 RoI 池化：

```
import torch
import torch.nn.functional as F
#模拟一批特征图（假设特征图大小为 256x256，通道数为 256）
feature_map = torch.randn((1, 256, 256, 256))
#模拟一批 RoI（格式为[batch_index, x1, y1, x2, y2]，其中(x1, y1)为左上角坐标，(x2, y2)为右下角坐标）
rois = torch.tensor([[0, 50, 50, 150, 150], [0, 100, 100, 200, 200]])
#执行 RoI 池化操作
pooled_features = F.roi_pool(feature_map, rois, output_size=(7, 7))
print("RoI Pooling output shape:", pooled_features.shape)
```

在上述示例中，feature_map 是从主干网络（如 VGG、ResNet 等）中提取的特征图。rois 是感兴趣区域的坐标，每一行表示一个 RoI 的信息，包括批次索引、左上角坐标和右下角坐标。output_size 指定了 RoI 池化的输出大小。

请注意，RoI 池化的输出形状由 output_size 决定，通常，选择一个较小的形状以确保对不同尺寸的 RoI 进行固定大小的池化。

在实际 Faster R-CNN 模型中，RoI 池化通常是整个模型的一部分，用于处理 RPN 预测的候选锚框，以准备输入到后续的分类器和回归器中。

13.5.2 Faster R-CNN 识别模型训练

1. 主干特征提取

在本节的方法中，利用预训练模型来提取图像的特征，主要采用的是 Caffe 框架下的 VGG16 预训练模型。经过特征提取器处理后，一张图片将产生一个尺寸为 $C×(H/16)×(W/16)$ 的特征图，其中 C 代表通道数，H 和 W 分别代表原始图片的高度和宽度，并已经按照 16 的比例进行了采样。VGG 网络的最后三层全连接层在这一过程中起到了关键作用。

2. 锚框贴标签

在区域提议网络（RPN）中，每个中心点会对应生成 k 个锚框，分类层（clc layer）负责输出每个锚框的两个参数：预测为前景的概率和损失函数。损失函数采用 Softmax loss（交叉熵损失函数）。

对 k 个锚框分配正负标签，需要遵循以下规则：

规则 1 对于每个锚框，计算它与所有真实边界框（Ground Truth，GT）之间的 IoU（交并比），选择 IoU 最大的真实边界框作为锚框的正标签。

规则2 如果某个锚框与任意真实边界框的 IoU 大于 0.7，则给予该锚框正标签。通常，规则 2 足以选出足够的正标签样本。

规则3 如果锚框与所有真实边界框的 IoU 都小于 0.3，则分配负标签。

那些既不满足正标签条件，也不符合负标签条件的区域不会计入损失计算，对模型训练没有影响。

接下来，RPN 的任务是利用 AnchorTargetCreator 工具从 20000 多个候选锚框中筛选出 256 个进行分类和位置回归。具体的选择过程包括：

- 选择 IoU 最大的真实边界框作为锚框的正标签。
- 在剩余的锚框中，选择与任意一个真实边界框重叠度超过 0.7 的锚框作为正标签，正标签的数量不超过 128 个。
- 随机选取与真实边界框重叠度小于 0.3 的锚框作为负标签，确保正负标签的总数达到 256 个。

对于每个锚框，真实标签（gt_label）将被标记为 1（表示前景）或 0（表示背景）。这样的标记机制使得 RPN 能够得到有效的训练，以生成高质量的区域提议。

3. 计算损失函数

Faster R-CNN 的损失函数通常包括分类损失和边界框回归损失。分类损失用于确定每个候选锚框中是否包含目标，而边界框回归损失用于精确定位目标的位置。RPN 只对有标签的区域计算损失。

计算分类损失用的是交叉熵损失函数，PyTorch 框架提供了交叉熵损失函数模块 torch.nn.CrossEntropyLoss；计算边界框回归损失用的是 Smooth_L1_loss，在计算的时候，只计算正标签（前景）的损失，不计算负标签（背景）的位置损失。在 PyTorch 中，提供了 Smooth_L1_loss 损失函数模块 torch.nn.SmoothL1Loss。

总的损失函数是分类损失和边界框回归损失二者的结合，如下：

$$L(\{p_i\},\{t_i\}) = \frac{1}{N_{\text{clc}}}\sum_i L_{\text{clc}}(p_i, p_i^*) + \lambda \frac{1}{N_{\text{reg}}}\sum_i p_i^* L_{\text{reg}}(t_i, d_i^*) \tag{13-11}$$

$L_{\text{reg}}()$ 就是边界框回归损失函数。计算损失时，需要确定每个锚框是否为有效的目标候选区。有效的区域才会参考损失的计算，计算损失函数，需要确定以下一些参量：

i：mini-batch 中第 i 个锚框的索引。

p_i：第 i 个锚框是目标的概率。

p_i^*：真值标签（如果锚框是前景目标，则为 1；如果锚框是背景目标，则为 0）。

reg layer（回归层）输出预测区域的 4 个参数 t_x, t_y, t_w, t_h。

x, x_a, x^*：分别代表预测框、锚框、真值框的中心坐标。

- 锚框的预测框区域：$\{x, y, w, h\}$。
- 锚框的真实区域：$\{x_a, y_a, w_a, h_a\}$，这个是根据前面为每个像素点生成 k 个锚框时就可以计算好的。
- 真实边界框：$\{x^*, y^*, w^*, h^*\}$。

d^*：真实边界框的位置相对于锚框的位置偏移量，*代表 x, y, w, h。

$$t_x = (x - x_a)/w_a, t_y = (y - y_a)/h_a$$
$$t_w = \log(w/w_a), t_h = \log(h/h_a)$$
$$d_x = (x^* - x_a)/w_a, d_y = (y^* - y_a)/h_a$$
$$d_w = \log(w^*/w_a), d_h = \log(h^*/h_a)$$

（13-12）

通过以下变换获得预测偏移量和缩放因子，以及真实的偏移量和缩放因子。

以下是一个简化的 Faster R-CNN 损失函数的代码示例：

```python
import torch
import torch.nn as nn
import torch.nn.functional as F
class FasterRCNNLoss(nn.Module):
    def __init__(self, num_classes, smooth_l1_beta=1.0):
        super(FasterRCNNLoss, self).__init__()
        self.num_classes = num_classes
        self.smooth_l1_loss = nn.SmoothL1Loss(beta=smooth_l1_beta)
    def forward(self, logits, bbox_reg, labels, target_bbox):
        #分类损失
        cls_loss = F.cross_entropy(logits, labels)
        #边界框回归损失
        bbox_loss = self.smooth_l1_loss(bbox_reg, target_bbox)
        #总损失
        total_loss = cls_loss + bbox_loss
        return total_loss
```

在这个示例中，logits 是预测的目标分类概率，bbox_reg 是预测的边界框回归偏移量，labels 是真实的目标类别标签，target_bbox 是真实的边界框位置。

请注意，这只是一个简化的示例，实际中可能需要根据任务的复杂性和特定的需求来调整损失函数。在实际使用中，可能还需要考虑权重调整、对抗性训练等其他因素。

在训练过程中，将使用这个损失函数计算模型预测的损失，并通过梯度下降来更新模型参数。最终的目标是使损失最小化，从而使模型能够更好地进行目标检测。

4. RPN 生成 RoI

在 Faster R-CNN 模型中，区域提议网络（RPN）不仅负责自身的训练，还负责生成感兴趣区域（Regions of Interest，RoI）作为 Fast R-CNN 的训练样本。RPN 生成 RoI 的过程，可以概括为以下几个步骤：

- 对于输入的每张图片，RPN 首先利用其特征图来计算每个位置上的锚框属于前景的概率以及这些锚框的位置参数。这些锚框数通常等于图像高度和宽度各除以 16 后将结果相乘，再乘以 9 得到的数（一个典型的特征图可能生成大约 20000 个锚框）。
- 从这些锚框中，RPN 选择那些具有较高前景概率的锚框，数量大约为 12000 个。
- RPN 利用锚框的回归位置参数对这 12000 个锚框的位置进行修正，从而得到更为精确的候选区域。
- 通过非极大值抑制算法，从这些候选区域中选出概率最高的 2000 个感兴趣区域。非极大值抑制算法的作用是在保持最高响应区域的同时，排除那些与已选择区域有较高重叠度的其他区域，确保最终选出的感兴趣区域具有更好的代表性和分散性。

这个过程使得 RPN 能够有效地从原始图像中提取出可能包含目标的区域，并为 Fast R-CNN 提供高质量的训练样本，以便进行进一步的目标分类和边界框精细调整。

5. 模型训练步骤

训练 Faster R-CNN 模型主要包括以下几个步骤：

步骤 1 数据准备：对输入图像进行预处理，包括归一化处理和调整图像尺寸，确保图像的长边不超过 1000 像素，短边不超过 600 像素，并相应地调整锚框的尺寸。同时，将标注好的数据转换为模型训练所需的格式，并准备好包含目标类别标签及边界框信息的数据集，确保数据集中包含训练集和验证集。使用数据加载器来加载数据，以便在训练过程中使用。

步骤 2 模型构建：构建 Faster R-CNN 模型，这包括选择一个主干网络（例如 VGG、ResNet 等），定义区域提议网络（RPN）块和 RoI 池化等组件。

步骤 3 损失函数定义：定义模型训练所用的损失函数，通常涵盖分类损失和边界框回归损失。

步骤 4 优化器选择：选择合适的优化器（例如 SGD、Adam 等），并设定学习率和其他超参数。

步骤 5 训练循环：使用训练集对模型进行训练。在每次迭代中，模型进行前向传播，计算损失，并通过反向传播更新模型参数。每次迭代都会从数据加载器中提取一批训练样本，进行模型训练。

步骤 6 验证：每个训练周期后，使用验证集来评估模型的性能，确保模型没有过拟合或欠拟合。

步骤 7 调整超参数：根据验证集上的表现调整超参数，如学习率和批量大小，以优化模型性能。

步骤 8 评估模型：利用测试集对模型进行最终评估，通常，采用目标检测的标准指标，如平均精度均值来衡量模型的准确性。

步骤 9 推断：使用训练完成的模型进行实际的目标检测任务。将待检测的图像输入模型，并从输出中解析出目标的位置和类别信息。

6. 部分代码实现

以下是一个简化的 Faster R-CNN 训练代码示例：

```python
import torch
import torchvision
from torchvision.models.detection import FasterRCNN
from torchvision.models.detection.rpn import AnchorGenerator
from torch.utils.data import DataLoader
from torchvision.datasets import YourDataset
from torch.optim import SGD
import torch.nn.functional as F
#数据准备
train_dataset = YourDataset(train=True)
```

```
train_loader = DataLoader(train_dataset, batch_size=2, shuffle=True)
#模型构建
vgg16 = torchvision.models.vgg16(pretrained=True)
anchor_generator = AnchorGenerator(sizes=((32, 64, 128, 256, 512),),
                                   aspect_ratios=((0.5, 1.0, 2.0),))
model = FasterRCNN(vgg16.features, num_classes=YourNumberOfClasses, rpn_anchor_generator=anchor_
generator)

#损失函数定义
criterion = YourLossFunction()
#优化器选择
optimizer = SGD(model.parameters(), lr=0.001, momentum=0.9)
#训练循环
num_epochs = 10
for epoch in range(num_epochs):
    model.train()
    for images, targets in train_loader:
        optimizer.zero_grad()
        #模型前向传播
        predictions = model(images)
        #提取模型预测的分类概率和边界框信息
        logits = predictions['cls_logits']
        bbox_reg = predictions['bbox_regression']
        #计算损失
        labels = targets['labels']
        target_bbox = targets['bbox']
        loss = criterion(logits, bbox_reg, labels, target_bbox)

        #反向传播和优化
        loss.backward()
        optimizer.step()
    #在每个 epoch 结束后进行验证
    model.eval()
    with torch.no_grad():
        for val_images, val_targets in val_loader:
            val_predictions = model(val_images)
            #进行验证的相关操作
#保存模型
torch.save(model.state_dict(), 'faster_rcnn_model.pth')
```

实际中，可能需要根据任务的要求和数据集的特点进行更详细的配置。确保根据实际情况调整超参数、数据增强策略、学习率调度等设置，以获得最佳性能。

13.6　手势识别模型检验

1. 手势识别的步骤

手势识别的步骤如下：

① 录制手势视频；

② 将录制好的视频分割成图片，每 10 帧获取一张图片；

③ 读取图片，将其输入到 Faster R-CNN 网络中；

④ 得到 Faster R-CNN 网络的返回结果，找到最高概率的索引，按照已经存储好的标签顺序，得到汉字。

2. 效果展示

应用实验空间——国家虚拟仿真实验教学项目共享服务平台，可以看到天津理工大学开发的《面向人工智能技术的视听感知控制机器人虚拟仿真实验》。

步骤 1 搭建训练集，按键盘按钮，控制摄像头，采集手势图片并填写标签。

步骤 2 设计 Faster R-CNN 网络模型，选择最优参数。

选择最优训练次数，动态演示 Faster R-CNN 算法实现过程。

带有手势的视频，采用固定卷积核大小，依据需要选择最优训练次数，进行卷积层提取特征、RPN 网络、RoI 池化、分类过程的动态演示。

步骤 3 训练模型分析，输入训练次数参数。

依据系统运行的测试数据，判断训练次数和不同学习率对识别精度的影响。

之后，再依据系统运行的测试数据，判断训练批次对识别精度的影响。

步骤 4 捕捉待识别手势，如图 13-9 所示。

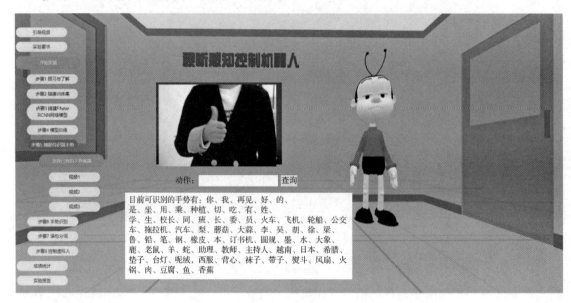

图 13-9　捕捉待识别手势

步骤 5 手势识别，对采集的视频手势进行识别，如图 13-10 所示。

步骤 6 语句分词，如图 13-11 所示。

步骤 7 控制虚拟人，根据结果，给虚拟机器人发出控制指令，如图 13-12 所示。

图 13-10　手势识别

图 13-11　语句分词

图 13-12　控制虚拟人